"中国治理的逻辑"丛书
丛书主编◎唐亚林

# 文化治理的逻辑
## 城乡文化一体化发展的理论与实践

## THE LOGIC OF CULTURE GOVERNANCE
Theory and Practice of the Integrated Development of Urban and Rural Culture

唐亚林　朱春　著

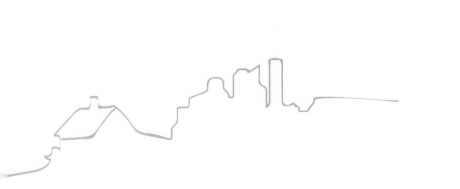

复旦大学出版社

# 人心政治：探寻中国治理的奥秘
## （丛书总序）

**复旦大学　唐亚林**

## 一

大约五年前，一个朋友从美国访学归来，我们一起小聚。言谈中，他提到了网络上流传甚广的关于中美生活环境对比的"对联"：上联是关于美国的，即"好山好水好无聊"；下联是关于中国的，即"又脏又乱又快活"。虽然是逗趣，也有点以偏概全，可也形象地说明了中美生活环境的各自优点与不足。

那天，笔者喝了点酒，脑子正处于兴奋状态，突然一下子冒出了给这副对联做个"横批"的想法，而且横批的内容也一下子从脑海里冒了出来，即"美中不足"四个字。这是个双关语横批，即指中美生活环境都既有好的一面，又有不好的一面，而"美中不足"很贴切地表达了中美双方的各自特点，而且"美"可以指代"美国"，"中"可以指代"中国"，"美中不足"本身还是一个成语，通俗易懂。当时，朋友们听了，都说好，属于"绝配"。

这副看似戏谑的民间流传的对联，实际上深刻地揭示了中美两国民众对于生活本质理解的深层次差异。2017年1月，笔者在时隔15年后重访美国，相继参访了纽约、亚特兰大等地。在重新审视以往教科书与专著上所言的美国与现实生活中的美国，比较了以前怀着阅读心情考察时的美国与如今带着重新评估心情考察时的美国之后，笔者真切感受到"美国虽然还是那个美国，可却换了人间般"。何故？根本原因在于美国虽享有极其广袤富饶且得天独厚的自然环境，而且还拥有长久发展的能力，可这个国家从上到下、从左到右已然失去了创造关系、创造情感、创造日子的能力，立基于个人主义的完全原子化社会把美国社会分割成了大大小小的功能区隔性单元，并通过滚滚的汽车洪流，让合作主义失去了社会根基，出现了笔者谓之的"基于个人主义的汽车国度运不来合作主义现象"。

2019年暑假，笔者再次前往美国。其间，笔者专门从美国中南部到东南部转了一圈，感觉如同2017年一样，地大物博，人烟稀少，得天独厚，这是上天赐给美国最宝贵的东西。可在这片空旷的土地上，其存在的问题也越来越明显：国家上下没有贯通，左右没有联结。虽然美国有巨大的发展活力，但立基个人主义的单打独斗式发展模式终究是竞争不过全国上下齐心、左右联合的中国发展模式的，其中最为核心的，还是美国没有像中国那样，有幸拥有一个像中国共产党这样强大的政党组织来领导国家的发展。

遥想近190年前（1831—1832年），法国思想家托克维尔与友人一起到美国考察，停留了9个多月后，回国写了洋洋洒洒的两大卷《论美国的民主》，热情讴歌深嵌于美国社会的追求平等的观念、反对多数人暴政的原则、自由结社的艺术、新英格兰的乡镇自治精神等美好画卷，而如今的美国又呈现出一幅什么样的画面呢？

自20世纪30—40年代开始，由工业化和城市化双重动力推进的美国社会进入大都市圈（区）时代。大量的中产阶级居住在大城市的郊区，纷纷搬进了一家一户的独栋别墅，即居住空间"house"化，[1] 其意外的后果是开始摧毁美国人引以为傲的社会交往与结社的根基，主要表现在城市空间布局的功能化，生产与生活空间分

---

[1] 这种house多半两三层，开放式格局，前后有花园，主要用木材搭建，采用标准件方式构建，易建造，易装修，冬暖夏凉。

离，服务设施与民众生活的"功能区隔化"，人与人的交往疏离化。比如，人们购物、餐饮大多进郊区的大型 shopping mall（如今大多是 super mart），其中各类功能性品牌门店林立（如 Wal-mart、Nike、Gap 之类），人来人往，没有交集；封闭的居住小区，逐渐呈现相互隔开的富人区与穷人区并存状态，物以类聚，人以群分；小区空间分布不再以教堂、邮局、学校等为中心，而是呈现由圈到线、由线到排的并排状态，各自一统，互不往来；人与人之间失去交往信任，健身遛狗成为时尚，还美其名曰是亲近自然。

与中产阶级居住郊区化紧密相连的是美国"三化社会"的全面降临：一是"生活功能区隔化"，如购物大卖场化、餐饮集中化、小区贫富分化；二是"社团服务门槛化"，如社会福利性社团穷人化、政治性社团精英化、宗教性社团保守化；三是"个人生活原子化"，如居家生活宠物化、业余生活电视化、交往生活自然化。此外，当初推动美国国力强盛、汇聚民心意志的移民的创造活力，在美国国家现代化进入政治生活资本化、财富分配两极化、金融生活大鳄化、社会福利寄生化、公共安全焦虑化、身份流动固定化等诸多因素交织的后现代化时代，反而日渐退化，整个美国社会兴起了对资本的贪欲崇拜与生活奢靡消费之风，这不断地侵蚀着美国当初的立国精神——"人人生而平等""每个人都是自己命运的主宰（机会平等）"。其结果是出现了美国社会民情的根本性转变，正如帕特南所著一书的书名所言——《独自打保龄球：美国社区的衰落与复兴》（*Bowling Alone: The Collapse and Revival of American Community*）。人们不再关注公共事务，不再以社会交往平台为参与公共生活的有机载体，而是热衷于亲近自然、锻炼身体、豢养宠物、与动物交朋友……美国社会民情的根本性转变，直接导致社会资本遭到削弱，民众对政府信任度下降，选举投票率徘徊不前，人情淡薄，生活无聊，因此，有人不得不哀叹"好山好水好无聊"了！

## 二

反观中国，却是另外一番景象。

中国是一个崇尚团体生活、讲究集体主义精神、有着悠久历史文化传承的东方大国。梁漱溟先生认为，中国社会与西洋社会构造演化不同，以非宗教的周孔教化为中心，以伦理为本位，通过家庭家族生活来有机绵延"彼此相与之情者"的中国文化精神。① 费孝通先生亦认为，中国社会是一个以己为中心，并由里向外推所形成的网络状"差序格局"社会，每个人的社会关系犹如一块石头丢在水面上所发生的一圈圈推出去的波纹，愈推愈远，也愈推愈松散，其核心在于以己为中心的亲疏远近关系的建构。②

中国人对于人生、生活、国家、世界的理解，深深扎根于中国人对生命奥秘的洞察。如果用一句话来总结中国人千百年来凝结下的美好生活愿望，就是"天下太平，过上好日子"。正是基于这样的美好生活愿望，中国人铸就了三大品性：一是勤劳。只有通过勤劳的双手，才能创造美好的生活，这是中国人笃信不疑的生活信条。虽说哪里的人民都可能具备勤劳的特性，但是中国人的勤劳特性却往往是与劳累和牺牲自己，一心为家庭家族的美好生活和兴旺发达而工作的品性联系在一起的。二是忍耐。中国人的忍耐精神是闻名于世的，无论是在天寒地冻的北方，还是炎热酷暑的南方，无论是在人生地不熟的异乡乃至国外，还是在条件艰苦、资源有限的不毛之地，只要是适合人类生存的地方，只要能够从土里刨出食来，中国人都可以拖家带口地开荒播种、收获交易、扎根繁衍，最终活生生地闯出一片天地来。三是变通。中国人深谙以和为贵、和气生财、家和万事兴的和合之道，其精髓在于变通，如《周易》所

---

① 梁漱溟：《中国文化要义》，上海人民出版社2011年版，第50—51页。
② 费孝通：《乡土中国 生育制度 乡土重建》，商务印书馆2011年版，第27—32页。

言:"穷则变,变则通,通则久。"也就是说,中国人干什么事情,都会争取获得最佳效果。只要是认准的事情和事业,有比当下状况更好的光明前景,即使受制于各方面条件,中国人也会想尽一切办法,没条件也要创造条件上,绝不会轻易地放弃和认输,甚至"不到黄河心不死";中国人按照"绩法理情势"的原则,在时势都具备时,会动用一切资源和人脉,大干快上,在紧紧掌握主动权的同时,尽可能地创造出让更大的群体共享的美好成果。当然,中国人的做事和过日子的"变通"品性,既具有积极向上、开拓创新的正向激励作用,也内蕴明哲保身、"人在屋檐下,不得不低头"的负向沉沦效应。

基于追求美好生活而铸就的中国人的勤劳、忍耐与变通三大品性,源于中国人独特的圈层包容共生式"四层次三十二字"需求观。这种需求观不像马斯洛所言的基于纯粹个体选择、不受其他条件约束的阶梯式需求观(见图 丛书总序-1),即生理需求、安全需求、归属和爱的需求、自尊需求、自我实现需求依次满足基础上的逐层提升。

马斯洛一方面承认基本的需求得到满足后,又有新的(更高级的)需求出现,依次类推,形成一个个相对优势的层次,即按优

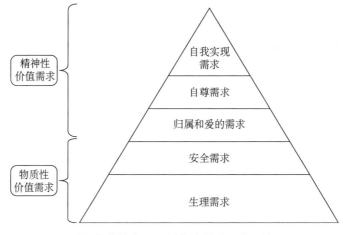

**图 丛书总序-1 马斯洛需求层次理论**

势或力量的强弱排出等级,"相对的满足平息了这些需求,使下一个层次的需求得以出现,成为优势需求,继而主宰、组织这个人";另一方面他也承认"高级需求也许不是在低级基本需求的满足后出现"这种例外情况,是可以在诸如禁欲主义、理想化、排斥、约束、强迫、孤立等场景中产生的,且这种情况"据说在东方文化中是普遍的"。这就意味着这种基于个体从低到高逐层满足的需求观,并非是人类社会需求观的"唯一源泉",① 而且存在忽视个体需求观与家庭、家族和国家的需求观的有机连接和嵌套复合之不足。从此意义上讲,马斯洛基本需求观的层次论内蕴着无可弥补的缺陷,更与东方社会个体需求观与家庭、家族和国家需求观内在统一的特质相距甚远,即使其能成为西方社会基于个人主义的个体需求观模式,但构不成作为社会整体动力理论的人类社会的普遍需求观模式。

中国人的需求观是一种圈层包容共生式"四层次三十二字"需求观,是历经千百年演化、建立在农耕时代宗法社会特质基础之上、基于中国人特有的"生不过百年""生有涯"的生活与生命哲学。它也是一种基于血缘关系和族群关系而建构的对个体、家庭、家族、国家与世界的生存、延续、发展、共荣的使命担当,包含了中国人对于成功人生标准的认知,体现了中国人的家国情怀和历史使命。简单地讲,对于普通人来说,这种情怀和使命体现在"耕读传家"的传统理念中,也体现在儒家对士人的"修身齐家治国平天下"之"个体家庭家族国家天下"依次递进的教义要求上。

这种圈层包容共生式"四层次三十二字"需求观的内涵,最根本地体现于相互依赖、嵌套复合并一体化贯通的四大层次需求观体系(见图 丛书总序-2):② 一是保障个体生命的存活,这是一切生

---

① [美]亚伯拉罕·马斯洛:《动机与人格》(第三版),许金声等译,中国人民大学出版社2007年版,第18—42页。
② 唐亚林:《中国式民主的内涵重构、话语叙事与发展方略——兼与高民政教授、蒋德海教授商榷》,《探索与争鸣》2014年第6期。

命得以存续的前提，体现为生存需求，其基本内涵在于"丰衣足食、安居乐业"；二是保障家庭血脉的延续，这是个体物理生命与精神生命的双重传承，体现为交往需求，其基本内涵在于"出入相友、守望相助"；三是保障家族与国家的繁荣，这是群体共同体生活的价值所在，是各族群共同栖居在同一片土地上的生生不息的动力源，体现为一种家国同构的发展需求，其基本内涵在于"国泰民安、政通人和"；四是保障国家和世界的和平共处与共同发展，体现为共荣需求，其基本内涵在于"天下为公、四海一家"。这种相互依赖、嵌套复合并一体化贯通的四大层次需求观体系，基于农耕社会的发展特质，往往还与对自然界"风调雨顺"的期盼紧密地联系在一起。不过，基于农耕社会的个体与家庭的需求，往往是简单的、以自给自足自然经济为特征的，而人与家庭需要获得更大更高质量的发展，就必须超越家庭这种简单的组织形态，进入到以社会大分工、社会大生产、社会大交往为特征的高级组织形态，从而获得更高层次的发展。

这种中国人的圈层包容共生式需求观始终将个体的生存与家庭

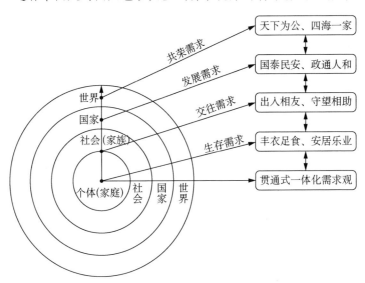

图 丛书总序-2　圈层包容共生式需求观模型

的延续、家族与国家的发展、世界的共荣捆绑在一起,并一体化贯通于中国人的生命与生活共同体之中,体现为由物质到精神再到人与人、人与社会、人与国家、人与世界和谐相处的层层递进关系,这四大层次的需求观体系有机统一于天下为公、大同世界的"和合图景"之中。中国人的圈层包容共生式需求观是将个体、家庭、家族、民族、国家和世界紧密相连的美好生活需求观体系,是将个体生命的存活与家庭血脉的延续、家族和国家的繁荣、世界的共荣发展有机连接、相互交融且内在一体化贯通于生命与生活共同体的独特生活与生命体验。与马斯洛的需求层次理论只以个体为单位和根基,只关注个体的需求多样性与递进性相比,中国人的这种需求观与其有着天壤之别,更具备穿越历史时空并放之四海而皆准的独特魅力。

斯塔夫里阿诺斯在《全球通史》中曾经对于不同文化背后的社会控制机制的差异作了精彩论述:"为什么理想社会发展模式与现实之间出现了如此大的反差,并且这种反差在不断扩大呢?答案要从文化中去寻找。所有民族的所有文化都由为规范社会成员的行为而设置的控制机制构成。构成各种社会文化的社会标准被认为增强了社会的结合和生存。因此,通常体现在诸文化中的社会标准有利于最大限度地繁衍以保证种族的永存,最大限度地生产以保证经济的维持,最大限度地加强军事力量以保证实际的生存。"① "一方水土养一方人。"斯氏认为,同样的政治、经济与社会发展模式,往往因为历史-社会-文化条件的不同,会呈现完全不同的发展走向,产生不同的实际效果,而规范社会成员行为的文化控制机制往往起到了非常重要的作用。这种特定社会的文化控制机制又因需求观的不同,产生了不同的治理目标、治理主体、治理使命、治理制度与治理文化等。

---

① [美]斯塔夫里阿诺斯(L. S. Stavrianos):《全球通史:从史前史到21世纪》(第7版修订版),吴象婴等译,北京大学出版社2006年版,第790页。

## 人心政治：探寻中国治理的奥秘（丛书总序）

这种在中国大地上生长出来的圈层包容共生式需求观，在作为使命型政党①的中国共产党的领导下，孕育出了基于人心政治的中国的独特治理观。

## 三

基于人心政治的中国的独特治理观，首先，强调中国共产党是一种治理国家和社会的主导性组织力量。

中国共产党是马克思主义政党，其最高理想和最终目标是实现共产主义。中国共产党作为中国工人阶级的先锋队和中国人民、中华民族的先锋队，是一种先进的政治组织。中国共产党作为中国特色社会主义事业的领导核心，代表中国先进生产力的发展要求，代表中国先进文化的前进方向，代表中国最广大人民的根本利益，是

---

① "使命型政党"（Mission-oriented Party）、"使命型政治"（Mission-oriented Politics）等学术概念由笔者 2010 年与同事朋友一起进行研讨时首次提出，而后在不同学术研讨会场合及微博、微信等社交媒体上笔者又反复提及。笔者在 2014 年第 6 期《探索与争鸣》上发表《中国式民主的内涵重构、话语叙事与发展方略》一文，从政党功能等复合视角对使命型政党的内涵进行了说明："中国共产党不仅承担着普通政党所承担的代表与表达两大常规功能，而且还承担着作为长期执政的政党所承担的整合、分配和引领三大新功能，融性质、价值、地位、功能、使命于一体的中国共产党已经成为使命型政党，其所致力于建构的政治已经成为一种使命型政治。而且，这种使命型政党所建构的使命型政治，初步体现了经济建设、社会建设、文化建设、政治建设与生态建设'五位一体'的治理绩效。"

所谓使命型政党，是指建立在超越资本、利益、地方、党派、泡沫民意等，以"为人民服务"为根本宗旨的党性人（组织）假设基础之上，体现先锋队性质，具备领导国家和社会的地位，承担代表与表达、分配与整合、服务与引领等复合角色与功能，发挥建设和领导现代化国家的作用，以实现人的全面自由发展和人类最终的解放为使命，将政党发展、国家发展和世界发展密切结合，历经"党建国体制"到"党治国体制"再到"党兴国体制"的体制变迁，将政党工具理性、价值理性与主体理性三者有机统一及党性（良心）、制度（良制）与治理（良治）三者有机结合的新型政党。使命型政党的特点集中体现在由马克思主义指导，充分认识共产党执政规律、社会主义建设规律和人类社会发展规律，具备自我革命品质与引领国家与社会发展特质的中国共产党身上。

相关文献可参阅笔者如下著述：《中国式民主的内涵重构、话语叙事与发展方略》，《探索与争鸣》2014 年第 6 期；《使命-责任体制：中国共产党新型政治形态建构论纲》，《南京社会科学》2017 年第 7 期；《从党建国体制到党治国体制再到党兴国体制：中国共产党治国理政新型体制的建构》，《行政论坛》2017 年第 5 期；《论党领导一切原理》，《学术界》2019 年第 8 期；《新中国成立 70 年来中国共产党领导的制度优势与成功之道》，《复旦学报》（社会科学版）2019 年第 5 期；《新中国 70 年：政府治理的突出成就与成功之道》，《开放时代》2019 年第 5 期；《当代中国政治发展的逻辑》，上海人民出版社 2019 年版。

全心全意为人民服务的政党。

以往源自西方的经典政党理论都忽视了政党在一国治理中的核心作用，只是把政党当作连接国家与社会的工具，认为政党只是起到代表和表达的作用，甚至也只是沦为一种负责职位分配、争夺执政权、代表部分群体和资本集团利益的组织。恰恰中国共产党是与众不同的使命型政党，代表着最广大人民的利益，没有自己的私利，不仅具备代表与表达的功能，而且具有整合与分配、服务与引领的功能；既承担着为中国人民谋幸福、为中华民族谋复兴的历史使命，又承担着实现人的全面自由发展和人类最终解放的重大责任。

在领导国家和社会实现社会主义现代化目标的过程中，中国共产党作为一种主导性组织、中国特色社会主义事业的领导核心和最高政治领导力量，展现了高度自主的主体理性特征，即：体现为一种组织的自我认知、自我塑造、自我期许、自我实现的能动力；体现在国家和社会的发展模式上，就是政党对理论、道路、制度、文化的自我选择、自我塑造、自我建构、自我实现的能动力；同时表现为政党领导和参与国家建设的能级与能量，以及政党将工具理性、价值理性与主体理性相结合的能动力。

其次，强调中国共产党是一种建构国家和社会有序发展的秩序力量。

任何一个政治体系的发展，都需要在一个稳定开放、和平安宁的发展环境中进行，而建构系统理性、自主协调、适应变革的制度体系，是保障一国现代化发展的基础性条件。在"千年未有之大变局"之大变革时代，一国政治体系面临经济发展、政治参与、社会转型、文化变迁、国家统一、大国复兴、国际格局变动等多重因素的影响，而这些重要变量的发展次序选择与时空历史方位考量，不仅存在相互冲突的可能，而且存在特定时空与资源约束条件下多目标优先次序满足与多发展领域重要性选择的权衡问题。

这就需要执政党既要考虑改革、发展、稳定这三者的关系问题，把改革的力度、发展的速度和社会可承受的程度有机统一起来，建构稳定的社会秩序；又要考虑党治、民治、法治这三者的关系问题，将坚持党的领导、人民当家作主、依法治国有机统一于中国社会主义民主政治的发展实践，建构有序的政治秩序。

稳定的社会秩序与有序的政治秩序的有机结合，赋予了中国共产党一项独特的使命，即执政党必须以一种"压舱石"的秩序力量，为国家发展、社会发展与执政党自身发展注入掌握航向、保持定力的动力，从而为社会主义现代化建设赢得安定的发展秩序和持久的发展空间。

再次，强调中国共产党是一种体现情感治理模式的仁爱力量。

现代政治的运作，是讲究规则首位、程序第一、照章办事的，可也容易导致失去了基本的人情和温情，即立基层级化、专业化、理性化（去人格化）等现代法理规则与程序而构建的科层制体制，容易在工作中出现让身在体制内的人被动地照章办事，进而导致程序至上而缺乏变通、繁文缛节而运作死板、规则第一而没有人情味等现象比比皆是，更谈不上身在体制内的人为行政相对人提供主动服务、靠前服务、暖心服务、以心换心服务了。

一个社会如果仅靠冷冰冰的制度和规则体系来维持运转，不仅整个社会运行成本巨大，而且如机器人般公事公办的环境会让人与人之间、组织与组织之间失去基本的信任和温情，恰恰自古以来中国社会所内蕴的"仁者爱人""推己及人"的思想以及道德教化与道德感召的情感力量，让整个社会充满了温情，更充满了希望。因此，政治体系的生命力，不仅体现在制度缔结的规则力量上，而且体现在制度所激发的人性光辉与组织温暖上，也就是制度所内蕴的情感力、仁爱力和自信力。

这种仁爱的力量体现在中国共产党治理国家和社会方面，就是充分发挥"全心全意为人民服务"的宗旨，将情感治理全面融入国家和社会治理的过程之中，通过"微笑服务"、"结对子"、"送温暖"、"无讼社区"、谈心、调解、对口支援、扶贫脱贫、共同富裕等情感治理方式，将以德治国与依法治国有机结合，创造性地开创出包括制度力、执行力、情感力、仁爱力和自信力等在内的新型人心政治形态。

复次，强调中国共产党是一种推动国家与世界和平发展的共荣力量。

现代社会是一个由多元主体组成的社会，各守其土，各司其职，相互配合，相互协调，发挥合力，是一个和谐社会生生不息的追求。由于不同的人、不同的群体、不同的组织、不同的区域、不同的国家在国家和世界发展格局中所占据的地位不同，所拥有的资源不一，所面临的问题各异，所持有的价值观迥异，如何求同存异，如何实现先富带后富并最终走向共同富裕，如何通过对话协商、共建共享以推动合作共赢、和平发展的历史进程，始终是人类社会面临的最大挑战之一。

中国共产党基于社会主义社会的本质特征和中国的和平发展本性，在国内建构"全国一盘棋"，在国际上建构"人类命运共同体"，其根本目标在于彻底打破各种先天与后天不平等的羁绊，在效率与公平之间找到有效平衡点，通过渐进的以先富带共富、以和平发展促共同繁荣的方式，最终走向人类和平共处、和谐共荣的理想状态。

最后，强调中国共产党是一种展现人类社会发展的光明图景的绵延力量。

任何政治体系都是关于人生、人口、人民与人心"四人"的制度安排与价值取向的复合。政治体系关于人生的追问，关涉人的不同成长与发展阶段的需求及其满足问题；政治体系关于人口的思考，关涉人的不同种族平等权利的保护、规模化人口发展需求的满足以及规模化国家在发展过程中众多发展目标次序的优化平衡与组合选择问题；政治体系关于人民的终极关怀，关涉国家发展的目的、人的主体尊严和群体的共荣发展问题；政治体系关于人心的真切关注，关涉人对政权的向心力、价值认同和共同体生活的最终皈依问题。

无论是人生问题、人口问题，还是人民问题、人心问题，都涉及政治体系是否可持续地绵长发展问题，其核心奥秘在于执政党是否从人民、民族、国家和世界的需求出发，有机平衡眼前利益与长远利益、近期目标与长远目标、本国与世界的关系，这既牵涉一个国家有尊严地立足于民族国家之林的"国格"问题，又牵涉一个国家在地球上发展的"资格"问题。这就需要中国共产党一是继续加强其全面卓越的领导，创造先进的制度文明；二是继续坚持改革开放，建构不断推进自我革命的宏观大格局，创造绚丽的精神文明；三是继续带领全国上下齐心协力谋发展，创造优越的物质文明，从而为开创人类社会"良心＋良制＋良治"的新型文明发展道路，奠定制度力、精神力和物质力的复合动力体系。

## 四

正是基于中国人的圈层包容共生式需求观和中国共产党"使命型政党"的独特使命综合而成的中国治理观，笔者近年来围绕区域治理、社区治理、城市治理、文化治理、政府治理、政党治理这六大领域，开始了持续跟踪的实地研究与理论研究，并和学生们一起合作，撰写了"中国治理的逻辑"丛书——《区域治理的逻辑：长江三角洲政府合作的理论与实践》（唐亚林著，已出版），《社区治理的逻辑：城市社区营造的实践创新与理论模式》（唐亚林、钱坤、徐龙喜、王旗著，已出版），《城市治理的逻辑：城市精细化治理的理论与实践》（唐亚林、钱坤、王小芳、黄钰婷著），《文化治理的逻辑：城乡文化一体化发展的理论与实践》（唐亚林、朱春著，已出版），《政府治理的逻辑：自贸区改革与政府再造》（唐亚林、刘伟著，已出版），《政党治理的逻辑：中国共产党治国理政的理论与实践》（唐亚林著）。

其中，《文化治理的逻辑：城乡文化一体化发展的理论与实践》乃笔者承担的2012年度国家社会科学基金重大项目"包容性公民文化权利视角下统筹城乡文化一体化发展新格局研究"（12&ZD021）的阶段性成果，《城市治理的逻辑：城市精细化治理的理论与实践》乃笔者承担的2017年度国家社会科学基金重大专项"大数据时代超特大城市精细化管理的体制机制创新及其关键技术应用研究"（17VZL020）的阶段性成果，在此向给予我们大力支持的有关专家、各级管理部门致以诚挚的谢意！

  我们期待这套"中国治理的逻辑"丛书的出版能够为建构当代中国政治学与行政学学科知识体系、制度体系、价值体系、话语体系贡献我们的绵薄之力！更期待来自各方面的批评和指正！

（2019年6月初稿，2020年2月二稿，2020年6月三稿）

# 目 录

**导论** / 001
    一、研究背景 / 001
    二、研究的基本思路、内容与主要方法 / 015
    三、理论基础 / 028

**第一章　推进城乡一体化发展的理论溯源与文献综述** / 035
    一、国外关于城乡关系的理论研究 / 035
    二、国内对城乡关系的理论研究 / 041
    三、中国学界关于城乡一体化研究的现状 / 047
    四、国内关于城乡公共文化服务的研究现状 / 052
    五、相关研究述评 / 060

**第二章　当代中国城乡文化关系的发展现状与基本格局** / 064
    一、新中国成立以来中国城乡关系的历史演进 / 064
    二、当代中国城乡文化一体化的建设现状 / 077
    三、当代中国城乡文化一体化发展的基本格局 / 083

**第三章　城乡文化一体化发展的国际经验比较** / 093
    一、美英等六国城乡文化一体化的建设现状 / 093
    二、国外城乡文化一体化发展经验的比较分析 / 103
    三、国外城乡文化一体化发展经验对我国的主要启示 / 111

## 第四章 推进城乡文化一体化发展的理论建构 / 117
一、城乡文化一体化发展的科学内涵 / 117
二、城乡文化一体化发展的系统构成 / 126
三、城乡文化一体化发展的评估体系 / 140

## 第五章 推进城乡文化一体化发展的模式探索 / 147
一、推进城乡文化一体化发展的区域模式 / 147
二、文化资源、事业、产业互动发展的特色模式 / 159
三、项目制建设的文化发展模式 / 163

## 第六章 城乡公共文化服务均等化的实证研究 / 182
一、包容性公民文化权利与公共文化服务均等化 / 182
二、当代中国城乡公共文化服务均等化的发展现状及基本格局
　　　　　　　　　　　　　　　　　　　　　　　　／ 193
三、城乡公共文化服务非均等化困境的原因分析 / 211

## 第七章 推进城乡文化一体化发展的战略选择 / 224
一、基本前提：深刻认识政府在城乡文化一体化发展中的作用
　　　　　　　　　　　　　　　　　　　　　　　　／ 224
二、战略目标：建立多元互动、城乡融合的新型城乡文化关系
　　　　　　　　　　　　　　　　　　　　　　　　／ 228
三、战略进程：实施城乡文化一体化发展的梯度战略 / 230
四、着力点：有效推进城乡公共文化服务标准化、均等化 / 236
五、现实支点：大力发展县域文化 / 237
六、战略实施主体：建立政府-市场-社会-公民多元行动者网络
　　　　　　　　　　　　　　　　　　　　　　　　／ 240

## 第八章 推进城乡文化一体化发展的制度设计 / 243
一、宏观层面上的制度理念设计 / 243

二、中观层面上的体制调整 / 252
三、微观层面上的机制创新 / 263

**第九章　推进城乡文化一体化发展的政策创新** / 268
一、政策创新的基本原则 / 268
二、政策创新的基本经验 / 271
三、政策创新的路径选择 / 281

**简短的结语** / 291

**附录　2012年课题组暑期五省市调研报告** / 294

**参考文献** / 319

**美丽的邂逅：文化研究所赋予的自觉阵地意识与沉重使命担当
（代后记）** / 338

# 导　论

## 一、研究背景

"当前，我国最大的不平衡，是城乡发展不平衡；最大的不充分，是农村发展不充分。"[①] 城乡文化一体化发展是新型城镇化背景下，实施乡村振兴战略，推进社会主义新农村建设，实现城乡文化共建共享的重要途径，对推进社会主义和谐社会建设、实现全面建成小康社会宏伟目标，具有重要意义。

在统筹城乡发展进程中不断推进城乡文化一体化发展，是中共十八大报告提出的战略任务和中共十八届三中全会部署的改革重点，也是落实中国特色社会主义事业"五位一体"总体布局、"四个全面"战略布局的必然要求。中共十九大报告从文化自信的视角指出："没有高度的文化自信，没有文化的繁荣兴盛，就没有中华民族伟大复兴。"文化自信是一个国家、一个民族发展的基本、深沉、持久的力量。增强文化自信，就需要坚持中国特色社会主义文化发展道路，激发全民族文化创新创造活力，建设社会主义文化强国。

从本质上说，推进城乡文化一体化就是要打破城乡二元分割的壁垒，弥合城乡文化发展鸿沟，从根本上解决"三农问题"，实现

---

[①] 韩长赋：《大力实施乡村振兴战略》，载本书编写组：《党的十九大报告辅导读本》，人民出版社2017年版，第209—210页。

城乡文化共同繁荣与协调发展目标。从社会治理视角看，推进城乡文化一体化发展，是政府以一种"柔性治理"手段来构建城乡和谐社会的重要选择，必将为城乡社会的有效治理提供新的空间与新的路径。

首先，加快城乡文化一体化发展是弥合城乡文化发展鸿沟的现实需要。

"城乡二元化"是一个长期困扰着我国城市化进程和全面建成小康社会进程的难点问题，城乡一体化的提出就源于我国典型的"城乡分治"格局。从实际情况看，"城乡二元化"不仅表现在物质方面，还体现在精神文化方面，体现在生产生活方式之中。

多年来，我国文化建设普遍存在"重城市、轻农村"的现象，形成了农村文化经费投入严重不足，文化建设欠账多、问题多，城乡文化发展极不平衡等现实问题。据统计，截至 2017 年年底，全国文化事业费中，县以上文化单位所占份额为 398.35 亿元，占 46.5%，比重比上年降低了 1.6 个百分点；县及县以下文化单位为 457.45 亿元，占 53.5%，比重比上年提高了 1.6 个百分点。相较上一年，东部地区文化单位文化事业费为 381.71 亿元，占 44.6%，比重提高了 1.3 个百分点；中部地区文化单位文化事业费为 213.30 亿元，占 24.9%，比重提高了 0.9 个百分点；西部地区文化单位文化事业费为 230.70 亿元，占 27.0%，比重下降了 1.3 个百分点。[①] 因而，以文化发展为突破口，通过推动城乡文化协调发展，构建城乡文化一体化发展的新格局，必将成为弥合城乡文化发展鸿沟的根本途径。

其次，加快城乡文化一体化发展是推进城乡一体化的重要方面。

---

① 《中华人民共和国文化和旅游部 2017 年文化发展统计公报》（2018 年 5 月 31 日），文化和旅游部网站：http://zwgk.mct.gov.cn/auto255/201805/t20180531_833078.html，最后浏览日期：2020 年 6 月 4 日。可以看出，县以上及县以下文化事业费总和与东部、中部、西部三大区域文化事业费总和存在一定的差距，这或许是由于各自统计口径不同造成，官方文件对此也未作特别说明，在此特别提醒读者注意。

根据"短板原理",在当代中国城乡文化发展存在巨大鸿沟的背景下,城乡文化一体化发展必须以加强农村文化建设为重点,加快补齐短板。改革开放四十年的经验说明,无论是农业的发展、农村的进步,还是农民的富裕,都离不开文化的哺育和滋养。

随着城市化进程的不断加快,满足农民群众日益增长的精神文化需求,成为解决"三农问题"的迫切需要。只有不断增强农村文化产品和服务的供给能力,提高广大农村地区的文化生活质量,才能有效实现和保障农民群众的文化权益,满足他们日益增长的精神文化需求。只有把文化建设纳入社会主义新农村建设总体部署,与其他各项任务同步推进,才能为农村经济社会发展提供有力的思想保证、精神动力和智力支持,为顺利实现城乡一体化发展打下坚实的基础。

最后,加快城乡文化一体化发展是建设社会主义和谐社会,全面建成小康社会,实现社会主义现代化和中华民族伟大复兴的必然要求。

实现社会和谐、建设美好社会,始终是人类孜孜以求的理想愿景,也是包括中国共产党在内的马克思主义政党不懈追求的发展目标。中共十六届六中全会以来,中共中央明确提出构建民主法治、公平正义、诚信友爱、充满活力、安定有序、人与自然和谐相处的社会主义和谐社会目标和总要求。中共十九大报告提出了新时代中国特色社会主义建设的总任务是实现社会主义现代化和中华民族伟大复兴,在全面建成小康社会的基础上,分两步走,在21世纪中叶建成富强民主文明和谐美丽的社会主义现代化强国。

因此,要实现上述的宏伟目标,就必须正视城乡差距,充分考虑和保障广大农民的合法文化权益,积极推进城乡基本公共服务均等化尤其是基本文化服务均等化进程。我们知道,社会的和谐,除经济、政治、生活指标外,还有一个很重要的人文指标,就是依靠先进文化,以文化人实现文化和谐,进而推动社会的整体和谐。

正因为如此,在推进新时代中国特色社会主义发展进程中,推进城乡文化一体化发展更是大势所趋、时代必然。也正因为如此，推进城乡文化一体化发展的理论与实践研究，就成为当前各人文社会科学学科研究的重要议题，更是当代中国学者的责任担当和家国情怀所在。

### （一）推进城乡文化一体化发展的四大背景

1. 大国策：城乡一体化发展与文化强国战略

在实施积极稳妥推进城镇化和新农村建设"双轮驱动"战略多年后，中国的经济实现了较长时期平稳快速增长，但是，环境污染、资源能源短缺以及国内消费在较低水平徘徊等问题开始凸显，传统的经济发展方式面临挑战，尤其是我国经济已由高速增长阶段转向高质量发展阶段，加快推进供给侧结构性改革、优化经济结构、转换增长动力迫在眉睫。

为切实破解农村改革发展难题，在破除城乡二元结构、统筹城乡改革上取得重大突破，给农村发展注入新的动力，为整个经济社会发展增添新的活力，推动经济结构战略性调整实现实质性突破，确保中国经济长期稳步较快增长，一个重要途径就是在城乡关系上实现新突破，实现城乡一体化发展，促进城乡要素全面、自由、双向流动。2006年1月1日起，国家取消农业税，标志着当代中国的城乡关系发生了历史性变化，进入一个新的发展阶段。同年，时任国家总理温家宝在年度政府工作报告中正式提出"以工补农、以城带乡"这一新时期的城乡政策。2008年10月召开的中共十七届三中全会进一步指出："我国总体上已进入以工促农、以城带乡的发展阶段，进入加快改造传统农业、走中国特色农业现代化道路的关键时刻，进入着力破除城乡二元结构、形成城乡经济社会发展一体化新格局的重要时期。"2012年的中共十八大报告又通篇贯穿着统筹城乡的理念，报告除了在第四部分分段集中论述城乡一体化和统筹城乡发展外，在报告的其他部分也多处论述统筹城乡发展的思想和战略。2014年，具有长期指导意义的《国家新型城镇化规划

（2014—2020年）》又正式面世，直接把"推动城乡一体化发展"作为一个篇章加以论述，强调要"加快消除城乡二元结构的体制机制障碍，推进城乡要素平等交换和公共资源均衡配置，让广大农民平等参与现代化进程、共同分享现代化成果"。至此，城乡关系的发展又从推进城乡一体化发展的要求进入推进城乡融合发展的新阶段。

文化是民族的血脉，是人民的精神家园。文化兴国运兴，文化强民族强。文化为发展提供最根本的动力，也为发展提供最基本的智力支持。在一个社会面临深刻转型的过程中，在发展遭遇各种客观、主观障碍时，在改革步入深水区阶段，文化共识的唤起和建构能够为发展和改革提供最根本、最和谐的支持。自20世纪90年代美国学者约瑟夫·奈提出软实力概念后，该概念及其理论体系便广泛被西方国家接受，一时间成为一个重要的学术术语和大众词汇，随后，这一理论流行全球，并逐步从学界的理论探讨进入了政界的决策层面。于是伴随中国经济实力的快速增长，中国文化领域"软实力"的发展，也被提升到越来越重要的位置。

因此，在我国进入全面建成小康社会的关键时期，在深化改革开放、加快转变经济发展方式的攻坚时期，文化"软实力"第一次被写入2007年召开的中共十七大报告中，十七届六中全会又以文化改革发展为主题，吹响了建设社会主义文化强国的号角，勾勒了新一轮文化大繁荣大发展的"基本路线图"——"大力发展公益性文化事业，保障人民基本文化权益""加快城乡文化一体化发展，增加农村文化服务总量，缩小城乡文化发展差距""统筹规划和建设基层公共文化服务设施，坚持项目建设和运行管理并重，实现资源整合、共建共享"，其根本目的就是要在超越传统的城乡文化发展制度与初始水平低下的农村公共文化服务体系的双重目标基础上，使广大农民、低收入群体、进城务工人员真正实现与城市居民享有同等的文化权益的目标，真正为和谐社会建设、社会主义文化强国建设、国家文化软实力提升奠定坚实的精神文化基石，充分体现了中共高度的文化自觉与文化自信。

回顾过往，我们还会看到，就在中共十七届六中全会唱响了文化的主旋律之后，为解决农村文化匮乏、城乡间存在文化鸿沟的问题，实现推进城乡文化一体化发展的目标，2012年2月，为深入贯彻落实党的十七届六中全会精神，深化文化体制改革，推动社会主义文化大发展大繁荣，进一步兴起社会主义文化建设新高潮，努力建设社会主义文化强国，中央政府又制定了《国家"十二五"时期文化改革发展规划纲要》。该纲要明确提出"加快城乡文化一体化发展"的战略国策，并要求建立以城带乡联动机制，合理配置城乡文化资源，鼓励城市对农村进行文化帮扶，把支持农村文化建设作为创建文明城市基本指标。

2013年1月14日，文化部印发《"十二五"时期公共文化服务体系建设实施纲要》，这是中共十八大后第一个关于公共文化服务体系建设的政策文件，也是新时期关于公共文化服务体系建设的行动纲领。该纲要指出，[①] 到"十二五"期末，要保证公共财政对文化建设投入的增长幅度高于财政经常性收入增长幅度，提高文化支出占财政支出的比例；全国60%以上文化馆、公共图书馆达到部颁三级以上评估标准；全国人均拥有公共图书馆藏书达到0.7册；全国博物馆总数达到3 500个，国家一、二、三级博物馆总数达到800个；逐步实现全国地市级城市建有设施达标、布局合理、功能健全的国有美术馆；中西部地区争取每县配备2台流动文化车；文化馆（站）、博物馆、公共图书馆、美术馆等基本服务设施健全并向社会免费开放。2013年年底召开的中共十八届三中全会通过的《中共中央关于全面深化改革若干重大问题的决定》中，又使用了"构建现代公共文化服务体系"的表述，强调全面深化改革时期建设公共文化服务体系的现代性问题。

---

① 中华人民共和国文化部：《"十二五"时期公共文化服务体系建设实施纲要》，文公共发〔2013〕3号。

## 导 论

2015年7月，全国文化厅局长座谈会暨"十三五"规划工作座谈会在北京举行。在此次会议上，文化部部署了编制"十三五"文化改革发展规划。其中，文化部党组书记、部长雒树刚提出"要以更高的站位、更宽的视野、更务实的举措，在国家发展的大战略、大背景中深入思考和精心谋划文化改革发展，组织编制好'十三五'时期文化改革发展规划。'十三五'时期文化改革发展的总体思路是：充分发挥文化工作对党和国家工作全局的重要作用。……着力造就优秀文化人才，满足人民群众日益增长的多层次、多方面、多样化的精神文化需求。深入推进文化体制改革，确保在重点领域和关键环节取得突破。加快构建现代公共文化服务体系，推动文化产业成为国民经济支柱性产业，建立健全现代文化市场体系，加强文化遗产保护利用，推动文化与科技深度融合，推动中华文化走向世界，全面提升国家文化软实力"。①

2016年11月，《中华人民共和国公共文化服务保障法》正式颁布，这是文化领域一部具有"四梁八柱"性质的重要法律。该法首次以法律的形式明确了各级人民政府是承担公共文化服务工作的责任主体，规定了政府在公共文化设施建设和公共文化服务组织、管理、提供、保障中的职责。这也标志着"我国公共文化服务法律保障取得历史性突破，人民群众基本文化权益和基本文化需求实现了从行政性'维持'到法律保障的跨越，公共文化服务将实现从可多可少、可急可缓的随机状态到标准化、均等化、专业化发展的跨越"。② 此后，2017年，为适应新形势、新任务、新要求的需要，深入贯彻落实中央关于深化文化体制改革、繁荣发展社会主义文化的总体部署，将十八大以来习近平总书记关于宣传思想文化工作的

---

① 《组织编制好"十三五"文化改革发展规划》（2015年7月16日），新浪网，http://finance.sina.com.cn/20150716/104422703920.shtml?qq-pf-to=pcqq.c2c，最后浏览日期：2020年6月5日。

② 《官方解读〈公共文化服务保障法〉》（2017年5月11日），搜狐网，https://www.sohu.com/a/139751179_775149，最后浏览日期：2018年12月10日。

### 文化治理的逻辑：城乡文化一体化发展的理论与实践

一系列重要论述转化为文化发展改革的工作思路和任务要求，不断开创中国特色社会主义文化建设新局面，中共中央办公厅、国务院办公厅印发了《国家"十三五"时期文化发展改革规划纲要》，为推进文化改革发展指明了方向，提供了重要指导。2017年10月，习近平总书记在中共十九大报告中提出要"建设新时代中国特色社会主义"，建立道路自信、理论自信、制度自信、文化自信"四个自信"，坚持中国特色社会主义文化发展道路，激发全民族文化创新创造活力，建设社会主义文化强国，并向全党全国人民郑重发出"坚定文化自信，推动社会主义文化繁荣兴盛"的伟大号召，强调"没有高度的文化自信，没有文化的繁荣兴盛，就没有中华民族伟大复兴"。在报告中，习近平总书记还正式提出要"实施乡村振兴战略"，坚持农业农村优先发展，按照产业兴旺、生态宜居、乡风文明、治理有效、生活富裕的总要求，建立健全城乡融合发展体制机制和政策体系，加快推进农业农村现代化。

2. 大环境：工业化、城市化、新型城镇化、信息化、国际化与社会转型

经过新中国成立70多年的工业化进程，尤其是改革开放40多年的快速工业化进程，中国工业化取得了巨大的成就，经济发展水平得到了极大的提升，中国已经整体步入了工业化发展的中期水平。但整体而言，我国区域经济发展不平衡，东西部地区经济发展差距不断扩大。时任国家发展改革委员会副主任杜鹰曾对此有过一个形象的说明，"2000年，西部和东部的人均GDP差7 000元，现在（2010年）差21 000元"。另据国家统计局2018年年初发布的统计数据显示，就城乡结构看，城镇常住人口81 347万人，比上年末增加2 049万人，乡村常住人口57 661万人，比上年末减少1 312万人，城镇人口占总人口比重为58.52%。[①] 就这一数值而言，

---

[①] 《中国统计年鉴2018》，表2-1"人口数及构成"，国家统计局网站，http://www.stats.gov.cn/tjsj/ndsj/2019/indexch.htm，最后浏览日期：2020年6月5日。

在统计学意义上,中国已成为"城市化"国家。而且,早在2013年就有报告预测,到2020年中国城市化率将达60.34%,其间1.5亿中国人将完成从农民到市民的空间与身份转换。[①] 但是,同我国其他任何社会经济现象一样,我国城市化的地区差异巨大,从总体上看,我国城市化水平呈现比较明显的地区性差异,沿海地区高于中部,而中部又高于西部。

同时,随着我国工业化水平的不断提高,建立在信息通信技术基础上的信息化水平也在快速提升。国家信息中心信息社会研究课题组于2018年1月14日发布了《2017年全球和中国信息社会发展报告》,报告围绕信息社会发展测评,重点考察各国家、各城市在信息经济、网络社会、数字生活、在线政府4个领域的发展水平。报告显示,全球信息社会发展排名中,卢森堡位居第一,中国排名第八十一位,处在世界中游水平;中国有38个城市进入信息社会,这些城市主要分布在东部沿海地区,信息化的水平已经可以与发达国家的发达地区一较短长。[②] 而信息化水平的进一步发展将会更深层次地带动工业化进程。对农业发展来说,信息化进程将为我国农业信息化的发展带来革命性的转变,信息化将加快农业发展方式的根本性转变,促进农业现代化的发展战略转型。同时,以信息化发展为纽带,以经济发展为推动力的全球化也正风卷残云般席卷而来,改变着世界的每一个角落。

在信息化和全球化的强力推动下,新一轮工业化、城市化的发展必然要求进行社会的全面转型,即通过社会的转型与变迁来消解工业化、城市化、城镇化在发展中面临的障碍和困境,并通过社会的转型为工业化、城市化的进一步发展提供不断拓展的空间和动力。根据美国学者吉列尔莫·奥唐奈及菲利普·施密特的定义,转

---

① 《国际城市发展报告2012》,社会科学文献出版社2013年版,第32页。
② 国家信息中心信息化和产业发展部:《2017年全球和中国信息社会发展报告》(2017年12月26日),国家信息中心网站,http://www.sic.gov.cn/News/566/8728.htm,最后浏览日期:2020年6月5日。

型就是指"在一个制度与另一个制度之间的过渡期"。① 由于我们探讨的城乡文化关系是在既有制度结构下变动发展的,不涉及宏观制度的根本性变化,因此本书所述的发展转型并不发生在不同的社会制度之间,而是发生在不同的文化关系形态之间。以此为依据,"新型城镇化"的概念被正式提出,并被纳入国家统筹城乡发展的战略体系中。2015年6月,在北京召开的"第四届全球智库峰会"中,李克强总理指出:"实现可持续发展,逐步缩小城乡和区域差距,首要的关键措施是推进新型城镇化。中国目前仍有一半以上人口生活在农村,虽然其中一些人已经在城市工作,但没有居所。所以城镇化既是极大的内需,也是消灭不平等的内在要求。新型城镇化的过程,就是中国逐步缩小城乡和区域差别的过程。"② 正因为如此,包括文化在内的城乡关系也就必然面临着转型的内在要求和发展需要。

3. 大格局:复合型城乡二元结构

在特定的历史条件下,我国的城乡"二元"结构对于保证新中国成立后的社会稳定和国家的现代化、工业化的资本积累起到了非常重要的作用。从整个世界发展看,"二元"经济结构和城乡差别的存在,是一个相对较为普遍的现象。世界现代化的历史经验表明,没有一个国家的现代化不是从农业的原始积累开始的。现代化的进程,某种程度上也可以看作是农业资源(土地、资本、劳动力)向城市地区和工业部门转移的过程,甚至我们可以说,工业化、城市化的顺利推行,往往都是以牺牲农村和农民的利益为代价的。二战以来发展起来的几个国家实践表明,由工业和城市反哺农业、农村和农民的过程大约需要20—30年。中国从1952年的第一个5年计划开始至今近70年,改革开放也已40多年,至今我们仍

---

① [美]吉列尔莫·奥唐奈、[意]菲利普·施密特:《威权统治的转型:关于不确定民主的试探性结论》,景威等译,新星出版社2012年版,第6页。
② 林之旭:《李克强:缩小城乡区域差距需推进新型城镇化》(2015年6月28日),中国新闻网,http://www.chinanews.com/gn/2015/06-28/7370154.shtml,最后浏览日期,2020年6月5日。

未从整体上改变"以农补工、以乡养城"的城乡"二元"格局。而这当中,一系列不利于农业、农村和农民,表现为保护工业、城市优先、限制农民和保护市民的不平等、不公正的城乡二元经济体制结构,是我国统筹城乡发展的最大障碍。换言之,要纠正我国目前存在的城乡失衡,促进城乡经济社会协调发展,必须突破城乡"二元"结构,实施统筹城乡发展战略。

改革开放以来,随着市场化改革的推进,传统二元结构也在不断松动,城乡二元之间不再表现出严格的隔绝性,在国家制度体系本身变革和市场经济发展的双重拉动下,呈现出一种城乡二元交流、互动的特征,逐步形成一种由行政体制和市场体制共同主导的复合型二元结构。[①](见图 导论-1)

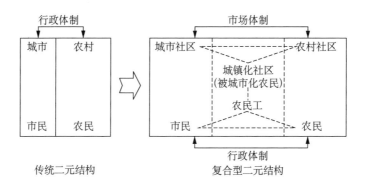

**图 导论-1 复合型城乡二元结构图**

资料来源 图形引自奚建武、唐亚林:《复合型二元结构:考察城乡关系的新视角》,《社会主义研究》2008年第5期,第45—49页。

通过分析我们发现,与传统二元结构相比,复合型二元结构表现出以下四个方面的明显特征:

一是在复合型二元结构下,虽然城乡二元仍然不乏"城乡分治、一国两策"体制的特征和痕迹,但是此时沟通城乡二元的已不是单纯的行政体制,市场体制开始发挥越来越大的作用。

---

① 奚建武、唐亚林:《复合型二元结构:考察城乡关系的新视角》,《社会主义研究》2008年第5期,第42—46页。

二是在复合型二元结构下，城乡二元借助于市场经济和制度变革的双重纽带，开始大范围、多层次地发生直接的交流和互动。从农村来看，农村因素不断直接地流入城市，比如人口、土地、农产品、资本；从城市来看，城市因素也不断向农村扩张，比如城市工业化、城镇化带来的城市社区向广袤的农村地区挺进，这个过程使越来越多的农民成为被城市化的农民，而城市工商业发展带来的大量非农就业机会又从农村吸引了大量的农村人口进城务工，推进了资本下乡以及农业生产资料和农村消费品的市场化。

三是在复合型二元结构下，越来越多的介于城乡二元之间的中间元素开始出现，比如农民工、被城市化农民、城镇化社区等等。

四是在复合型二元结构下，由于区域经济一体化的程度不同，区域城乡关系形态也呈现各异的特征，所要解决的核心问题相应地也不一致：如在日益一体化的城乡关系形态下，重点是解决在城市居民与城郊农民福利待遇一体化背景下，外来务工人员（农民工）的国民待遇问题；在正在一体化的城乡关系形态下，重点在于实现农民的市民化问题；在尚待一体化的城乡关系形态下，重点则在于提升农村基础设施建设水平、农村公共服务水平、农村社会保障水平，逐步形成城乡经济社会发展一体化新格局。

因此，面对城乡二元结构和复合型城乡二元结构的双重压力，统筹发展城乡关系必须寻找新的突破口和进行新的工具性运用。

4. 大趋势："新时代"下包容性发展的时代共识

近年来，随着科学技术在社会各领域的广泛运用，中国经济取得了相应的迅速增长。2017年，中国经济总量达到13.17万亿美元，是排名第三的日本的三倍；[①] 2018年，中国经济总量达到13.6万亿美元，继续稳居世界第二位，对世界经济增长的贡献率接

---

① 庞无忌：《2017年中国GDP世界排名第二 占世界经济比重15%左右》（2018年2月28日），新华网，http://www.xinhuanet.com/fortune/2018-02/28/c_1122467400.htm，最后浏览日期：2020年6月5日。

近30%。① 然而，全国经济总量的高速增长，因长期以来的城乡二元结构影响，出现极化效应，城市作为资源集聚地，往往得到的资源支持多，而乡村则因为各种发展资源的缺乏而愈受冷落。

就文化领域而言，以四川省为例，有调查表明，四川省2003年对农村文化事业的投入总额只占全省文化财政补助收入的29.9%；城市文化投入则高达70.1%。② 2005年，从投入方面看，四川省农村文化事业投入0.95亿元，仅占全省文化事业费的22.6%，低于对城市文化经费投入近55个百分点；从设施看，全省城市人均占有公益文化设施0.02平方米，农村人均仅占0.005平方米，城乡差距为0.015平方米；从服务队伍看，全省城市每万人拥有公共文化服务人员3人，农村每万人拥有公共文化服务人员仅1人。③ 2014年，四川省地方公共财政文化体育与传媒支出为1 356 458元，仅占财政总支出的1.9%；2015年文化体育与传媒支出为1 394 140元，占总支出比重为1.85%；2016年文化体育与传媒支出为1 452 012元，占总支出比重为1.8%。④ 很显然，与现有的工业化、城市化、信息化发展水平相比，这种文化事业方面的支出状况是与社会整体发展趋势不相协调的。

2007年，亚洲开发银行提出"包容性增长"理念，强调一国在实现经济增长的同时，要实现教育、文化、医疗、社会保障等各种社会发展的进步目标，提高社会公平的程度，即经济增长对其他各项社会进步目标的包容。这一概念一经提出，便得到国际社会的普遍认可，逐渐成为指导各国经济社会发展的重要理念。然后，随着实践和认识的不断深化，人们也逐步意识到"增长"概念本身并

---

① 《聚焦2018年中国经济年报》（2019年1月24日），中国经济网，http://www.ce.cn/ztpd/xwzt/guonei/gnzt2019/0124/index.shtml，最后浏览日期：2020年6月5日。
② 文化部计划财务司：《2006年中国文化文物统计年鉴》，北京图书馆出版社2006年版，第2页。
③ 侯水平：《四川文化发展报告（2007）》，社会科学文献出版社2008年版，第86页。
④ 《四川统计年鉴2017》，表8-2"一般公共预算支出"，四川统计局网站，http://web.sctjj.cn/tjcbw/tjnj/2017/zk/indexch.htm，最后浏览日期：2020年6月5日。

不能有效概括社会整体的发展趋势,且"增长"侧重于"效率"逻辑,以此为基础,符合社会发展趋势、更加强调"公平"意涵的"包容性发展"概念应运而生。博鳌论坛副理事长曾培炎曾对包容性发展进行过理论阐述,指出"包容性发展是不同国家、民族与公民共同发展、平等参与、成果共享的发展模式。与传统的发展模式相比,包容性发展将更具开放性、普遍性、可持续性,缓解以往由于发展机会不平等造成的发展结果不平衡,做到权利公平、机会均等、规则透明、分配合理,最终实现人的全面发展"。① 在此基础上,有学者作了进一步深入阐述,认为包容性发展是一个全球化语境下的概念,包括全球不同地域个体享有平等享受经济社会发展所带来的权利和利益,以及作为社会公民本身积极参与和实现自我发展的机会和权利。它关系到人本发展、转型发展、和谐发展与持续发展,其目的在于实现惠及更多贫困人口、更多普通劳动者或者说社会大多数人的增长和发展,因此,包容性的基本对象是弱势群体、低收入阶层和社会大多数。包容性的范畴至少应该包括经济包容、社会包容、政治包容、文化包容和环境包容等方面。② 很显然,这个包容性发展就包含了新时代解决新的社会矛盾的内在逻辑。

本书正是在上述大国策、大环境、大格局以及大趋势的各种约束性和支持性条件下,深入研究依城乡一体化发展战略推进城乡文化一体化发展的理论与实践问题。

从研究视角看,首先,我们认为,当代中国构建推进城乡文化一体化发展战略规划,必须立足于"保障公民基本文化权益"这一根本价值取向,通过统筹城乡文化协调发展,实施城乡文化一体化发展战略,在全国范围内实现"高水平高福利全覆盖惠及全体民众的社会和谐图景"。因此,通过对公民文化权利的阐释,将推进城

---

① 张幼文:《包容性发展:世界共享繁荣之道》,《上海国资》2011年第6期,第20—21页。
② 黄祖辉:《包容性发展与中国转型》,《人民论坛》2011年第12期,第60—61页。

乡文化一体化发展研究置于"公民文化权利"的新视角之下。

其次,我国幅员辽阔,各地区经济社会发展水平差异很大,不同地区的城乡关系呈现各自独特的形态,并有着鲜明的特点。构建新时代和谐城乡文化关系,就必须构建新型市民、外来务工人员、农民三者文化一体化发展的战略关系,形成包容性的城乡文化权益新格局。因此,"包容性发展"是本书的另一个重要研究视角。

最后,本书把"包容性发展"与"公民文化权利"进行理论整合,形成"包容性公民文化权利"的基本概念,并将此概念拓展为研究推进城乡文化一体化发展的理论框架,最终在推进城乡文化一体化发展的制度体系与现实路径两个方面展开系统研究。

## 二、研究的基本思路、内容与主要方法

### (一)视角引入:包容性公民文化权利

1. 公民文化权利的内涵体系

毫无疑问,公民文化权利的普遍意义如今已经得到了人们的广泛认可。联合国在1948年以压倒性多数通过了一项宣言——《世界人权宣言》,1966年又相继通过《经济、社会和文化权利国际公约》和《公民权利和政治权利国际公约》。自此,文化权利的概念得到了系统阐释。在全球化的背景下,我国也于1997年10月27日加入了《经济、社会和文化权利国际公约》,并在2001年2月28日召开的第九届全国人民代表大会常务委员会第二十次会议上获准通过。此后,公民文化权利正式进入公众视野,为政府所重视,为学界所关注。[①]

人们对于任何一项权利的认识都是通过一系列的文本表述得以

---

① 时至今日,中国政府也已经两次向联合国提交了中国履行《经济、社会和文化权利国际公约》情况的报告。其中,第一次为2005年4月提交履约报告,第二次为2014年5月。

具象化的，而且文本表述越清晰，内容表达越具体，这项权利才更具有现实的操作性和实践性。那么，公民文化权利在文本化表述方面具体包括哪些内容呢？从现有文献看，公民文化权利出现在官方话语体系中，最早可以追溯到1948年的《世界人权宣言》，其中第22款规定："每个人，作为社会的一员，有权享受社会保障，并有权享受他的个人尊严和人格的自由发展所必需的经济、社会和文化方面各种权利的实现"；第27款规定："人人有权自由参加社会的文化生活，享受艺术，并分享科学进步及其产生的福利"。① 而文化权利被正式纳入国际法则是在18年后。1966年，《经济、社会与文化权利的国际公约》在联合国大会上获得通过。其中，第15条规定，本公约缔约各方承认人人有以下权利：第一，参与文化生活；第二，享受科学进步及其应用所产生的利益；第三，对其本人的任何科学、文学或艺术作品所产生的精神上和物质上的利益，享受被保护之利。②

在1968年联合国教科文组织召开的一次文化权利问题专家会议上，与会专家进一步阐述："基本的文化权利包括每个人在客观上都能够拥有发展自己个性的途径；通过其自身对于创造人类价值的活动的参与；对自身所处环境能够负责——无论是在地方还是全球意义上。"③ 在此基础上，联合国教科文组织在1976年12月26日通过了《关于促进人类普遍享有参与文化生活并为此作出贡献的建议》。这一建议意在"将保证人民能够接触所有民族和世界的文化"，并强调文化"不仅仅是精英阶层生产、收集和收藏……的知识和作品的积累……而且是对一种生活方式的寻求和对于交流的需要"。同样，2001年12月，第三十一届联合国教科文组织大会

---

① 《世界人权宣言》，联合国网，https://www.un.org/zh/universal-declaration-human-rights/，最后浏览日期：2020年6月5日。
② 《经济、社会与文化权利的国际公约》，联合国网，https://www.un.org/zh/documents/treaty/index.shtml，最后浏览日期：2020年6月5日。
③ [新加坡]阿努拉·古纳锡克拉等：《全球化背景下的文化权利》，张毓强译，中国传媒大学出版社2006年版，第14页。

又通过了《世界文化多样性宣言》，该宣言第5条规定："文化权利是人权不可分割的一部分。创造多样性的繁荣有赖于文化权利的全面实现。因此，任何人有权自由表达自己及进行创造，并有权以语言特别是自己的母语传播自己创造的成果；所有人有权完全接受其自己文化认同的教育和培训；所有人有权根据自己的选择参与文化生活，实践自己的文化权利。"[1]

除了以上提及的国际社会对文化权利的文本表述之外，1982年在墨西哥召开的世界文化政策会议通过了《文化政策宣言》，该宣言也对文化权利作出了明确表述，其关于文化权利的第28条建议表示"各国政府应采取措施'制定政策'，保证文化权利的实现，保护社会无限制的、基于其自身利益的文化参与，以此加强文化的民主化"。可以确定的是，"文化权利得到认可意味着对于文化生活参与、文化认同保护的承认，也意味着需要保护、发现并传播文化，保护知识产权和语言权利"[2]。若把视线转移到国内，我们会发现，公民文化权利在中国的发展也是一个循序渐进的过程。首先是1997年10月，中国正式签署《经济、社会和文化权利国际公约》，2001年2月，第九届全国人民代表大会常务委员会批准了该公约。从此，公民文化权利的概念和实践日益走进人们的视野，并受到各方重视。

综合以上分析，我们可以把公民文化权利的内涵概括为如下三个方面的内容。

（1）享受文化成果的权利。任何文化都具有一定的表现形式，都依赖于一定的载体存在。处于一定社会发展条件下的公民，获得公民文化权利保障的最基本方面，就是享受各种形式的人类文化成果。随着国家经济水平的不断提高，人民物质生活水平也在不断提升，与此相伴的是人民对于精神文化服务的需求不断增强，使得文

---

[1] ［新加坡］阿努拉·古纳锡克拉等：《全球化背景下的文化权利》，张毓强译，中国传媒大学出版社2006年版，第12页。

[2] 同上。

化事业、文化产业飞速发展，整个社会的文化产品和服务得到极大丰富，文化供给的能力也大大增强。如何给公民创造和提供更多、更公平、更具包容性的文化产品和服务，成为实现公民文化权利的最基本的内涵要求。这其中既包括对影剧院、图书馆、博物馆等基本的文化场馆和文化基础设施的建设与安排，以及文学、戏剧、电影、音乐、舞蹈乃至农村传统文化等多种多样文化产品的生产与供应等。通俗地讲，就是所有公民均享有读书、看报、听广播、观赏文化艺术等方面的权利。

（2）参与文化生活的权利。如果仅仅是享受文化成果，那还只停留在基本的甚至是被动的层面上。因此，在提供基本文化基础设施的同时，还要通过开展各种各样、不同层次的社会文化活动，鼓励广大人民群众积极参与，使他们能够主动进行创造并享受相应的文化权利。当前社会上普遍存在的自娱自乐的文化广场活动，以及大量民间文艺社团的产生，表明文化参与具有广泛的群众基础。也就是说要实现包容性、一体化的公民文化权利，就必须最大限度地提供城乡共享、老少咸宜、各得其所的参与文化活动的条件与氛围。

（3）开展文化创造（及所创造的文化成果受到保护）的权利。如果说参与文化生活的权利在一定程度上还存在被动性的特征，那么，在参与文化生活基础上进行文化创造的权利，则是一项最能体现公民文化权利的主体性、参与性本质的权利内容。换言之，只有当城市和乡村社会里与文化相关的潜在资源都被充分调动起来，并积极投入满足自身需求的文化创造活动中去，才能最大限度地激发居民的文化创造热情和潜能，才能切实形成一个文化建设的大高潮，呈现出文化大发展大繁荣的格局。如果没有这种相对自由的、满足自身需要的文化创造的空间和机制，公民文化权利的实现还将继续停留在较低层次上，依然不能真正造就具有文化创造力和想象力的现代公民群体。

2. 包容性公民文化权利的内在规定性

（1）公民文化权利必须由所有公民平等共享。既然作为一种权利形态存在，公民文化权利的道义基础就在于其生而有之而且是平等享有。为公民文化权利提供基础条件和保障平台的城乡公共文化服务供给，就应该是为所有公民所平等共享的，无论这些公民来自何方，出自哪个社会阶层；无论其生活在城市社会还是农村社会。其实，服务型政府理念的一个科学内涵就在于"政府公共服务要由歧视性的公共服务转向平等的公共服务，实现公共服务的公正化"。[1] 因此，城乡公共文化服务的平等共享性，自然应成为服务型政府建设的重要价值取向和社会化实践。国内学者吴正国在研究城乡关系时指出："惟有同时在精神文化上给予乡镇人口平等的福利，才能逐步使他们形成步入城市化时期的观念与素养。从而真正实现城乡统筹的目的。"[2]

(2) 公共文化服务要让所有公民共同参与。服务型政府作为一种新时代语境下的政府运作模式，是在公民权利意识不断被唤醒、主体地位不断被确认的环境下所出现的结果。但是，服务型政府既会采用"治理"的逻辑来与社会多元主体共同解决社会所面临的难题，也会为社会多元主体的发展提供各种基础性条件和让渡合理的生存空间。包容性公民文化权利语境下，基于城乡一体化发展的公共文化服务生产与供给，更应该是全民参与的服务供给。如前所言，消极性公共文化服务供给应该是在公民实际文化需求基础上的匹配性供给，而不是政府单方面一厢情愿的强制性制度安排，对于公民能够主动积极实现的那部分公共文化权利，政府应该给予其必要的空间和必要的信心，比如对农村本土性文化进行培育和包容。唯有如此，才能真正激发公民的文化创造力和文化生产力，最终实现文化的大繁荣、大发展。

(3) 公民文化权利的主体既是"集体公民"，也是"个人公

---

[1] 李军鹏：《论中国政府公共服务职能》，《国家行政学院学报》2003年第4期，第29—31页。
[2] 吴正国：《城乡基本公共文化服务均等化研究》，《群文天地》2011年第22期，第25页。

民"。包容性公民文化权利的内在规定性还体现为,这里的公民主体既指代"集体公民",也指代"个体公民",即公民文化权利中的"公民"不再只是一个与政府相对应、作为集合概念而存在的抽象整体,也是一个充满个性、具有活力的真实个体。对此,英国学者伊冯·唐德斯(Yvonne Donders)也表达了相同的观点,他在《文化多样性和人权能够相匹配吗?》一书中得出结论:"包含在人权框架中的文化权利,不仅应该被集体所享有,更应该被个人所享有。"①

容易理解的是,在早期公民权的发展过程中,由于各种客观因素的影响和制约,公民的"个体性"被遮蔽在"集体性"之下,表现公民文化权利的方式就是为"集体"生产和供给公益性、福利性的文化产品和服务,而由于"集体"的无意识,这种针对集体而生产和供给的文化产品和服务只能是整齐划一、高度同质化的。因为这种"集体"的无意识,作为公共利益代表的政府也自然成为集体的代表,政府本身的偏好代替了集体的偏好,政府的供给逻辑自然就变成了集体(个体公民)的需求逻辑。最终,公民文化权利成为一种以"集体"为对象的福利供给。

对此,也有学者认为,"目前我国公共文化服务供需不平衡的现象较为严重,主要问题就是从'供给'的逻辑出发,忽视了'需求'逻辑"。②伴随社会主体日益走向多元化,公民的需求日益走向个性化,并表现出越来越强的自主性,公民文化权利的"集体"导向便需要发生转向,以此来真正保障不断觉醒、充满个性、极具活力的个体公民的权利诉求。简言之,由政府等公共组织或者多元主体所致力的保障公民文化权利行动,不仅仅是为"集体公民"提供福利供给,更重要的是为千千万万具有不同文化需求的公民个体提供多元化、个性化的权利满足。

---

① Donders Y,"Do cultural diversity and human rights make a good match?", *International Social Science Journal*,2015,61(199),pp.15-35.
② 贾微晓:《"需求"逻辑视角下的我国公共文化服务研究——基于消费者均衡模型以及蛛网模型的理论视角》,《上海财经大学学报》2017年第12期,第94—103页。

### （二）研究思路及主要内容

本书以中共十七届六中全会通过的《关于深化文化体制改革推动社会主义文化大发展大繁荣若干重大问题的决定》《国家"十二五"时期文化改革发展规划纲要》《国家"十三五"时期文化发展改革规划纲要》，以及中共十九大报告、中共十九届四中全会报告为指引，以《国家新型城镇化规划（2014—2020年）》为依据，以保障公民基本文化权益、满足公民精神文化需求为出发点和落脚点，全面展开探讨和研究。

1. 研究思路

要实现城乡文化一体化发展，只有把握理论基础，立足中国国情，才可能科学地提出具有分类指导意义的结论和对策建议。本书先是回顾和梳理国内外探讨城乡文化关系的理论脉络，再对国内城乡文化关系调整和发展的实践历程进行归纳总结，同时参考国际上几个代表性国家的城乡统筹经验，然后从理论上提炼并阐述城乡文化一体化发展的科学内涵、系统构成、评估体系。以此理论体系为指导，我们还概括了当下中国推进城乡文化一体化的几种模式，并对城乡公共文化服务的生产供给进行了实证研究。在对城乡文化一体化的"应然"状态和"实然"状态有了较为精准的对比分析之后，本书分别从战略构建、制度设计以及政策选择三个层面对城乡文化一体化发展的未来发展作了探索性的分析和研究。具体而言，本书内容按照以下思路推进。

第一，本书以探讨城乡一体化关系的理论进程为起点，通过阐释国内外相关学者对城乡一体化关系的解释和分析，找出本书关注的当代中国城乡文化关系建设所具有的理论意义与现实意义，从而为我们的进一步研究奠定理论基础。

第二，既然研究中国当下的城乡文化关系，就必然需要先了解我国城乡文化关系的历史演变历程，同时理解当下的具体现状，以及当下这种现状在整个中国社会发展中呈现什么样的格局。换言之，只有通过回顾过去，再回到现实中，我们才能真正发现当下中国研究城乡文化关系面临的真问题是什么。

第三，在关注中国当前城乡文化一体化进程的同时，我们也需要对世界各国的情况有一个较为清晰的认识和把握，以便在这种对比分析中认清中国问题的外部环境。不仅如此，这样的对比分析，也有利于我们有针对性地借鉴和参照国际上的有益经验。

第四，对中国与世界上其他国家城乡文化一体化的发展现状有了准确的认识和定位后，本书将根据对当下中国以及未来一段时期内中国社会发展的大趋势的研判，提出我们对城乡文化一体化发展的理解，突出展示所谓的"新格局""新"在何处，以及未来城乡文化一体化发展的"应然"属性和内涵是什么。

第五，在提出了未来城乡文化一体化发展的"应然"内涵之后，本书又回到现实层面，更深入地探讨千差万别的各地在探索具有各自特色的城乡文化统筹模式方面的努力及成效，同时还以城乡公共文化服务均等化为具体研究对象，对当下中国城乡社会的公共文化服务生产供给的"实然"状态进行实证分析。

第六，如果说推进城乡文化一体化发展构成了新时代的国家文化发展战略，那么，接下来要强调的是，任何社会发展战略规划的有效落实，都是有一定的框架体系的。也就是说，唯有借助一定的框架体系为指导和支撑，这样构建的战略体系才能真正从规划走向具体实际。本书在对城乡文化一体化发展的"应然"与"实然"作了全面分析之后，进一步分析了这一新格局的战略框架由哪些要素构成，以及这些战略要素之间的关系如何。

第七，同样，任何战略规划的实施不仅需要本身具有明确清晰的框架结构，更需要依赖一定的制度体制作为保障以及一定的政策作为先导。以此认识为前提，本书最后将会具体分析应该如何推进城乡文化一体化发展的制度设计，以及将要从哪些方面进行政策创新。

2. 主要内容

根据以上研究思路，本书主要围绕以下问题展开。

第一,在理论上界定城乡文化一体化发展的完整内涵与基本特征,从根源上厘清推进城乡文化一体化发展的内在动力,并结合新时代大国策、大环境、大格局、大趋势,挖掘当下推进城乡文化一体化发展的外在动力,最终在社会发展历程中找到城乡文化一体化发展的历史定位。具体研究中,我们运用相应的理论(城乡协调理论、城乡一体化理论、公民文化权利理论、文化发展理论等)以及相应的技术方法(比较研究、历史研究等),完整有效地建构推进城乡文化一体化发展的理论框架,并以此理论框架为基本依据,结合时代背景,进而推演出当前推进城乡文化一体化发展的逻辑依据。

第二,通过文献收集、问卷调查、实地调研等方法,回顾新中国成立以来中国城乡文化关系发展的演变历程,同时考察当下中国城乡文化一体化的发展现状,并从中提炼出当下城乡文化一体化发展基本格局的特征(区域间存在巨大"鸿沟"、城乡呈现"二元结构"、本地人与外来务工人员之间存在"权利歧视"以及"差别对待"、供需存在"不对称"、重"硬"轻"软"、重"体格锻造"轻"精神塑造"等)。根据经验对比和实证研究,对基本格局进行价值判断(政府资金投入、管理、价值导向)与事实判断(地域特征、发展国情、阶段实情)。

第三,为了更全面地阐述当下中国城乡文化一体化的建设现状,本书还从更宽广的视野出发,对国际社会中几个具有典型代表意义的国家推进城乡文化一体化发展的经验进行介绍和分析,比如美国、英国、日本、印度等国家。在此基础上,本书总结提炼出对中国具有借鉴意义的有益经验。

第四,对照城乡文化一体化发展的原有格局,本书在对问题进行分解的基础上,提出城乡文化一体化发展的科学内涵,即分别从"人"的角度、从"新型城镇化"的角度、从"文化权利"的角度对其进行分析。通过多因素分解的方法,本书分别从"主体一体化""要素一体化"与"空间一体化"三个维度分析城乡文化一体化的组成系统。紧接着，本书还提炼了评估"城乡文化一体化发展"的可选择、可操作的指标体系。

第五，借助以上理论分析框架，在接下来的内容中，本书在对通过问卷调查、实地调研等途径获取的数据进行分析归纳的基础上，抽象出推进城乡文化一体化发展历程中产生的三种模式，即"推进城乡文化一体化发展的区域模式""文化资源-事业-产业互动发展的特色模式"以及"项目制建设的文化发展模式"。与此同时，本书还对当前中国社会的城乡公共文化服务生产供给现状进行了实证研究。

第六，本书对现有的城乡文化一体化发展格局的战略框架进行了分析，指出推进城乡文化一体化发展的重要前提是深刻认识政府在推进城乡统筹中的作用，总体目标是建立一种多元互动、城乡融合的新型城乡文化关系，着力点是要有效推进城乡公共文化服务的标准化与均等化进程，建立政府、市场、社会和公民个人之间的协作互动网络。在此战略框架中，我们还指出推进城乡文化一体化发展的战略重点要向中西部地区和农村社会倾斜。

第七，在本书的结尾部分，针对中国国情，我们分别从制度设计和政策创新两大层面构建了一个符合中国国情，体现地域特殊性、发展阶段性特征，推动城乡文化一体化发展尽早实现的制度保障体系和政策支持体系。

### （三）研究方法与技术

研究方法指的是研究所采取的具体形式或研究的具体类型。[①] 我们知道，在社会科学研究中，主要存在着定量研究与定性研究两种不同的研究方法。其中，定量研究侧重于且较多地依赖于对事物的测量和计算，而定性研究则侧重于和依赖于对事物的含义、特征、

---

① 风笑天：《社会学研究方法》（第三版），中国人民大学出版社2009年版，第8页。

隐喻、象征的描述和理解。"在理论与研究的关系上，定性研究通常与理论建构的目标相伴随，它并不强调在研究开始时对所研究的问题有一种明确的理论基础。……定量研究则常常是用来进行理论检验的。"① 根据研究需要，本书侧重定性研究。同样，在社会科学研究中，研究者一般可以选择的研究方法主要有四种：（1）调查研究；（2）实验研究；（3）文献研究；（4）实地研究。由于每一种研究方法的内在逻辑、它所能回答的问题类型，以及我们应用它们来研究社会现象及人们的行为时所具有的特点和局限性各不相同，因而我们在具体应用时应对这些研究方法有所选择。

1. 研究方法

本书以梳理、分析当代中国城乡文化一体化的基本发展现状为起点，以形成城乡文化一体化发展为目标，以社会学、政治学、公共管理等学科的理论知识为基础，以西方发展经济学、制度变迁理论、区域经济学、城市经济学、文化社会学为工具，综合采用归纳与演绎、规范与实证、整体研究与重点研究、理论研究与实地研究、定性研究与定量研究相结合的方法，对城乡文化一体化发展的科学内涵、战略思路、主要路径、实现手段、支撑体系等重大问题、特殊问题进行多角度、多层次、多维度的研究和探讨。在方法上，本书主要采用以下几种研究方法。

（1）归纳与演绎方法。在总结世界主要发达国家城乡文化关系演变的一般特性和共同经验层面上，我们采用科学的归纳方法；而在把这些主要发达国家的成功经验运用到分析当代中国城乡文化一体化发展探索实践时，根据中国各区域、各省区市的实际情况和特殊区位条件，我们则采用演绎方法。

（2）规范与实证研究。在研究形成城乡文化发展一体化的发展战略及路径选择时，本书强调综合平衡、循序渐进和可持续发展等

---

① 风笑天：《社会学研究方法》（第三版），中国人民大学出版社2009年版，第13—14页。

原则，这在研究中属于规范分析方法。在具体分析当代中国城乡文化一体化的发展现状和基本格局时，为获得客观、科学、全面的认识，本书则采用实证研究法。

（3）整体研究和重点研究。本书对国外城乡文化关系研究路径的经验总结，以及对当代中国城乡文化关系变化路径的思想渊源的考察，属于整体研究部分；对于上海、成都、深圳等地的实践经验总结，以及对城乡文化一体化关键领域的研究，则属重点研究的范围。

2. 具体方法和技术

具体方法和技术指的是研究者在研究过程中所使用的各种资料收集方法、资料分析方法，以及各种特定的操作程序和技术。资料收集和分析是社会科学研究过程中的两项重要任务，根据研究对象和研究目的的不同，我们采用不同的资料收集方法和分析技术。具体而言，在本书中，我们主要采用了以下三种研究技术。

（1）参与式观察法。指研究者深入研究对象的生活环境中，作为研究对象中的一员与他们一起生活、工作，并通过研究者本人与研究对象的长时间接触、随机访谈，同时用手、耳、眼、鼻等一切感觉器官去感受、感悟研究对象的生活环境、行为方式及其背后所隐含的深层意义，以此获得对研究对象的感性认识和理性认识，达到深刻理解研究对象的效果。

就本书而言，从2012年7月开始，我们开始分赴全国各地开展大量的实地调研，进行资料收集。同时，以上海市为重点观察对象，我们分别于2013年10月至2014年1月、2014年7月至9月，先后两次深入上海市HK区文化局进行驻点调研。这期间，恰逢首届上海市民文化节和"2014上海市民文化节"开展得如火如荼。调研过程中，我们不仅被允许参与全区范围内与文化节相关的所有大小会议，听取工作在各条战线上工作人员的最真实想法，并与他们进行深入沟通和交流。而且，我们还亲自参与了多项文化活动的策划、组织和具体实施，因而对文化活动的整个流程有着最直观的感受和理解，从而为本文的研究积累了大量一手资料和素材。

（2）序贯访谈法。在实地研究中，访谈是与观察同样重要的资料收集方法。显然，实地研究中的访谈与我们在调查研究中使用的结构访谈的方法有较大的差别。实地研究中的访谈通常是一种无结构访谈，有时甚至只是一般的、随意的闲聊。当然，这就会产生一个问题，即这种无结构访谈中，我们到底需要多少个访谈对象才足够？对此，我们主要采用无结构式访谈中的"序贯访谈法"来解决这个问题，即在实地调研过程中，我们对案例中的工作人员进行访谈时，在与第一个访谈对象结束访谈后，整理出其中的有用信息以及相关的疑惑，并带着这些疑惑与下一个访谈对象进行访谈。依次类推，我们通过与前一个访谈对象的访谈结果来帮助我们确定与下一个访谈者访谈时所需要了解的问题，直到对所要探索的问题有了一个全面的了解后（"饱和"）才终止对这一问题的追寻。

（3）文献分析法。文献分析法是指收集和分析现存的，以文字、数字、符号、画面等信息形式呈现的文献资料，以此探讨和分析各种社会行为、社会关系及其他社会现象的研究方法。[①] 本书中我们广泛运用了文献分析法。从2012年开始，我们多次分赴全国各地进行实地调研，收集了大量的文献资料，其中有《遵义市创建国家公共文化服务体系示范区工作汇报材料》（中共遵义市委宣传部，2012）、《针对成都实际、打造十大亮点：成都市创建国家公共文化服务体系示范区工作情况介绍》（成都市文广新局，2012）、《人人共享、人人参与、全力打造十分钟文化服务圈：渝中区申报创建国家公共文化服务体系示范区工作总结》（重庆市渝中区文化局，2012）、《渝中区创建国家公共文化服务体系示范区规划》（重庆市

---

① 风笑天：《社会学研究方法》（第三版），中国人民大学出版社2009年版，第233页。

渝中区文化局，2012）等工作性汇报性材料，也有如赣州市、南昌市、遵义市、长沙市文化局等历年阶段性（季度、半年、一年）工作的总结与计划。除此之外，我们还搜集了成都市、深圳市、上海市等多地历年文化统计年鉴等统计性资料。毫无疑问，正是这些文献资料为我们开展研究提供了大量线索，既大大拓展了研究视野，又有效补充了在参与式观察中不可能直接触及的历史事实，夯实了研究基础，为研究的有效性和真实性提供了保障。

## 三、理论基础

城乡文化一体化建设是统筹城乡发展、实施乡村振兴战略的重要举措，是打破城市化进程中城乡"二元"结构以及城乡"二元文化鸿沟"的重要举措，是破解城乡文化发展差距不断拉大、农村文化产品和服务供给不足难题的根本出路，是解决"三农"问题、实现城乡文化共建共享和一体化发展的重要途径，是全面建成小康社会的重大战略举措。实现城乡文化一体化更是实现城乡一体化发展战略的重要组成部分，文化领域是否能够实现一体化发展，既关系着城乡一体化发展战略的全局，更是衡量城乡一体化实现程度的核心标准。新的时代背景下，如何有效推动城乡文化一体化发展，是我国统筹城乡发展中实践性和理论性极强的新命题，无论是理论研究还是实践探索都需要严密的科学理论体系作为基础支撑。借鉴国内外已有的城乡关系研究成果以及结合我国实际，本书认为：城乡文化一体化新格局的理论基础主要有马克思主义城乡关系理论、城乡统筹理论、城乡关系的制度变迁理论。鉴于我国城乡文化关系的特殊性，需要综合运用以上理论思考并解决我国统筹城乡文化发展的重要现实问题。

### （一）马克思主义城乡关系理论

马克思和恩格斯高度重视城乡关系问题，他们从社会分工入手,运用阶级分析的方法,揭示了城乡对立的根源和城乡关系演进的总体趋势,并提出消除城乡对立的条件途径。

马克思、恩格斯认为城乡关系是社会生活中影响全局的关键环节。他们指出:"一切发达的、商品交换为媒介的分工的基础,都是城乡的分离;社会的全部经济史都可以概括为城乡对立的运动。……城乡之间的对立只有在私有制的范围内才能存在,即私有制是城乡对立的根源;城乡差别、城乡对立只是生产力发展到一定历史阶段的产物,随着生产力的发展,城乡差别的消失是历史必然的。城乡对立通过革命斗争改变资本主义生产关系而消灭。城乡间阶级对立的消灭并不意味着城乡之间社会经济文化发展水平差别的消灭。"[①] 恩格斯第一次提出了"城乡融合"的概念,并进一步指出实现这一目标的两个标志:一是工人和农民之间阶级差别的消失;二是人口分布不均衡(指城乡之间)现象的消失。而大工业在全国尽可能均衡地分布,是消灭城市和乡村分离的条件。根据城乡融合的思路,恩格斯提出通过土地公有化发展"大农业""大工业"以及在农村地区办工业的思想。

马克思和恩格斯提出的城乡关系理论为我们实施统筹城乡文化发展战略提供了理论依据。但是,受时代的局限,马克思、恩格斯无法预测20世纪以来城乡关系的深刻变化与发展,我们应结合社会实际发展不断丰富和完善他们的理论。

### (二)城乡协调(统筹)论

有学者曾将工业革命以来尤其西欧资本主义发展起来后,世界范围逐步出现的问题概括为经济生活矛盾重重、政治秩序极度混乱、社会贫富严重分化,人类面临的问题则是人与自然、人与社会、人与人之间的各种冲突,以及由此引起的生态危机、社会危

---

① 《马克思恩格斯全集》,人民出版社1979年版,第390页。

机、道德危机、精神危机和价值危机。① 基于对当时社会经济发展中各种问题的深刻认识，西方早期的许多学者都是主张城乡平衡发展的。以圣西门、傅立叶和欧文为代表的空想社会主义学说中已经包含了城乡一体发展的原始构想。例如，圣西门提出的"城乡社会平等观"、傅立叶所提出的"法郎吉"与"和谐社会"、欧文的"理性的社会制度"与共产主义"新村"，都从不同侧面体现了城乡协调的构想。② 西方早期城市理论学者也相当重视城乡一体发展，城市规划理论的重要奠基人霍华德明确提出要建设兼有城市和乡村优点的理想城市，即"田园城市"。田园城市实质上是城和乡的结合体。美国著名城市学家刘易斯·芒福德从保护人居系统中的自然环境出发，提出城乡关联发展的重要性，明确指出"城与乡，不能截然分开；城与乡，同等重要；城与乡，应当有机结合在一起"。赖特的"区域统一体"（regional entities）和"广亩城"③，都主张城乡整体的、有机的、协调的发展模式。④

此外，马克思主义经典作家从历史和社会制度角度揭示了城市和农村的相互关系，认为城乡关系是社会经济生活中影响全局的关键环节，随着社会经济的发展，从城乡对立走向城乡融合是城乡关系发展的必然，并指出城乡对立被消灭并不是一蹴而就的，实现城乡融合需要一个漫长的社会历史过程，只有公有制才能真正消除城乡差异而达到城乡一体化。⑤ 列宁和斯大林也曾总结和阐述社会主

---

① 徐觉哉：《欧洲空想社会主义的"和谐社会"观》，《毛泽东邓小平理论研究》2005年第8期，第83—88页。
② 王华、陈烈：《西方城乡发展理论研究进展》，《经济地理》2006年第3期，第113—118页。
③ 指一个没有围墙的城市，一个没有极限、能够无限延伸的城市。这是由美国建筑大师弗兰克·劳埃德·赖特（Frank Lloyd Wright），在1935年发表于《建筑实录》（Architectural Record）的论文《广亩城市：一个新的社区规划》（"Broadacre City：A New Community Plan"）中提出的一种城镇设想。
④ 刘荣增：《城乡统筹理论的演进与展望》，《郑州大学学报》（哲学社会科学版）2008年第4期，第63—67页。
⑤ 罗吉、王代敬：《关于城乡联系理论的综述与启示》，《开发研究》2005年第1期，第29—31页。

义条件下的新型城乡关系：城市与乡村有同等的生活条件，而非城乡差别的消灭。①

事实上，城市和乡村不可能在各自孤立的系统中发展，城乡发展也必然无法建立在这种相对独立的发展之上。就我国的情况看，城市的发展壮大离不开从农村所汲取的资源，而未来乡村的振兴也需要城市的反哺，二者本身就是一个相互依赖、相互协调的有机整体。从经济学角度看，城市和乡村互为市场，乡村的食品、蔬菜等农产品要源源不断地输送到城市，同时给城市提供大量的劳动力和潜在的土地资源，而城市则把大量工业产品输送到乡村，同时还伴随着大量劳动力带回的资金、技术和信息，以及政府的大量转移支付，为乡村的建设发展提供大量的资源。

无论是偏向农村还是城市，实践表明，某一段时间的偏向可能带来发展效率的大幅度提升，但是城市和乡村终究是一个不可分割的整体，二者的一体化协调发展才是正途，也才可能长久。因此，一些学者开始重新审视城乡联系的观点。如朗迪勒里提出了"次级城市发展战略"，他认为，城市的规模等级是决定发展政策成功与否的关键，需要建立一个次级城市体系，以支持经济活动和行政功能在城乡间进行必不可少的传播，同时，强调城乡联系乃平衡发展的推动力量。而且"发展中国家政府要获得社会和区域两方面的全面发展，必须分散投资，建立一个完整、分散的次级城市体系，加强城乡联系，特别是'农村和小城市间的联系，较小城市和较大城市间的联系'"。② 日本学者岸根卓郎根据日本的"第四全综国土规划"，从系统论角度出发，强调城乡融合发展，他认为"要充分利用城市和农村这一强大的引力，形成融合，破除二者之间的界限，建设一个能够不断向前发展、总体环境优美的美好定居之地——作

---

① 《斯大林选集》（下），人民出版社1979年版，第558页。
② Fuchs R J, "Secondary Cities in Developing Countries: Policies for Diffusing Urbanization". *Economic Geography*, 1983, 59 (4), pp.461-462.

为自然-空间-人类系统的'城乡融合社会'"。① 另外，这一时期，欧洲国家、日本、韩国等在城乡统筹方面进行了大量的实践。比如，日本通过制定和实施扶持农业和振兴农村的法规政策、财政转移支付制度，加强农业基础设施建设和增加农村社区公共事业建设的财政投入等，大力发展农村的工商业，加强农村基础建设，大力发展农村的基础教育和职业教育，建立农村与城市一体化的社会保障体系等，使城乡共同发展取得了明显的成效。②

国内学者在研究城乡发展时也先后提出了城乡协调、城乡一体化、城乡融合、乡村城市化、自下而上城市化等概念，这些概念之间既有本质的区别，又有内在的联系，但核心思想就是把城市和乡村纳入统一的社会经济发展大系统中，改变城乡分割局面，建立新型城乡关系，改善城乡功能和结构，实现城乡生产要素合理配置，逐步消除城乡二元结构，缩小城乡差别。③ 同时，围绕城乡协调发展问题，诸多学者对我国城乡协调发展的目标、动力机制、模式、限制因素和措施对策也进行了系统的探讨。④

### （三）制度变迁理论

我国城乡二元结构的形成虽与当时特殊的历史条件和经济环境有关，但根源还是各种以城市为重心的制度和政策供给所致。因此，制度变迁理论为我国城乡关系演进、城乡二元结构破解提供了可资借鉴的分析视角。

---

① [日] 岸根卓郎：《迈向21世纪的国土规划：城乡融合系统设计》，高文琛译，科学出版社1990年版，第47页。
② 童长江：《城乡经济协调发展评价及模式选择》，科学出版社2013年版，第10页。
③ 沈妮、李春英：《城乡一体化进程中乡村新文化的建构》，《农村经济》2014年第12期，第95—99页；洪涛：《我国城乡流通业协调发展初探》，《中国流通经济》2010年第7期，第9—13页；孙全胜：《城市化的二元结构和城乡一体化的实现路径》，《经济问题探索》2018年第4期，第54—65页。
④ 刘晨光、李二玲、覃成林：《中国城乡协调发展空间格局与演化研究》，《人文地理》2012年第2期，第97—102页。

制度变迁理论认为：一项制度是否能够顺利变迁取决于制度供给和制度需求是否一致，只有对新制度同时产生供给和需求时，新制度才可能顺利诞生。[①] 既有制度的负面影响越大，制度创新的动力也会越大，但新制度究竟能否取代旧制度，不仅取决于新制度可能带来的净收益（整个社会的帕累托改进），还取决于制度供给者调整利益格局的难度。如果新制度会改变旧制度下受益者的利益格局，使相当一部分既得利益者利益受损，那么即使进行制度变迁能够使整个社会实现帕累托改进，既有制度的既得利益者也会通过各种途径维护旧制度，阻碍制度变迁，这无疑会增大制度变迁的难度。

从制度供给角度看，我国城乡二元结构形成的直接原因在于20世纪50年代开始推行的重工业优先发展战略，国家实行以城市为中心的强制性发展政策，从农村汲取了大量资源。从制度需求角度看，广大人民群众是目前我国城乡发展制度与政策的需求主体。对城市居民而言，以城市为中心的制度与政策完全符合他们的利益需求，因此，城市居民对以城市为中心的发展政策具有非常强的需求。而作为农村的一方，农民既没有对偏向工业化和城市化的新制度产生需求，在新制度的需求博弈中也往往处于弱势地位，相对而言利益受损。

我国改革开放以来城乡差距不仅没有得到有效遏制，相反，随着经济改革的不断深化，这种差距不断扩大并呈现日益严重之势。为什么城乡关系演进缓慢甚至出现差距扩大的态势？从制度变迁理论视角看，一方面，城市居民对既得利益的维护使得制度创新陷入诺斯所称的"闭锁"效应；另一方面，城乡分割的户籍制度、投融资体制、劳动就业制度、财税体制、社会保障制度和土地制度等相互关联，彼此之间存在着跨域的相互"嵌入"。但是，由于我国城

---

① 吴冠岑、刘友兆、马贤磊：《我国城乡制度变革的制度变迁理论解析》，《农业经济》2007年第5期，第3—5页。

乡制度演进中存在固有的路径依赖，制度变迁只能是渐进性的而不能是爆炸性的。首先，制度关联及其互补关系表明，我国城乡统筹的制度变迁必须整体推进，而不是单一领域制度的改革。换言之，城乡关系的变换，不仅包括城乡之间的经济、社会、政治关系，还应当包括文化关系。其次，城乡关系制度变迁方式的选择与其演进的渐进性特征相适应。在我国经济社会转型时期，单一的国家强制性制度变迁容易陷入"闭锁"效应，所以未来城乡关系制度变迁中，应该加大农民诱致性制度变迁方式与国家强制性变迁方式的结合，以多种方式实现城乡制度变迁。

# 第一章

# 推进城乡一体化发展的理论溯源与文献综述

## 一、国外关于城乡关系的理论研究

### (一) 20 世纪以前国外关于城乡关系的研究

对城乡文化关系的理论研究,在西方的研究体系中一直被隐藏在城乡关系的整体叙事逻辑中,在 20 世纪以前更是如此。因此,对城乡文化关系的探讨必然是以城乡关系一体化为起点的。

1. 空想社会主义者与城乡一体化

早在 1516 年,英国空想社会主义者莫尔在其著名的《乌托邦》一书中就间接地提及城乡一体化的思想。虽然空想社会主义理论关于城乡发展的思考只是一种理论上的探索,在实践中不具备可行性,但其中透露出的空想社会主义者们对未来的大胆设想为以后的城乡一体化理论发展,奠定了一定的基础。1898 年,英国学者霍华德也针对英国工业革命以后城市的污染和贫民窟等问题,在其代表作《明日的田园城市》中提出了田园城市思想,把乡村和城市的改进作为一个统一的问题来处理,使城市融合在农村中,主张建立城乡结合的新型城市。[①]

---

① 作为田园城市 (garden city) 理论代表的霍华德,其倡导的是一种社会改革思想,即"城乡一体思想":"城市和乡村都各有其优点和相应缺点,而城市-乡村则避免了二者的缺点。……这种该诅咒的社会和自然的畸形分隔再也不能继续下去了。"(转下页)

## 2. 马克思、恩格斯与城乡一体化

马克思、恩格斯身处城乡关系巨变的时代，他们非常关注对城乡关系问题的研究。马克思、恩格斯对城乡关系的主要研究是关于城乡分离和对立的认识。其一，马克思、恩格斯认为，城乡差别和分离只是生产力发展到一定历史阶段的产物，城乡分离的产生是由于人类社会的巨大进步；其二，马克思、恩格斯认为城乡关系的分离，是生产力发展到一定阶段出现的现象，城乡分离是社会分工的结果；其三，马克思、恩格斯认为城乡分离的后果是城乡对立，"这种对立鲜明地反映出个人屈从于分工、屈从于他被迫从事的某种活动，这种屈从现象把一部分人变为受局限的城市动物，把另一部分人变为受局限的乡村动物，并且每天都不断地产生他们利益之间的对立"。①

## 3. 列宁关于城乡关系的观点

列宁认为城乡对立和分离是商品生产和资本主义工业发展的必然产物。"城乡分离、城乡对立、城市剥削农村是'商业财富'比'土地财富'（农业财富）占优势的必然产物。因此，城市比农村占优势（无论在经济、政治、精神以及其他一切方面）是有了商品生产和资本主义的一切国家的共同的必然的现象，只有感伤的浪漫主义者才会对这种现象悲痛。"② 由此可以看出，列宁对城市在整个社会发展进步中的作用给予了充分肯定，指出"城市是人民的经济、政治和精神生活的中心，是进步的主要动力"。③

---

（接上页）城市和乡村必须成婚，这种愉快的结合将迸发出新的希望、新的生活、新的文明。本书的目的就在于构成一个城市-乡村磁铁，以表明在这方面是如何迈出第一步的。"1919 年，田园城市和城市规划协会与霍华德商讨后对田园城市下了一个简短的定义："田园城市是为安排健康的生活和工业而设计的城镇；其规模要有可能满足各种社会生活，但不能太大；被乡村带包围；全部土地归公众所有或者托人为社区代管。"可参见［英］埃比尼泽·霍华德：《明日的田园城市》，金经元译，商务印书馆 2011 年版，第 6—10 页。

① 转引自［美］弗兰克·道宾（Frank Dobbin）：《新经济社会学读本》，左晗等译，上海人民出版社 2013 年版，第 385 页。
② 陈睿：《现代化进程中的中国城乡和谐问题研究》，中共中央党校科学社会主义专业博士学位论文，2006 年，第 24 页。
③ 《列宁全集》（第 23 卷），人民出版社 2017 年版，第 339 页。

## （二）20世纪以来关于城乡关系的研究

20世纪80年代以后，越来越多的学者认识到城乡变化应作为它们本身的发展过程，并更应该作为一个深层次的社会结构转换过程来看待，应从二者的关联和协调的角度进行研究。这一时期的研究认为，农村结构的变化和发展，通过农村和城市之间的一系列流动和城市的功能、角色联系起来，研究的任务就是分析流动的模式以及它们对农村区域经济发展的综合影响，而二者的文化因素就直接影响着它们之间其他因素的流动模式和流动趋势。

实际上，国外从文化统筹角度研究城乡一体化发展的有关文献并不多见，大多是从宏观的城乡协调维度进行分析和研究。道格拉斯认为，影响城乡发展的因素主要包括：社会经济关系、农业经济结构、农村的生产体制、自然环境和资源、人工环境、空间联系等。就城乡统筹发展理论而言，国外主要是从两个方面进行研究分析的。

1. 城乡统筹发展理论研究

（1）城乡二元经济结构理论。二元经济结构理论是美国著名经济学家刘易斯1954年提出的，他认为二元经济结构是发展中国家经济发展时存在的一个普遍现象，即发展中国家的经济包括"现代的"与"传统的"两个部门，现代部门依靠自身的高额利润和资本积累，从传统部门获得劳动力剩余并取得不断发展。现代城市工业发展起来以后，在市场经济调节下，不断通过对传统农业部门的影响，促使传统部门向现代部门转化，最终实现二元经济结构的一元化和国民经济的现代化。[①] 根据刘易斯的二元经济理论，发展中国家城乡二元经济向一元经济转化的通道是存在的，具体路径就是传统农业部门通过市场经济的调节，使农村剩余劳动力源源不断地向

---

[①] 张学英：《城市化呼唤农村社会保障制度》，《城乡建设》2003年第9期，第60—61页。

城市转移，完成经济结构的一元化和现代化。

（2）刘易斯-费-拉模型。耶鲁大学教授费景汉和古斯塔夫·拉尼斯等在刘易斯二元经济假设模型的基础上，将经济发展分为三个阶段，由此形成了著名的刘易斯-费-拉模型。① 在该模型中，第一阶段，由于农业部门存在着隐蔽失业，农业的边际劳动生产率接近于零，因而劳动者的转移不会影响农业部门的总产量和农业劳动者的收入，这就是刘易斯所说的劳动力无限供给；第二阶段，农业的边际劳动生产率大于零，但低于农村劳动者的平均收入，因而农业劳动者的转移虽然不会影响农村劳动者的收入，但农业总产量仍会下降，农产品开始出现价格上涨，并相应引起现代工业部门工资水平的上升；第三阶段，农业剩余劳动力全部被现代工业部门吸收，农业部门和现代工业部门的工资都由边际劳动生产率来确定。② 按照费景汉和拉尼斯的观点，工业化的困难在于第二阶段，因为农业劳动力的转移会带来农产品价格的上涨和现代工业部门工资水平的上升，从而在农业部门还没有实现商业化，并且还有相当多农业剩余劳动力的时候，现代工业部门的扩张就停下来了。他们认为只有采取措施提高农业劳动生产率，减少甚至消除农村劳动力转移对农业总产量的影响，同时提高工业劳动生产率，使工农业劳动生产率的变化保持同步，使第二阶段消失，才能解决上述问题。③

（3）拉格纳·纳克斯（又译拉格纳·讷克斯）的平衡发展战略。1953 年，拉格纳·纳克斯在《不发达国家的资本形成问题》一书中，系统地阐述了他的平衡发展战略。他强调，当一个部门的产出成为另一个部门的投入时，这两个部门在供求关系上就是相互依赖的，如果仅优先发展其中的某一个部门，必然会导致整个经济

---

① ［美］费景汉、古斯塔夫·拉尼斯：《劳动剩余经济的发展：理论与政策》，王璐等译，经济科学出版社 1992 年版。
② 林德荣：《从"二元经济论"看"新秩序"时期的印尼经济》，《厦门大学学报》（哲学社会科学版）2002 年第 6 期，第 12—18 页。
③ 张建华：《对二元经济理论及其实质的再认识》，《华中理工大学学报》（社会科学版）1994 年第 3 期，第 84—88 页。

体系发展的失衡。因此,他主张要全面大规模地投资和合理配置资源,为发展中国家寻求经济发展的突破口、发展民族经济、调整投资结构、消除贫困提供重要依据。①

(4) 哈里斯-托达罗假说。哈里斯和托达罗为了解释普遍存在于发展中国家的大量城市居住者失业情况下,依然出现由农村向城市移民的持久性现象,在1970年提出了哈里斯-托达罗假说,也就是在被分割的但是同质的劳动市场上用预期工资的均等取代工资的均等。② 他们还指出,发展农村经济、提高农民的收入是解决城市失业和"城市病"的根本途径。

(5) 芒福德的城乡发展观。美国著名城市地理学家芒福德在提到城乡关系时指出:"城与乡,不能截然分开;城与乡,同等重要;城与乡,应该有机地结合起来。如果要问城市与乡村哪一个更重要的话,应当说自然环境比人工环境更重要。"③ 芒福德十分赞同赖特的主张,即通过权力的分散来建造许多新的城市中心,从而形成一个更大的区域统一体。以现有的城市为主体,把这种区域统一体运用到许多平衡的社区内,就有可能促进区域整体的全面发展,使城乡之间重新建立起平衡的关系,使所有居民在任何一个地方都能享受到同样的生活质量,从而避免那些在大城市的发展过程中所出现的各种困扰。④

2. 城乡协调发展的模式

由于城乡经济、社会、文化等方面的异质性,城乡之间在长期的发展过程中会产生城乡经济二元结构、城乡社会二元结构以及城乡文化二元结构等。通过长期的实践总结,美国学者埃斯科巴

---

① [美]拉格纳·讷克斯:《不发达国家的资本形成问题》,谨斋译,商务印书馆1966年版,第13—18页。
② [美]吉利斯、波金斯、罗默和斯诺德格拉斯:《发展经济学》(第四版),黄卫平等译,中国人民大学出版社2003年版,第15—18页。
③ 转引自张鼎如:《城乡和谐论》,经济日报出版社2007年版,第52页。
④ 李广舜:《国内外城乡经济协调发展研究成果综述》,《地方财政研究》2006年第2期,第22—25页。

(Escobar)认为,近四十年来关于城乡协调发展的争论都集中在工业和农业不断变化的关系,以及资金在这两个部门的合理分配上。据此他把城乡之间的协调模式通常分为"自上而下发展模式""自下而上发展模式"和"城乡融合发展模式"。

(1)自上而下发展模式。这种模式是刘易斯在20世纪50年代中期首先提出的,是用来解释发展中国家经济发展过程的经典模式。该模式强调以城市为中心,认为工业和城市的增长是一个更现代、富有生产性的工业部门发展的先决条件。资源要素从城市到乡村的流动能带动乡村地区发展,城市的辐射能力越强,其对乡村的推动效应就越强。事实上,虽然以城市为中心的扩散机制在短期内促进了经济增长,然而,在20世纪50年代末,制造业部门创造就业的能力比预期明显降低,甚至无法吸纳快速增长的城市人口。拉丁美洲和非洲的经验证明,预期的"滴流效应"被不利的"回流效应"代替,城乡之间的不平等态势持续并且有不断扩大的趋势。

(2)自下而上发展模式。"城市偏向"理论的提出,引发了对自下而上发展模式的探索。在20世纪六七十年代,人们认为小城镇作为发展中心,在向农村地区扩散创新和现代性的进程中发挥着重要的作用。自下而上发展模式强调以农村为主体,以农村人口与劳动力转化和空间积聚为表征,以农村小城镇发育壮大为中心的农村地域转化为城市地域的过程。然而,尽管农村发展的一体化有助于农村开展非农活动,但他们的重点主要还是在规划农业部门的生产上,并且,这种方案很少考虑与城镇之间的潜在联系。事实证明,这个战略在推动农村发展方面也是不成功的。

(3)城乡融合发展模式。增长极理论、"农村发展中的城市功能"和"农村发展一体化"理论的局限性给城市功能的重新定位提出了一个问题,即怎样才能在规划过程中把城市和农村的发展潜力和互补性结合起来?城乡融合发展模式要求充分认识城乡之间的关系不是一种单一的农村对城市的依赖,而是相互强化的关系,尤其在地方层面上,只有把城市和农村发展联系起来,才能更好地实现农村的发展。

从上面的分析可以看出，国外有关城乡一体化的研究是比较成熟的，并已形成一整套的理论体系和发展模式，但由于不同国家的经济发展水平差异较大，城乡关系研究的重点亦有不同。总体而言，发达国家城乡关系的总体趋势是城市向乡村的产业与居住转移，所以国外研究者在研究中更注重空间环境的城乡融合设计。在"过度"城市化的发展中国家，把小城镇作为城乡经济增长的连接点，大城市通过产业转移，为小城镇提供更多的就业机会，吸纳农村富余劳动力，解决大城市问题；同时，建立以小城镇和乡村为节点，以交通通信为网络的城乡一体化发展模式，促进小城镇的繁荣与农民受益的提高，带来城乡共同发展。[①]

## 二、国内对城乡关系的理论研究

### （一）中共领导集体关于城乡关系的思想

中国特色城乡一体化思想，是新中国成立以来，特别是在改革开放和建设中国特色社会主义实践中形成和发展起来的。从理论来源看，主要是作为我们指导思想的经典的马列主义城乡一体化思想，而其他方面的有关城乡一体化的思想观点只是中国特色城乡一体化理论的补充。从理论阐述主体看，历届中共领导人都对中国特色城乡一体化思想的形成和发展作出了重要贡献。

以毛泽东为核心的党的第一代领导集体，在新中国成立后实行了农村土地改革，废除了封建地主的土地私有制。1953—1958年新中国完成了对生产资料私有制的改造，建立起社会主义的基本经济制度。我们在消除了城乡对立的经济基础以后，运用马列主义城乡一体化思想在中国进行探索，注重城乡兼顾，使城市和乡村、工

---

① 余茂辉：《国外城乡一体化理论研究进展述评》，《华夏地理》2015年第3期，第13—15页。

业和农业、工人和农民紧密地联系起来,促进了社会主义制度稳定和国民经济好转,推动了城乡经济、政治、文化的协调发展,体现了马列主义关于城乡平衡发展的要求。从现在的角度看,以毛泽东为核心的第一代党中央领导集体,他们主张和贯彻的城乡一体化思想,还是一种"质朴的城乡发展观"。①

以邓小平为核心的第二代领导集体,对马列主义的城乡一体化理论进行了创新,强调发挥城市功能带动农村发展,巩固工农联盟;强调农业是基础,工业应该支持农业,农业搞不好,工业就没有希望。党的十一届三中全会以后,邓小平在总结经验教训的基础上提出:中国经济能不能发展,首先要看农村能不能发展。党的十四大以后,邓小平指出:城市支援农村,促进农业现代化,是城市的重大任务,并强调社会主义的本质是解放和发展生产力,无论是城市和农村、东部沿海发达地区和中西部落后地区,都要先富带动后富,最终达到共同富裕。邓小平的思想理论给城乡发展带来巨大变化,这是马列主义城乡一体化理论在中国的伟大尝试,也是中国特色城乡一体化的初步实践。

20世纪80年代中期,江泽民在上海工作期间,逐步提出了城乡协调发展的思想,其在正式担任党的总书记以后,"城乡一体化"概念逐步成型。党的十五届三中全会提出:必须从全局出发,高度重视农业,使农村改革和城市改革相互配合、协调发展。坚持以农业为基础,从政策、科技、投入等方面大力支持农业,先启动农村改革,以农村改革推动城市改革,再以城市改革支持农村改革。党的十六大提出:坚持大中小城市和小城镇协调发展,走中国特色城镇化道路,并强调要合理调整工农、城乡利益关系,认为农业、农村和农民问题,始终是一个关系党和国家全局的根本性问题。党的十六届三中全会指出:按照统筹城乡发展、统筹区域发展、统筹经

---

① 柳士化:《几代党的领导人城乡一体化思想探究》,《湖北经济学院学报》(人文社会科学版)2009年第2期,第8—9页。

济社会发展、统筹人与自然和谐发展、统筹国内发展和对外开放的要求,把建立有利于改变城乡二元经济结构的体制,作为完善社会主义市场经济体制的主要任务之一,这是中国特色城乡一体化思想比较全面的体现,是马列主义的城乡发展观在社会主义初级阶段的运用和发展。

从 2002 年开始,以胡锦涛为总书记的党中央,进一步丰富和发展了中国特色城乡一体化思想。胡锦涛同志在党的十六届四中全会上提出了"两个倾向"的重要论断,即在工业化初始阶段,农业支持工业、为工业提供积累,是带有普遍性的倾向;但在工业化达到相当程度后,工业反哺农业、城市支持农村,实现工业与农业、城市与农村协调发展,也是带有普遍性的倾向。在 2004 年的中央经济工作会议上,胡锦涛又明确提出,我国现在总体上已到了以工促农、以城带乡的发展阶段。2007 年党的十七大提出,要建立以工促农、以城带乡的长效机制,形成城乡经济社会发展一体化新格局。2008 年党的十七届三中全会通过的《中共中央关于推进农村改革发展若干重大问题的决定》提出:"建立促进城乡经济社会发展一体化制度。尽快在城乡规划、产业布局、基础设施建设、公共服务一体化等方面取得突破,促进公共资源在城乡之间均衡配置、生产要素在城乡之间自由流动,推动城乡经济社会发展融合。"

自 2012 年以来,以习近平为核心的新一代中央领导集体对统筹城乡和一体化发展作了多次深入阐述。早在 2005 年习近平担任浙江省委书记时就指出,工农关系、城乡关系始终是现代化建设进程中难以处理而又容易出现偏差的具有全局意义的重大问题。正确处理城乡关系、工农关系,实现第一、二、三产业协调发展和城乡共同进步,是现代化进程中最为棘手的一大难题,也是关系"三农"发展能否取得成效的重大问题。工业化、城镇化、市场化是推动"三农"发展和现代化建设的强大动力,农业劳动生产率和综合生产能力的不断提高,是工业化、城镇化水平不断提升的必要条件。只有把农村人口和农村劳动力不断有序转入城镇与第二、三产业，工业和城市的发展才会有持续的动力，才会充满生机活力。此后，2007年，习近平在上海市松江区调研时也强调，要认真研究解决城乡统筹发展的战略问题，坚持工业反哺农业、城市支持农村和多予少取放活的方针，扎实推进社会主义新农村建设，努力在解决"三农"问题、破除城乡二元结构上走在前列。2011年他在天津考察时也指出：坚持以工促农、以城带乡统筹城乡发展，是实现科学发展的一个大战略，要求真务实推进城市和农村相互促进、协调发展，努力形成城乡经济社会发展一体化新格局。

此后，中共十八大首次明确提出城乡发展一体化是解决中国"三农"问题的根本途径，并开始从体制机制上进行相应的调整。中共十八届三中全会进一步阐述城乡发展一体化问题，指出城乡二元结构是制约城乡发展一体化的主要障碍，强调必须健全体制机制，形成以工促农、以城带乡、工农互惠、城乡一体的新型工农城乡关系，让广大农民平等参与现代化进程，共同分享现代化成果。

2015年4月30日，中共中央政治局就健全城乡发展一体化体制机制进行第二十二次集体学习时，习近平指出，实现城乡发展一体化，目标是逐步实现城乡居民基本权益平等化、城乡公共服务均等化、城乡居民收入均衡化、城乡要素配置合理化，以及城乡产业发展融合化。推进城乡发展一体化，是工业化、城镇化、农业现代化发展到一定阶段的必然要求，是国家现代化的重要标志。① 健全城乡发展一体化体制机制，是一项关系全局、关系长远的重大任务。各地区各部门要充分认识这项任务的重要性和紧迫性，加强顶层设计，加强系统谋划，加强体制机制创新，采取有针对性的政策措施，力争不断取得突破性进展，逐步实现高水平的城乡发展一体化。

在2017年10月召开的中共十九大上，习近平站在时代和全局的高度，站在深入推进"四化同步"、城乡一体化发展和全面建成

---

① 《习近平：健全城乡发展一体化体制机制　让广大农民共享改革发展成果》（2015年5月1日），新华网，http://www.xinhuanet.com/politics/2015-05/01/c_1115153876.htm，最后浏览日期：2020年6月5日。

第一章　推进城乡一体化发展的理论溯源与文献综述

小康社会的高度，提出要大力实施乡村振兴战略，建立健全城乡融合发展体制机制和政策体系，有效提升亿万农民的获得感、幸福感，这标志着中共领导集体关于城乡关系思想的进一步发展和系统化建构。

### （二）国内学者关于城乡关系结构的研究①

随着经济社会的不断发展，城乡关系问题愈益受到国内各界的重视，学界对城乡关系的研究产生了大量的理论成果。袁政从系统和市场均衡性的观点出发，认为城市和乡村应当是一个整体，人流、物流、信息流自由合理的流动使城乡经济、社会、文化相互渗透、相互融合、相互依赖，城乡差别缩小，各种资源得到高效利用，城乡地位平等而功能不同；② 蔡云辉指出"城乡关系是广泛存在于城市和乡村之间的相互作用、相互影响、相互制约的普遍联系与互动关系，是一定社会条件下政治关系、经济关系、阶级关系等诸多因素在城市和乡村两者关系（上）的集中反映"。③

目前学术界考察城乡关系主要采用"城乡二元"视角，基于两个维度：一是"城乡二元结构"的自然性。有学者认为，由于现代产业部门主要集中在城市，传统产业部门主要集中在乡村，资本源于逐利的本性而流入城市，劳动力资源更多地集中于乡村，城乡资源得不到公平、合理流动和配置，城乡居民收入及消费差距扩大。这种城乡二元经济结构是传统国家迈入现代过程中必然会产生的现象，是市场经济规律使然，具有一定的合理性。④ 二是"城乡二元结构"的刚性。有学者认为，由于新中国成立后我国实行重工业优

---

① 本节内容观点主要来自奚建武、唐亚林：《复合型二元结构：考察城乡关系的新视角》，《社会主义研究》2008 年第 5 期，第 42—46 页。
② 袁政：《中国城乡一体化评析及公共政策探讨》，《经济地理》2004 年第 3 期，第 355—360 页。
③ 蔡云辉：《城乡关系与近代中国的城市化问题》，《西南大学学报》（社会科学版）2003 年第 5 期，第 117—121 页。
④ 奚建武：《从复合到融合》，华东理工大学马克思主义中国化研究专业博士学位论文，2011 年，第 33 页。

先发展的赶超战略，与之相匹配的高度集中的计划经济体制使得"城乡二元结构"制度化，产生了农业支持工业、农村支持城市、城乡分治的城乡二元经济社会结构。

20 世纪 90 年代以来，我国城乡关系发生了新变化。对这种变化趋势的分析，比较有代表性的是孙立平的"断裂说"，应用的主要核心概念是"行政主导型的二元结构"和"市场主导型的二元结构"。他认为，在工业化和现代化过程中，整个社会要从一个以农村为主的社会转变为一个以城市为主的社会，如果不能顺利地实现这种转变，将不会继续保持一个以农村为主的社会，而会形成一个断裂的社会。① 这种断裂的社会背景体现于两个转型：一个是从生活必需品时代到耐用消费品时代的转型，另一个就是社会中的资源配置从扩散到重新积聚的趋势。改革前城乡尽管存在"剪刀差"，工农业产品比价不合理，但城里人的大部分收入通过购买生活必需品流入农村，此时的城乡二元结构主要为"行政主导型的二元结构"。而随着经济的发展、消费结构的升级，到了耐用消费品时代，城乡之间的断裂不再由人为制度造成，而是主要由市场引起的更为深刻的一种断裂，它所引起的城乡二元结构则被称为"市场主导性二元结构"，又称为"新二元结构"。②

为更清晰地把握城乡关系的复杂机理，在"城乡二元结构"基础上，学界还提出"城乡三元结构"理论：一是 20 世纪 90 年代初由陈吉元等提出的以乡镇工业经济为第三元，③ 由传统农村经济、乡镇工业经济（又称为乡镇经济）、现代城市经济组成的城乡三元经济结构。二是众多学者提出的以游离于城乡之间的农民工为第三元，由农村居民、以农民工为主体的流动人员、城市居民组成的城

---

① 林风：《断裂：中国社会的新变化——访清华大学社会学系孙立平教授》，《中国改革》2002 年第 4 期，第 18—21 页。
② 孙立平：《"新二元结构"正在出现》，《经济研究资料》2002 年第 7 期，第 34—35 页。
③ 陈吉元、胡必亮：《中国的三元经济结构与农业剩余劳动力转移》，《经济研究》1994 年第 4 期，第 14—22 页。

乡三元社会结构。这里，新第三元的出现对传统二元结构的解构和新型城乡关系的建构无疑起着重要的作用，对城乡关系现实和未来的走向具有重要的解释和推动作用。

事实上，针对这种"城乡三元结构"，有学者对其进行了另一种视角的解读。奚建武、唐亚林把这种三元结构概括为"复合型二元结构"，他们认为在城市与农村的城郊结合部，由于在原有城乡二元结构基础上嵌入了新的一元，产生了当地农民与外来移民（主要是流动民工）之间的新二元差别，从而形成了当代中国城乡关系中特有的一种新型二元结构——"复合型二元结构"。①

## 三、中国学界关于城乡一体化研究的现状

城乡一体化发展概念的提出，源于我国长期存在"城乡二元结构"的现实。1949年后一段时期的工业化发展战略，是以工业的最佳生长点——城市为基地来实施的，并吸引大量农村人口流入城市，工业化所需的农产品和原始积累主要依靠工农产品剪刀差来实现。但由于农业基础薄弱，到1956年农业无法进一步对工业提供支持，而为了实现国家积累，也因城市无法接纳农村大规模流入人口，1956—1958年我国严格限制农村人口流入城市，城乡隔离制度和二元结构正式形成。从此，中国社会被一堵看不见的城墙分为城市和农村两大区域。②景普秋、张复明曾把城乡一体化理念在我国的提出与发展大致划分为三个时期：一是改革开放后到20世纪80年代中后期，是城乡一体化的提出与探索阶段；二是20世纪80年代末期到90年代初期开始对城乡边缘区进行研究；三是20世纪90年代中期至今，是城乡一体化理论框架与理论体系开始建立，

---

① 奚建武、唐亚林：《复合型二元结构：考察城乡关系的新视角》，《社会主义研究》2008年第5期，第42—46页。

② 向泽映：《重庆城乡文化产业统筹发展模式及分区策略研究》，西南大学农业经济管理学专业博士学位论文，2008年，第11页。

研究内容日臻完善时期。①

近年来，众多学者就城乡一体化的内涵，城乡一体化发展的目标、动力机制、制约因素、措施对策等作了许多研究与分析。尤其中共十六大提出把统筹城乡发展作为一个战略性举措之后，全国各地开始掀起更深层次的关于统筹城乡一体化发展战略的研究。

### （一）城乡一体化的含义

城乡一体化是实现人类社会从农业文明转向工业文明、从传统社会转向现代社会的必由之路。黄桂钦认为城乡一体化是协调发展第一、第二、第三产业，促进城乡融合，提升现代化整体水平的有效途径。②徐莉等人指出，城乡一体化就是指城市和乡村两个社会单元在政治、经济、社会、文化和环境等方面的融合、协调发展过程。③吴晓林的一项研究表明，城乡一体化是指在尊重发展差异的基础上，将城乡作为一个整体统筹规划、综合布局，促进城乡生产发展有机互补、生活水平大体相当、现代文明广泛扩展，是城乡居民共享现代文明生活方式，促进城乡经济社会共发展的过程。④赵群毅认为，城乡社会发展一体化的内涵则是城市（镇）与乡村居民生活质量趋于一致，重点是城乡居民具有同等的生活待遇和发展机会。⑤

### （二）城乡一体化发展的目标

关于城乡协调发展的目标，从改革开放至今，学者们主要从城

---

① 景普秋、张复明：《城乡一体化研究的进展与动态》，《城市规划》2003年第6期，第30—35页。
② 黄桂钦：《我国农村文化产业发展研究》，福建师范大学马克思主义中国化研究专业博士学位论文，2014年，第24页。
③ 徐莉：《城乡一体化中农民文化权益保障问题探析》，《农村研究》2011年第6期，第49—53页。
④ 吴晓林：《城乡一体化建设的两个误区及其政策建议》，《调研世界》2009年第9期，第36—38页。
⑤ 赵群毅：《城乡关系的战略转型与新时期城乡一体化规划探讨》，《城市规划学刊》2009年第6期，第47—52页。

乡差别是否消失、城乡生产要素的合理配置与对人的需求和发展目标的追求等几个方面进行了论述。例如，孟昭东、马丽卿把城乡一体化的根本目标阐述为，"要改变我国长期以来形成的城乡二元性质的经济结构，最终实现城乡政策与社会保障制度、产业发展以及国民待遇上的一致，促使农村居民享受到与城镇居民相同的福利和待遇，促使我国农村经济发展与城市经济发展走到全面、协调、可持续的共同发展轨道上来"。① 而康永超则强调，实现城乡融合是城乡一体化的目标，他指出，"城乡一体化既不是城乡一样，也不是城乡不一样；既不是让农村变成城市，也不是让农村还是农村，其目标是城乡融合"。② 付恒则从农民政治权益的角度解释说，"推进城乡一体化，一个重要目标在于促使农民的政治权益、政治诉求等各方面权利得到有效表达，同时也能（使其）有效地参与到政治决策中来，影响政治决策，以争取实现和维护自己的合法权益"。③

### （三）城乡一体化发展的动力机制

大多数学者都认识到城乡一体化发展的动力因素有两种最基本的模式：自上而下型和自下而上型。张庭伟早在 1983 年就提出了自下而上城市化的概念并分析了自下而上的机制。④ 崔功豪等肯定了以小城镇为主体的农村城市化的作用，探讨了这种自下而上的城市化过程和它的运行机制。⑤ 有学者特别强调外资在城乡协调中的作用，比如薛凤旋的研究指出，珠江三角洲的城市化是外资影响下

---

① 孟昭东、马丽卿：《我国城乡一体化现状及对策分析》，《安徽农业科学》2015 年第 3 期，第 313—314 页。
② 康永超：《城乡融合视野下的城乡一体化》，《理论探索》2012 年第 1 期，第 107—110 页。
③ 付恒：《城乡一体化中的农民政治权益界说》，《成都理工大学学报》（社会科学版）2012 年第 1 期，第 5—11 页。
④ 张庭伟：《对城市化发展动力的探讨》，《城市规划》1983 年第 5 期，第 59—62 页。
⑤ 崔功豪、马润潮：《中国自下而上城市化的发展及其机制》，《地理学报》1999 年第 2 期，第 106—115 页。

的城市化,并称之为"外向型城市化"。① 宁越敏则从政府、企业、个人三个城市化主体的角度分析了 20 世纪 90 年代中国城市化的动力机制和特点,认为多元城市化动力替代以往一元或二元城市化动力。② 许多学者将郊区作为研究区域并分析了其动力机制。有学者归纳城乡相互作用的动力学机制为自上而下的扩散力机制、自下而上的集聚力机制、外资进入的驱动力机制、自然生态动力机制,也可表述为自上、自下、外引、内联动力机制。

### (四) 城乡一体化发展的制约因素

对制约城乡一体化发展的因素的分析有不同的视角,不同的学者从各自学科背景提出了不同的观点。总结看,主要有以下几种视角。

首先是从问题产生根源角度分析,即中国目前农村经济实力总体较弱,城市对农村的辐射作用又有限,因此制约城乡协调发展的根源性因素是城乡二元结构,即传统的计划经济体制为城乡均衡发展设置了许多政策障碍。如对城市和工业的倾斜政策、不合理的农产品价格政策、户籍管理制度、失衡的产业发展政策及发育不全的市场等,严重制约了城乡关系的演进。

其次是从城市的视角来探讨城乡难以协调发展的原因,一是缺少合理城镇体系规划,相关部门往往只重视单个城市的规划而不重视区域内整体城市体系的规划;二是城市体系发育不协调,缺乏科学的总体规划;三是中心城市功能的扭曲;四是城镇发展与建设具有一定的盲目性。③

最后是从农村、农业、农民的角度来探讨城乡难以协调发展的

---

① 薛凤旋:《中国城市及其文明的演变》,世界图书出版公司北京公司 2015 年版,第 233—246 页。
② 宁越敏:《新城市化进程——90 年代中国城市化动力机制和特点探讨》,《地理学报》1998 年第 5 期,第 88—95 页。
③ 向泽映:《重庆城乡文化产业统筹发展模式及分区策略研究》,西南大学农业经济管理学专业博士学位论文,2008 年,第 12 页。

原因。从劳动力看，孙自铎、陈烈、高善春等认为是农民素质普遍较低或乡村剩余劳动力过多或文化贫穷限制了城乡的协调发展；从产业看，农业基础不稳固、农村工业化与城镇化的不同步、农村中的乡镇企业布局不合理、缺乏对乡镇企业的宏观管理、农村工人素质低是城乡难以协调的原因；从思想观念看，一些地方存在忽视农业的倾向，传统的农业社会结构、农业文化、传统工业发展模式等都是城乡不协调的原因所在。某一区域城乡产业结构的不合理、环境污染严重、生态遭破坏也是城乡难以协调发展的原因。城市污染有向乡村转移的趋势，加重了乡村环境污染。城乡资金投放上的偏差、市场发育不健全、市场发育水平低、城乡商品流通不畅也是阻碍城乡协调发展的重要原因。[1]

## （五）城乡文化一体化发展的理论与实践探讨

国内对城乡一体化的研究已取得了比较丰硕的成果，但对于城乡文化一体化发展的研究还相对薄弱，并未形成系统的理论框架，而且已有的研究更多是从产业经济学的视角来进行，比如向泽映[2]、完世伟[3]等都是从经济学的视角来对城乡文化产业进行研究，而忽略城乡文化建设中与民生密切相关的文化事业发展的研究。另外，在有关城乡文化一体化发展的研究文献中，大部分文献的研究范围局限于静态描述，停留于对城乡文化的结构、功能等的静态描述，未能对不同约束条件下（不同行政、地域、人文环境下的城乡文化关系）动态的可抉择机制作深入分析。总体而言，现有的研究结果往往没有合理地平衡理论价值和政策技术的关系，缺乏对经验事实

---

[1] 孙自铎：《试析我国现阶段城市化与工业化的关系》，《经济学家》2004年第5期，第43—46页；高善春：《城乡文化一体化建设的制约因素及应对策略》，《河北理工大学学报》（社会科学版）2011年第3期，第68—70页。

[2] 向泽映：《重庆城乡文化产业统筹发展模式及分区策略研究》，西南大学农业经济管理学专业博士学位论文，2008年，第24页。

[3] 完世伟：《当代中国城乡关系的历史考察及思考》，《贵州师范大学学报》（社会科学版）2008年第4期，第19—25页。

的观察以及生产供给机制与方式的提炼，过于强调理论推演而缺少可行性考虑，理论成果的政策指导意义不强，理论成果的实际运用价值不高。

从以上分析可知，城乡一体化是指一个涉及人、经济、社会、历史和文化的复杂系统，更是城乡元素共生以及乡村社会的价值和文脉得以在城市社会重生或再造的过程。[①] 推进城乡一体化发展，根本目的在于消除城乡二元分离结构，让技术、人口、资本在城乡之间双向自由流动，促进城乡生产、生活、观念、生态等的融合，实现城乡产业互补、联动发展、共同繁荣。

## 四、国内关于城乡公共文化服务的研究现状

国内具体对城乡文化一体化发展的研究只处于起步阶段，还未形成系统的理论框架，而已有的研究大多局限于对城乡公共文化服务的研究，且这种对城乡公共文化服务体系的研究是放在对公共文化服务的整体研究框架之下进行的。关于公共文化服务体系的研究，国内学者主要从以下几个方面展开。

### （一）城乡公共文化服务整体发展状况研究

实际上，大多数学者对于公共文化服务的研究都是以现实公共文化服务的现状及问题为切入点，并最终以解决问题为导向的。就总体状况而言，吴理财从宏观上把我国公共文化服务的问题划分和描述为"行政压力"逻辑、"部门利益"逻辑以及"政绩考核"逻辑三个方面。[②] 高福安、刘亮把我国公共文化服务的现存问题概括为文化事业经费投入不足、文化设施总量与分布不合理、城乡

---

① 屈群苹：《何以解滕尼斯之忧：村改居社区治理转型中的"城乡一体化"》，《浙江学刊》2018年第4期，第128—134页。
② 吴理财：《公共文化服务的运作逻辑及后果》，《江淮论坛》2011年第4期，第143—149页。

差距大、文化服务供需失调、文化服务人才匮乏、文化服务资源共享不够、文化等非物质遗产保护滞后、文化服务社会化程度不高八个方面。① 顾金喜、宋先龙、于萍等则从区域间对比的视角分析我国公共文化服务在人均文化事业费、人均购书费、人均图书馆册数等方面的现实状况②。王鹤云则以图书馆为参照对象，指出了我国公共文化服务方面的"数字鸿沟"；③ 而杨桢富也通过案例研究，指出我国在公共文化服务一体化建设方面的现实问题；④ 胡税根、李倩等则指出了我们在基本公共文化服务供给方面的问题；⑤ 孔建通过实证调查发现，我国公共文化服务存在着政府构建公共文化服务体系的基础性准备工作不足、公共文化服务设施利用率不高、公众喜闻乐见的公共文化活动提供不足等问题。周长城、张含雪、李俊峰也指出了中国目前公共文化服务事业供需严重不对称的问题。⑥ 针对以上这些问题，项继权把它们概括为资源占有不均、服务水平不等和权益保障失衡三大方面。另外，比较有代表性的还有曹爱军把我国公共文化发展的非均衡态势概括为文化发展的地域间"鸿沟"、文化发展的城乡"二元结构"以及文化发展阶层间的"序差结构"等。⑦

---

① 高福安、刘亮：《国家公共文化服务体系建设现状与对策研究》，《现代传播》（中国传媒大学学报）2011年第6期，第1—5页；高福安、刘亮：《基于高新信息传播技术的数字化公共文化服务体系建设研究》，《管理世界》2012年第8期，第1—4页。
② 顾金喜、宋先龙、于萍：《基本公共文化服务均等化问题研究——以区域间对比为视角》，《中共杭州市委党校学报》2010年第5期，第58—62页。
③ 王鹤云：《我国公共文化服务政策研究》，中国艺术研究院艺术学专业博士学位论文，2014年，第35页。
④ 杨桢富：《推进公共文化设施一体化建设的研究》，上海交通大学公共管理学专业硕士学位论文，2010年，第33页。
⑤ 胡税根、李倩：《我国公共文化服务政策发展研究》，《华中师范大学学报》（人文社会科学版）2015年第2期，第43—53页。
⑥ 周长城、张含雪、李俊峰：《文化强国的构建重心：公共文化服务体系现状、研究及其启示》，《黑龙江社会科学》2016年第5期，第77—84页。
⑦ 曹爱军：《公共文化服务的理论与实践》，科学出版社2011年版，第161—205页。

## (二) 城乡公共文化服务体系建设主体研究

在对产生公共文化服务问题的原因进行分析时,众多学者首先提到的是责任主体问题。基于公共文化服务"公共性"属性,或者经济学上的市场失灵理论,闫平、李景源、陈威等认为政府(或公益性文化事业单位或机构)应该当然成为我国公共文化服务体系建设的主体。[1] 另一种观点认为,在公共文化服务供给上,大包大揽的政府存在垄断性或效率低下问题,政府在提供公共服务时,无法应对差异化的需求,造成一部分人无法享受公共物品,导致政府失灵。因此,有学者提出公共文化产品供给可由市场化来运作,尤其文化企业应作为文化产品的供给主体,赵战军、毛寿龙、周晓丽、顾金孚等人[2]是这方面观点的代表。但是,由于市场的逐利本性,由市场来提供公共文化服务也会带来"市场失灵"的问题。对此,基于政府与市场双重失灵理论,李军鹏、欧阳日辉等人认为,第三部门或非营利组织在公共文化服务供给中可以发挥补充作用,应该积极从现代文化产品的生产模式角度,提出政府、非政府组织和个人共同参与,国家保障基础和重点,社会共同兴办的多元主体形式。[3]

## (三) 城乡公共文化服务体系财政投入机制研究

公共财政是政府履行职能的重要物质基础和管理手段,而财政投资也被视为公共文化服务资金的重要来源,在这一点上,研究者在相关文献中近乎"不约而同"地表达了强化政府责任的主张。[4] 总

---

[1] 闫平:《城乡文化一体化发展的内涵、重点及对策》,《山东社会科学》2014年第11期,第141—146页。
[2] 周晓丽、毛寿龙:《论我国公共文化服务及其模式选择》,《江苏社会科学》2008年第1期,第90—95页;顾金孚:《农村公共文化服务市场化的途径与模式研究》,《学术论坛》2009年第5期,第171—175页。
[3] 欧阳日辉:《以更大的政治勇气和智慧深化改革》,国家行政学院出版社2013年版,第17页。
[4] 刘辉:《理解公共文化服务:资金、人才与市场化道路的分歧》,《江西师范大学学报》(哲学社会科学版)2011年第2期,第19—25页。

体而言,这也是众多研究者重点着墨的地方。

在政府财政责任方面,王瑞涵、张启春以及李淑芳等人认为,相对于政治、经济和社会投入,应以"文化例外"原则为借鉴,加大财政投入力度,建立稳定增长的投入机制。① 也有学者持谨慎态度,降巩民撰文指出,政府提供公共文化服务要树立两个核心理念:一个是"政府是社会公共服务的付费者和监管者,但不一定是直接提供者",另一个是政府投资或付费目的"是使社会公众获得适应需求的公共服务",而"不是为提供这种服务的机构、组织或人员付费"。一句话概括,就是要通过"以钱养事",而不是"以钱养人"。

在中央与地方的财政责任方面,赵路以中央与地方为分析视角,提出了各级政府在财政投入中有着不同责任的主张;② 夏国锋、吴理财也建议"建立分类、分级的农村公共文化服务财政资金投入制度,确定系统的财政分类、分级投入指标"。③

另外,关于财政支持的边界问题,首先,马雪松、杨楠研究认为,正是由于各级政府事权与财力不匹配,从而导致当前公共文化服务供给与需求存在总量和结构性双重失衡的矛盾。④ 张启春、李淑芳在研究中指出,"公共文化服务财政保障范围的外部边界应参考中央文化预算模式,并以公共文化服务设施网络,公共文化产品、服务和公益性文化活动,公共文化服务建设和运行支撑体系为三大保障内容"。⑤ 但是,一些具体的机制和操作性问题才是目前学界研究的重点。在资金筹措方面,王家新、黄永林等指出,继续沿

---

① 张启春、李淑芳:《公共文化服务的财政保障:范围、标准和方式》,《江汉论坛》2014年第4期,第123—130页。
② 赵路:《构建公共文化服务财政保障机制满足人民群众基本文化需求》,《中国财政》2008年第21期,第12—15页。
③ 夏国锋、吴理财:《公共文化服务体系建设的发展历程、基本逻辑与经验启示——深圳样本的表达》,《理论与改革》2012年第3期,第115—119页。
④ 马雪松、杨楠:《我国农村基本公共文化服务供求失衡问题研究》,《中共福建省委党校学报》2016年第10期,第59—66页。
⑤ 张启春、李淑芳:《公共文化服务的财政保障:范围、标准和方式》,《江汉论坛》2014年第4期,第123—130页。

用过去那种完全靠政府拨款的办法是不合时宜的,因此,应该拓宽公共文化服务筹资渠道,而这个工作的核心在于激发政府和社会两方面积极性。① 陈育钦也认为可以通过市场手段向企业等经济主体筹集资金,比如利用文化活动冠名、广告筹集资金,接受社会各界赞助捐助。② 王富军也在其博士论文中指出,公共文化服务体系的经费来源要从传统模式下的政府单一负责制,走向以政府保障为主,政府、企业、个人多方投入的多元格局。③

### (四)城乡公共文化服务管理运行机制研究

在公共文化服务责任主体明确、财政投入结构优化的情况下,公共文化服务管理体制和运行机制关系到公共文化服务的服务水平和供给效率的高低。吴理财认为,在公共文化服务的管理运行机制中,存在着用"行政的逻辑"代替"服务的逻辑"的问题,从而出现基层热衷于文化产业投入而淡化了文化事业的现实问题。④ 杨勇也认为我国公共文化服务机制在用人机制、资金投入机制和公共文化服务决策机制等方面都存在很多问题和缺陷。于是,巫志南提出解决体制困境的出路在于体制创新,并认为现代服务型公共文化体制创新的逻辑起点是"从人民群众基本文化权益出发",而体制创新的内容应该包括公共文化服务体系中的生产供给设施建设、管理、流通和投融资四个方面。

夏国锋、吴理财指出政府职能转变与文化体制创新之间存在高度关联性,作为推动文化体制改革的"两个轮子",政府的推力作用非常重要,如果没有政府的推动和引导,文化体制就不可能冲破

---

① 全国农村文化联合调研课题组:《中国农村文化建设的现状分析与战略思考》,《华中师范大学学报》(人文社会科学版)2007年第4期,第101—111页。
② 陈育钦:《新农村文化建设的现状分析与对策建议》,《昆明理工大学学报》(社会科学版)2008年第8期,第6—10页。
③ 王富军:《农村公共文化服务体系建设研究》,福建师范大学中国特色社会主义理论和实践研究专业博士学位论文,2012年,第201—208页。
④ 吴理财:《公共文化服务的运作逻辑及后果》,《江淮论坛》2011年第4期,第143—149页。

长期形成的计划体制的藩篱和现有的利益格局。① 顺延这一逻辑，在城乡公共文化服务运行机制创新路径方面，众多学者都进行过探索。朱云、包哲石等人探讨了公共文化服务市场化发展路径，② 李少惠、王苗、阮可③等人则就公共文化服务的社会化发展模式进行了研究。除了公共文化服务社会化、市场化路径之外，也有少部分学者谈到要实现公共文化服务的自主发展，实现公共文化服务的自愿供给。④ 可以预想的是，随着社会转型的不断深入，市场经济的不断成熟和社会力量的不断壮大，构建多元参与、共生治理的文化发展机制，促进政府公共文化行政模式的现代转型，必然是实现公共文化服务发展制度变迁的基本路径。

总体来看，学者们在几种创新路径中，比较关注市场化改革和社会化改革。比如，左艳荣、杨立青等人通过研究认为，在我国转型期新的"小政府、大社会"政社关系模式下，公共文化服务模式亟须进行社会化改革。⑤ 而在市场化道路选择方面，或许是由于社会主义市场化道路是中国近三十年来经济体制改革的重要经验，学者很自然将思路首先"锁定"在"市场化"上。傅才武、陈庚两人认为，中国的文化体制改革走的是以市场化为前进方向的道路。⑥ 顾孚金更坚定地指出，通过以市场为主导来满足人们的公共文化服务需求不但可能，而且有效。⑦ 当然，对于这种发展路径，

---

① 夏国锋、吴理财：《公共文化服务体系建设的发展历程、基本逻辑与经验启示——深圳样本的表达》，《理论与改革》2012年第3期，第115—119页。

② 朱云、包哲石：《我国公共文化服务市场化视阈下的政府规制研究》，《世界经济与政治论坛》2013年第3期，第163—172页。

③ 李少惠、王苗：《农村公共文化服务供给社会化的模式构建》，《国家行政学院学报》2010年第2期，第44—48页。

④ 吴淼：《论农村文化建设的模式选择》，《华中科技大学学报》（社会科学版）2007年第6期，第108—112页。

⑤ 左艳荣：《公共文化服务亟须推进社会化》，《学习月刊》2015年第4期上半月，第34页；杨立青：《论公共文化服务的社会化》，《云南社会科学》2014年第6期，第9—13页。

⑥ 傅才武、陈庚：《我国文化体制改革的过程、路径与理论模型》，《江汉论坛》2009年第6期，第112—118页。

⑦ 顾金孚：《农村公共文化服务市场化的途径与模式研究》，《学术论坛》2009年第5期，第171—175页。

也有不少学者持谨慎态度,认为市场化是有限度的,原因在于公共文化自身的公共性以及市场化对于中国社会的诸如"公平"诉求或"集体主义"价值资源等可能会造成"伤害"。① 对此,有学者采取了折衷的办法,强调公共文化服务体系建设应是公益化和市场化的有机结合,其路径选择既要保障公平也要体现效率。②

### (五)完善我国城乡公共文化服务体系的对策研究

所有的理论研究都直接或间接地以解决问题为导向,对公共文化服务问题的研究中,这种倾向更为明显,因此以上所谈到的研究者都或多或少地从自己的角度提出了各自的问题解决策略。比如,李晓东提出通过观念重构、资源整合、提高公民素质、实现资源共享等途径来消弭"数字鸿沟"问题;俞楠在其博士论文中则通过构建多元文化供给主体、塑造包容性的文化服务环境来解决现有公共文化服务主体、内容、形式单一等问题;③ 杨永、朱春雷也撰文指出通过改善财政投入结构、完善服务动力机制、创新文化服务体制等破解公共文化服务的难题;④ 张洁云建议从资金、人才、服务能力等方面积极构建普惠型公共文化服务体系;陈坚良以"和谐社会"的建构为视角,提出通过基础性和谐、匹配性和谐以及功能性和谐三种目标导向来应对公共文化服务的现实困境;张桂琳同样提出通过完善政策法规、加快基础设施建设、提高文化产品生产和服务能力、构建均衡的文化产业体系、加快政府职能转变等来实现公共文化服务的均等化发展。纪东东、文立杰从供给侧结构性改革角

---

① 蒋晓丽、石磊:《公益与市场:公共文化建设的路径选择》,《广州大学学报》(社会科学版)2006年第8期,第65—69页。
② 陈立旭:《公共文化服务的均等化与效率》,《中共浙江省委党校学报》2015年第1期,第19—25页。
③ 俞楠:《"文化认同"的政治建构:当代中国公共文化服务战略研究》,华东师范大学政治学理论专业博士学位论文,2008年,第103—111页。
④ 杨永、朱春雷:《公共文化服务均等化三维视角分析》,《理论月刊》2008年第9期,第150—152页。

度提出实现当前我国公共文化服务体系有效供给的重要路径。① 许昳婷、陈鸣两人也从供给侧结构性改革角度,提出建构混合型城市公共文化服务新机制的构想。②

### (六) 城乡公共文化服务均等化研究

毫无疑问,由于"均等化"是解决我国公共服务发展困境的焦点,所以,一直以来诸多学者都把主要精力"耕耘"于此,自然,对公共文化服务的均等化研究也概莫能外。在概念界定方面,诸多研究者分别从基本权利、结果平等、动态过程、主体和客体、公共财政等角度对其作过界定。比如,邓如辛、周宿峰、魏宏、赵中源等倾向于从公民基本文化权利角度,③ 迟福林、陈宪等侧重于从结果公平的角度,④ 辛鸣从均等化主客体的角度来界定;⑤ 而刘学之、江明融等则从公共财政的角度来界定。

在具体问题与解决对策方面,杨永、朱春雷以公共文化财政投入结构、文化服务的动力机制、公共文化体制等三个维度为视角,分析了我国公共文化服务均等化问题,并指出应将公共文化服务均等化的目标定位在实现区域均等化上,同时加快城乡公共文化服务均等化,兼及居民公共文化服务均等化;⑥ 朱海闵则分别从"送""走""种"三个方面为公共文化服务均等化提供"良方",并指出,

---

① 纪东东、文立杰:《公共文化服务供给侧结构性改革研究》,《江汉论坛》2017年第11期,第24—29页。

② 许昳婷、陈鸣:《建构混合型城市公共文化服务新机制》,《探索与争鸣》2017年第12期,第171—174页。

③ 邓如辛、周宿峰:《论公民基本文化权利的内涵及保障》,《学术交流》2014年第3期,第44—47页。魏宏:《构建社会主义公民文化权利保障体系》,《探索与争鸣》2014年第5期,第12—16页;赵中源:《中国共产党认识和保障公民文化权利的探索与启示》,《当代世界与社会主义》2013年第1期,第169—173页。

④ 陈宪:《文化为何能推动经济增长》,《传承》2011年第4期,第58—58页。

⑤ 辛鸣:《文化体制改革中三大关系辨析》,《人民论坛》2011年第30期,第32—33页。

⑥ 杨永、朱春雷:《公共文化服务均等化三维视角分析》,《理论月刊》2008年第9期,第150—152页。

"送、走、种"是目前实现均等化目标的主要倡导方式,也是行之有效的方式。① 蔡正平、李春火则从农村公共文化服务的意义角度,对农村与城市的公共文化服务均等化问题进行了研究;② 曹爱军从制度变迁的角度,对基层公共文化服务均等化问题进行了研究,并提出在统筹城乡、地域的基础上,采取多元方式提供公共文化服务,促进公共财政制度的健全,特别是使基层政府财权与事权相匹配,构建共生治理的公共文化发展机制,逐步实现公共文化服务的均等化发展;③ 项继权在对公共文化服务的政策性方向进行分析之后,提出了"同步推进、分步实现"的基本公共服务均等化发展战略;胡税根通过对我国西部地区公共文化服务的现状进行分析,指出公共文化服务均等化是一项系统工程,因此,必须建立基本公共文化服务的多元治理机制,在政府、社会和公民的共同努力下,逐步实现我国西部地区基本公共文化服务均等化。

## 五、相关研究述评

### (一)对城乡一体化研究述评

第一,国内理论界目前主要是在学习借鉴西方城乡协调发展理论基础上,结合现实国情,对城乡一体化的科学内涵、价值取向进行阐述,进而在提出背景、动力机制、制约因素以及改进策略四个层面上,深入开展研究,并取得了广泛共识和丰硕成果。

第二,在具体研究内容上,由于大多数学者侧重从宏观、整体上对城乡一体化进行研究,而对城乡之间的具体关系以及城乡之间

---

① 朱海闵:《基本公共文化服务标准化均等化研究》,《文化艺术研究》2014年第1期,第9—14页。
② 蔡正平、李春火:《大力促进农村与城市之间基本公共文化服务均等化》,《湖南行政学院学报》2011年第4期,第18—20页。
③ 曹爱军:《当代中国文化发展战略的基本维度》,《中共济南市委党校学报》2013年第5期,第93—97页。

"二元"具体所指的研究却相对较少。同时，由于缺乏系统的分析框架，没有把推进城乡一体化发展的对策与城乡一体化的内涵联系起来，因此，存在所提对策往往针对性不强、可操作性不够等问题。

第三，总体来看，目前学者对城乡经济、社会、人口等方面的研究比较充分，但对城乡之间文化关系的研究相对较少，尤其缺乏对文化建设在城乡协调发展中的重要意义的梳理和阐述。

第四，目前对城乡一体化发展的研究多局限于单一学科视角，只是从问题所涉及的学科语境寻找分析问题、解释问题、解决问题的话语，从而影响对问题进行整体性和全面性的深度分析和探讨，也影响研究的实际面向。因此，采用多学科、多视角、宽领域、深挖掘的方式，对城乡文化关系、城乡文化一体化发展进行综合研究，是本书研究的重点内容。

### (二) 对城乡文化一体化发展研究的述评

第一，中国化、本土化研究不够充分。一方面，目前的研究，多是对西方国家城乡文化协调发展理论以及实践经验的介绍和移植；另一方面，一些关于我国推进城乡文化一体化发展的理论研究，也缺乏对具体国情的分析和理解。

第二，现有的研究普遍存在研究连续性、系统性不足问题，主要表现为现有的研究成果出现结构不完整、体系不能自洽的情况。

第三，对城乡文化一体化发展的研究，整体缺乏价值指引，没有一个可以说清道明的终极目标，更多的只是一种跟随国家统筹城乡发展政策的评论式解读，由于对城乡文化一体化发展的研究未能找到深层次的理论支撑和价值引导，导致一些研究往往局限在对城乡文化本身的解读上。事实上，国家提倡文化大繁荣大发展的实际意图，浅层意义表征的是对民生的文化关怀，更深层的价值判断在于对公民文化权利的尊重和敬畏，同时也是一种时代表达——对包容性发展的积极回应。因此，对推进城乡文化一体化发展的研究，就不仅是一种政策导向，更是一种政治导向、价值导向、哲学导向和制度导向。

第四，现有的文献在研究城乡文化一体化发展时，很少考虑城乡发展的阶段性和地域性特征，具体目标不甚明确，缺乏长期规划。具体而言，一方面，已有的研究成果更多的是一种总体性概括，缺乏对具体问题的具体分析，缺少对不同区域发展目标的区别对待和差异性比较。事实上，我国地域辽阔，区域之间的经济社会差距悬殊。另一方面，对于如何具体落实相关措施和建议的问题，理论界与政府决策部门并没有一个明确一致的认识。就政府决策部门而言，它们缺乏具有长期指导性的规划和部署。短期性、临时性的政策建议多，长期性的政策建议少，而且往往"头痛医头，脚痛医脚"，不能做到标本兼治，这是目前政府决策咨询中存在的问题。就理论研究而言，一些研究结果往往只具有理论可行性而缺乏现实可行性，或者具有经济可行性但却缺乏政治可行性。而且，这些理论研究也没有将城乡文化一体化发展问题置于城乡一体化、区域协调发展与实施乡村振兴战略大背景中。

### （三）对城乡公共文化服务研究的评述

由于学术界对公共文化服务的关切，目前该方面的文献和研究已经在广度和深度上有了较大进展，对我们理解基本公共文化服务的基本概况、基本现状以及发展路径有很大帮助和启发意义。不过仍然需要指出的是，目前学术界对基本公共文化服务的研究还存在一些不足之处。一方面，目前针对公共文化服务的研究大多属于规范研究，研究框架也大多限于"提出问题—分析问题—解决问题"的传统路径，而且所提出的解决问题的措施也大多属于结构化的对策，比如增加财政投入、优化财政结构、加大对偏远山区的政策支持力度。不可否认，这些研究指出了问题的症结所在，但由于其结构化的解释常常使得问题"浮"于表面，只见森林不见树木。而且，由于过分偏重于结构化的解释路径，容易忽略对具体问题的个性化分析，自然也就难以发现事物变化的细微之处。

或许，更为根本性的误导在于，目前大多数对公共文化服务的

## 第一章 推进城乡一体化发展的理论溯源与文献综述

研究都是以公共产品理论以及政府文化职能为视角,这一方面容易使公共文化服务的精神特性和政治特性被遮蔽,导致庸俗化理解公共文化服务,即认为其只是与其他政府提供的公共产品没有本质性区别的一般性公共产品,从而诱导操作层面的"工程化""项目化"偏好;另一方面,传统公民权利视角的分析在道德上赋予公民文化权利的同时,却往往忽视对公民责任的强调。正如吴理财所批判的那样,无论是"权利"还是"权益",其实质都是一种个体化的概念。这种个体化的概念,如果没有一定的公共意识和公共精神的规约、引导,往往会变成一种对公共性的消解力量。换言之,在当下,若只是一味地强调"权利",而忽视担当与之相应的"责任",必会造成权利与责任的失衡,造成公民只有个人主义意识而没有共同体意识。[①] 对此,美国学者卡罗尔·佩特曼在《参与和民主理论》一书中也曾给予明确的批判,他就认为"自由主义的不当在于,其所关注的是社会的基本结构对于个人权利的维护与实现的意义,而不关注个人权利和行为对社会及对于社会共同体价值目的所承担的责任"。[②]

此外,在研究公共文化服务的供给过程方面,目前的研究更多的是关注提供了什么,提供的结果如何,而对于提供过程这一关键变量关注较少。当前公共文化服务的供给效果往往决定于供给方式,尤其随着社会主要矛盾发生变化后,老百姓对文化的需求越来越多元,越来越走向高品质、个性化,供给方式的选择和设定就具有决定性的意义。但是,目前大多数文献仅限于对事实结果的讨论,未把公共文化服务的供给看成是一个动态的过程体系,长期忽略对过程选择的关注,致使在先认定事实结果的前提下,按照问题追溯方式进行原因分析时,往往见仁见智,难以形成深刻透彻的因果逻辑分析机制,也就难以真正发现问题的解决之道。

---

① 吴理财:《把治理引入公共文化服务》,《探索与争鸣》2012年第6期,第51—54页。
② [美]卡罗尔·佩特曼:《参与和民主理论》,陈尧译,上海人民出版社2012年版,第11页。

# 第二章

# 当代中国城乡文化关系的发展现状与基本格局

## 一、新中国成立以来中国城乡关系的历史演进

在中国特殊的国情条件下,城乡之间的文化关系始终隐含在城乡关系的整体格局之中。探讨城乡之间的文化关系必然离不开城乡之间的整体关系,城乡之间的文化关系就是城乡之间关系的一个缩影,城乡的二元结构必然会反映到城乡之间的文化关系上来。因此,文化领域也同样存在着城乡的二元结构,并长期存在一种不平衡的关系格局。事实上,自新中国成立以来,如何对待和处理城乡关系,既是一个经济问题也是一个政治问题。总体来看,新中国成立以来,我国城乡之间的政治、经济、文化、社会关系大体经历了如下几个重要发展阶段。

### (一)城乡发展不平衡格局的初步形成时期(1949—1957年)

从新中国成立到1957年间,可以看成是我国城乡发展不平衡格局的初步形成时期。这段时期具体又可以分为两个阶段:1949—1953年国民经济恢复时期的城乡关系基本融合时期,以及1953—1957年第一个"五年计划"时期的城乡二元关系构建时期。

新中国成立初期,面对贫穷落后的经济社会发展形势,中国共产党在全国范围内组织对农业、资本主义工商业和手工业的社会主义改造,也就是通常所说的"社会主义三大改造"。新中国政府集

中精力从以下三个方面进行改造：第一，没收官僚资本归人民所有，使国家掌握了经济命脉，也使得生产关系发生了根本性转变。第二，统一金融和货币，取消了私人钱庄，使国家能够完全掌握经济调控，同时又建立了国营商业和供销合作社，使国家能够掌控重要物资的流通。第三，开展城乡物资流通、发展集市贸易、打击不法资本家的非法活动，使战争造成的城乡分离、交通设施破坏以及城乡商品流通受阻的情况得以解决，急剧的通货膨胀得到遏制。这些措施不但使城乡之间、地区之间的经济交流和经济联系得到加强，更主要的是为我国新型城乡关系的确立奠定了基础。此外，党和政府也高度重视农副产品和工业产品的比价问题。在经济十分困难的情况下，仍然于1951年11月，1952年2月、9月、12月四次提高农副产品价格，旨在降低农副产品和工业产品的比价，缩小工农业产品价格的"剪刀差"。在农村实行土地改革，免除地租，由于农村副业发展、农副产品价格的提高和地租的降低，农民生活有了很大的改善，这些工作也使我国旧的城乡关系基本上转变为社会主义的城乡关系。①

由于中央政府所采取的一系列改善城乡关系的措施，旧中国的城乡关系逐步转变为社会主义城乡关系，呈现出崭新的面貌和气象。在这三年国民经济恢复时期，全国工农生产总值达到827.2亿元，比历史最高水平的1936年增长了20%，城市人口比重由10.64%提升到12.46%，城市人口由5765万增加到7163万，增加了1398万人。②

从1953年开始，我国进入第一个国民经济五年规划发展时期，从这一年开始，中央政府开始对全国工商业进行社会主义改造，并对经济政策进行调整，开始限制农村劳动力、资本、土地等生产要

---

① 陆学艺：《中国社会阶级阶层结构变迁60年》，《中国人口·资源与环境》2010年第7期，第1—12页。
② 数据转引自聂晓等：《建国以来我国城乡关系的历史演变与现实思考》，《农村经济与科技》2015年第12期，第225—226、231页。

素的流动。1953年上半年中央开始酝酿和制定统购统销政策，1953年11月15日《中共中央关于在全国实行计划收购油料的决定》公布，11月19日政务院通过了《关于实行粮食的计划收购和计划供应的命令》，11月23日又出台了《粮食市场管理办法》；1955年8月25日国务院出台了《关于粮食统购统销暂行办法的命令》，进一步规定了农村粮食必须实行统购统销；1956年10月6日国务院公布了《关于农业生产合作社粮食统购统销的规定》，10月12日中共中央、国务院公布《关于目前粮食销售和秋后粮食统购统销工作的指示》，11月14日国务院公布了《关于各地不得自动提高国家统购和收购的农副产品收购价格的指示》；1957年1月国务院公布《关于棉花、棉布购销工作的指示》，3月22日公布《关于黄麻、大麻、苎麻收购价格不予提高的指示》等。

这一系列指示文件构成了当时的统购统销政策的内容体系。统购统销政策综合起来包括以下四方面内容：粮食的计划收购政策、粮食的计划供应政策、由国家严格控制粮食市场的政策和中央对粮食实行统一管理的政策。按这一系列硬性规定，收购的农民余粮数量占到农民余粮的80%—90%，农民能够自由支配包括进行市场交易的粮食非常有限。在粮食销售方面，国家也进行了严格控制，统一进行管理，严禁私自经营粮食，国家实行计划供应。1955年，国家开始发行粮票，进一步贯彻粮食定额供应政策。[①] 从经济学视角看，统购统销政策不利于发挥市场价值规律对经济发展的作用；从社会学视角看，统购统销政策阻碍人口在城乡、区域之间流动。

事实上，正是从1956年，也就是国家对生产和劳动实行统一的计划管理开始，劳动力自由流动受到进一步限制，中国城乡二元结构框架开始建立起来，而与之相随的城乡二元文化发展格局也被初步构筑。

---

① 陆学艺、王春光、张其仔：《中国农村现代化道路研究》，广西人民出版社1998年版，第95—96页。

## （二）城乡发展不平衡格局的沉淀时期（1958—1978年）

1958年，由于"大跃进"和人民公社化运动，国内经济发展过度偏向重工业，贯彻了"以钢为纲""全民大办工业"的总路线，以至于出现了暴发性的工业化和超高速城市化局面。"大跃进"致使国民经济基本比例严重失调，农村生产遭到严重破坏，粮食生产大幅度减少。恰逢这个时期又遇到三年自然灾害，国民经济遭遇严重困难，经济结构出现新的不平衡。从1957年到1960年，工业总产值由704亿元增加到1 637亿元，增长1.3倍，而农业生产总值却由537亿元下降到457亿元，下降14.9%。全国粮食大量减产，1962年粮食总产量从1957年的3 900亿斤降至3 200亿斤。① "大跃进"过度追求工业化，这完全与中国当时的经济水平和生产力水平相违背。中国当时人均收入为58元，折合15美元，排名近于世界各国之末，积累率5%，相当于低收入国家平均积累率的1/3。以现代工业方式生产的产品产量还不到总产值的10%，90%以上的劳动力依赖传统技术。② 1950年工业部门占国民收入比重为14.1%，城市人口占总人口比重为11.2%。美国1870年时，制造业占GDP比重为15.9%，城市人口占总人口比重为26%；英国1801—1811年制造业占总产值比重为22.1%，德国1850—1859年为59.1%，日本1879—1883年为37.5%，加拿大1870年为54.7%。③ 通过以上数据对比可以看出，当时中国工业化和城市化程度相当低下，而要追求爆发性的工业化，无疑需要加大工业化起步的"原始积累"，这部分原始资本只能从农业中汲取。据测算，1952—1980年间，仅工农业产品"价格剪刀差"一项，国家就取走农业剩余达

---

① 陈立：《中国国家战略问题报告》，中国社会科学出版社2002年版，第99页。
② ［美］费正清、［英］罗德里克·麦克法夸尔：《剑桥中华人民共和国史（1949—1965）》，上海人民出版社1990年版，第154—155页。
③ ［美］西蒙·库兹涅茨：《各国的经济增长》，常勋等译，商务印书馆1985年版，第38—56页。

5 000 亿元以上，恰与 1953—1980 年间全民所有制各行业基本建设新增固定资产总额 5 129 亿元相当。①

1958 年，国家颁布了《中华人民共和国户口登记条例》，条例将我国国民分成了"农业户口"和"非农业户口"两种户籍形式，农村和城市被人为分割，农村人口向城市流动和迁移受到了根本限制，这也标志着我国二元户籍制度的形成，从而造成了我国城乡之间的长期隔绝和分离。② 随着二元户籍制度的形成，国家又制定了一整套包括统购统销、人民公社等在内的促使城乡分离的二元经济体制，这一系列政策的制定，也说明国家在有意巩固统购统销政策和户籍登记政策及制度，想进一步加强对户口及其人员的属地管理和巩固人民公社制度。这一系列强大的组合制度，更加巩固了我国城乡的二元结构。世界上通常用农业与非农业间的相对国民收入差距来衡量经济结构二元分化程度，也就是通常所说的二元结构强度。根据美国经济学家库茨涅兹的统计分析，世界上除中国以外的发展中国家这一差距最大为 4.09 倍，而 1978 年我国的二元经济结构强度却高达 6.08 倍。这表明我国当时的二元经济结构问题已经十分严重。

改革开放前，统购统销、人民公社和严格的城乡分离户籍制度作为强化我国二元经济结构的"三把利剑"，其发挥的作用我们可以从当时的二元经济结构的演进表中清晰地看出（见表 2-1）。

通过表 2-1 我们可以看出，1952—1978 年间，中国二元对比系数一直在 20%—13%变化，而且二元对比系数③呈现逐步降低趋

---

① 杜漪：《构建和谐城乡关系的经济学研究》，西南财经大学政治经济学专业博士学位论文，2006 年，第 154 页。
② 周凯、宋兰旗：《中国城乡融合制度变迁的动力机制研究》，《当代经济研究》2014 年第 12 期，第 74—79 页。
③ 二元对比系数是二元经济结构中农业与工业比较劳动生产率的比率。二元对比系数=第一产业比较劳动生产率/第二、三产业比较劳动生产率，二元对比系数与二元经济结构的强度呈反方向变动，二元对比系数越大，两部门的差别越小；反之，二元对比系数越小，两部门的差别越大。

势，二元反差系数①则在逐步增加，这一系列数据变化也说明这段时期中国的二元经济结构是在逐步增强的。

表 2-1　1952—1978 年中国二元经济结构演进进度测度表

| 年份 | 第一产业产值比重（%） | 第二、三产业产值比重（%） | 第一产业就业比重（%） | 第二、三产业就业比重（%） | 第一产业比较劳动生产率 | 第二、三产业比较劳动生产率 | 二元对比系数（%） | 二元反差系数（%） |
|---|---|---|---|---|---|---|---|---|
| 1952 | 50.5007 | 49.4933 | 83.53997 | 16.46003 | 0.604509 | 3.007242 | 20.10179 | 33.03927 |
| 1955 | 46.2637 | 53.7363 | 83.26765 | 16.73235 | 0.555602 | 3.211521 | 17.30028 | 37.00395 |
| 1958 | 34.1163 | 65.8837 | 58.23308 | 41.76692 | 0.585858 | 1.577413 | 37.1404 | 24.11678 |
| 1961 | 36.1577 | 63.8443 | 77.16686 | 22.83314 | 0.468539 | 2.796124 | 16.75674 | 41.01116 |
| 1965 | 37.9407 | 62.0593 | 81.60446 | 18.39554 | 0.464934 | 3.373606 | 13.78152 | 43.66376 |
| 1970 | 35.2155 | 64.7845 | 80.70079 | 19.22921 | 0.435993 | 3.369067 | 12.94106 | 45.55529 |
| 1975 | 32.3992 | 67.6008 | 77.2 | 22.8 | 0.419679 | 2.964947 | 14.15468 | 44.8008 |
| 1978 | 28.1008 | 71.8992 | 70.5 | 29.5 | 0.398593 | 2.437261 | 16.35413 | 42.3992 |

数据转引自任保平：《论中国的二元经济结构》，《经济与管理研究》2004 年第 5 期，第 3—9 页。

1966 年开始的"文化大革命"对于城乡二元结构可谓又是"雪上加霜"。"文化大革命"期间，国家在政治经济领域犯了一系列错误，导致国民经济发展缓慢，城市工业发展受阻，农村商品经济衰落，工业和农业以及城市和农村发展不协调。1965 年到 1978 年，工业总产值增加了 2 倍，而农业总产值只增加了 67.7%。更为严重的是这个时期城镇建制、规划基本停滞不前，全国小城市由 1957 年的 114 个减少为 1978 年的 82 个，全国建制镇由 1956 年的 3 672 个减少为 1978 年的 2 600 个。

小城市和建制镇的减少使城镇体系与农村的联系出现了断层，

---

① 二元反差系数＝第二、三产业产值比重/第二、三产业就业比重。二元反差指数理论上为 0—1，与二元对比系数相反，反差指数越大，农业和工业的差距越大，经济二元性越不明显；当二元反差指数为 0 时，二元经济转变为一元经济。

因此城乡的经济和社会联系也被大大削弱。因为城市没有得到完全的发展甚至发展受到阻碍,再加上二元户籍制度的限制,使得城乡劳动力的流动完全停滞,农村剩余劳动力大量滞留,城市高学历人员也很难流入农村。

到20世纪80年代,国家通过对农产品的统购统销和合同订购,使农民累计作出的资金贡献高达7 000多亿元。

综上可见,改革开放前,我国实行了农业辅助工业的发展战略。为了满足尽快实现工业化所需的资源需求,建立了高度中央集权的计划经济体制。将城乡作为两个封闭独立的系统,在农村实行高赋税、低投资以及产品价格"剪刀差",并将农村剩余强制转移到城市;而在城市则实行低工资、低利率、低价格、高福利的制度,农民无法享受城市化和工业化的成果。这种城乡分割和偏向城市的城乡关系,虽说在当时为工业现代化作出了巨大的贡献,但是也使得我国国民经济的发展付出了巨大的代价。一方面,城市工业的过度发展,需要吸收大量的农村剩余,而且已经超过了农村的最大提供限度;另一方面,工业化和城市化不但不能为农业和农村提供帮助,还将农民排斥在工业化和城市化之外,使其享受不到工业化的发展成果,从而使得农业被进一步弱化,城乡差距拉大。我们认为其根本原因在于,这个时期受传统理论和思想的影响,把计划经济与市场经济归入制度范畴,政府对市场经济进行排斥,从而导致了资源配置的低效率。

### (三)城乡发展不平衡格局的改善调整时期(1978—1985年)

党的十一届三中全会之后,以家庭联产承包责任制为核心的中国农村改革拉开了序幕。随着改革的进行,国内外政治、经济、社会环境不断变化,并且在市场化和国际化双重力量的推动下,我国城乡二元结构的特征不断调整。

改革开放从根本上打破了城乡之间隔绝的局面。1979年,《中共中央关于加快农业发展若干问题的决定》明确指出:人民公社的基本核算单位都有权因地制宜地进行种植,有权决定增产措施,有权决定经营管理方法,有权分配自己的产品和现金,有权抑制任何领导机关和领导人的瞎指挥。① 决定中规定的"五权"从根本上触动了人民公社制度的根基,也正是因为这个决定的出台,1983年农村人民公社制度宣告终结,长期被人民公社体制压抑的农业生产潜力得到充分发挥,使农户重新获得了人民公社时期失去的若干基本权利:财产占有权、经营自由权、劳动支配权、独立核算权及剩余索取权。② 以包产到户为主的家庭联产承包责任制的实行,大大调动了农民的生产积极性,促进了农业劳动生产率的提高,农业生产也因此而快速增长,加上国家还大幅度提高农副产品收购价格,使农民收入大幅度增长,农村经济发展迅速。1983年10月,中共中央、国务院发出《关于全国实行政社分开建立乡政府的通知》,要求各地于1984年家庭联产承包责任制在全国推开之前完成建立乡政府的工作。到1984年底,全国已有99%以上的农村人民公社完成了政社分开工作,全国共建乡镇85 200多个,建区公所8 100多个。随后,鉴于大多数地区乡的规模偏小,1985年又着手撤区并乡工作,到1986年底,全国乡镇数由85 200多个减少到58 400余个。③

家庭承包经营制度替代人民公社的集体土地经营模式,极大地调动了农民的生产积极性,激发了土地和劳动力的潜力,成为推动农村经济持续高速增长的核心要素。④ 以家庭联产承包责任制改革为核心的农村改革的全面推进,反过来也推动和激发了城市发展和改革,即城市也开始进行以放权让利、扩大企业自主权、改革劳动

---

① 张红宇等编著:《中国农村土地制度建设》,人民出版社1995年版,第486页。
② 林万龙:《中国农村社区公共产品供给制度变迁研究》,中国财政经济出版社2003年版,第43页。
③ 张新华:《新中国探索"三农"问题的历史经验》,中共党史出版社2007年版,第129—130页。
④ 陈海秋:《建国以来农村土地制度的历史变迁》,《南都学坛》2002年第5期,第70—79页。

就业制度为主要内容的城市综合配套改革,同时还小幅提高了城市农副产品和工矿产品的价格,并对城市居民给予相应补贴。这个时期城乡居民的生活水平都显著提高,收入差距也呈显著缩小态势,城市居民人均可支配收入和农村居民人均纯收入的比例从 1978 年的 2.57∶1 降到 1984 年的 1.84∶1。城乡居民的人均消费水平差距逐年缩小,城乡居民人均消费额之比从 1978 年的 2.93∶1 降到 1984 年的 2.34∶1。农村居民比城市居民的人均居住条件改善快,1978 年农村居民的人均居住面积比城市多 1.4 平方米,到 1984 年则多 4.5 平方米。城乡居民的食品消费水平逐步趋近,城乡居民恩格尔系数的差距从 1978 年的 10.2 个百分点,逐步缩小到 1984 年的 1.2 个百分点。①

总体来说,这一时期由于农村家庭联产承包责任制的推行和农村人民公社制度的解体,加之城市配套改革的进行,使得传统的"城乡分治"体制在一定程度上得以改变,城乡关系朝着有利于城乡互动的方向演变,城乡二元结构开始松动,城乡关系也得到了很大的改善。

### (四)城乡发展不平衡格局的固化反复时期(1986—2002 年)

1986 年开始,改革开放的战略中心开始转移到城市,1986—2002 年是城乡二元结构的固化阶段,城乡差距在这一阶段重新扩大。城乡经济发展差距和社会发展差距的扩大是这段时期城乡矛盾的突出表现。1985 年我国城市居民收入是农村居民收入的 2.2 倍,而到 2003 年,城乡居民收入差距扩大到了 3.2 倍,城乡居民消费水平的差距则达到 3.6 倍左右,城乡经济差距扩大明显。此外,城乡居民之间在教育、就业、医疗卫生、社会保障、文化娱乐等方面也存在着很大的差距,而且差距日益扩大。例如:在教育投资方面,

---

① 陈海秋:《建国以来农村土地制度的历史变迁》,《南都学坛》2002 年第 5 期,第 70—79 页。

20世纪80年代中期全国普通小学教育经费平均支出水平为625.45元,而城镇人均水平为841.11元,农村人均水平为519.16元;全国初中生教育经费平均支出水平为1 102.5元,而城镇人均水平为1 423.85元,农村人均水平为861.64元;① 我国城镇学龄儿童入学率为99%,农村只有80%左右;小学毕业升学在城镇已经普及,农村的升学率只有59%;初中毕业升学率城镇为69%,农村只有10%;高等教育差别更大,城市居民不仅就业前受教育的机会多于农民,工作后继续受教育的条件和机会也比农民好得多。② 在这一阶段,我国的城乡二元结构强度进一步加强,由1985年的4.13扩大到2003年的5.64,城乡二元结构进一步固化(见表2-2)。③

表2-2 1952—1958年我国二元结构强度表

| 年份 | 农业GDP比重(%) | 农业从业人员比重(%) | 农业GDP相对生产率 | 非农业GDP比重(%) | 非农业从业人员比重(%) | 非农业GDP相对生产率 | 二元结构强度 |
|---|---|---|---|---|---|---|---|
| 1952 | 50.5 | 83.5 | 0.60 | 49.5 | 16.5 | 3.00 | 5.00 |
| 1953 | 40.3 | 81.2 | 0.50 | 59.7 | 18.8 | 3.18 | 6.36 |
| 1954 | 39.4 | 82.0 | 0.48 | 60.6 | 18.0 | 3.37 | 7.02 |
| 1955 | 37.9 | 81.5 | 0.47 | 62.1 | 18.5 | 3.36 | 7.15 |
| 1956 | 35.2 | 80.7 | 0.44 | 64.8 | 19.3 | 3.36 | 7.64 |
| 1957 | 32.4 | 77.1 | 0.42 | 67.6 | 22.9 | 2.95 | 7.02 |
| 1958 | 28.1 | 70.5 | 0.40 | 71.9 | 29.5 | 2.44 | 6.10 |

数据转引自蔡雪雄:《我国城乡二元经济结构的演变历程及趋势分析》,《经济学动态》2009年第2期,第39—42页。

中共十四大之后,我国开始推行社会主义市场经济体制改革。原有的计划经济体制被打破,城市和农村都在向市场经济体制转

---

① 王景新、李长江、曹荣庆:《明日中国:走向城乡一体化》,中国经济出版社2005年版,第54页。
② 朱斌:《统筹城乡发展制度创新研究》,苏州大学政治学理论专业博士学位论文,2006年,第55页。
③ 颜华:《我国统筹城乡发展问题研究》,东北农业大学农业经济管理专业博士学位论文,2005年,第31页。

轨，在城市进行相应改革的同时，农村也在大幅度提高粮棉等农产品收购价格，并积极探索建立粮食保护价格和减轻农民负担等政策的制定。这一系列措施的实施，使得1993年到1996年之间城乡居民收入和消费差距得到了一定程度的缩小。但是好景不长，1997年我国进入通货紧缩期，国家实行战略性调整，改革和调整政策的重心再度向城市倾斜，城乡差距再度拉大。从1998年起，公务员和事业单位人员连续数年涨工资，涨幅大、频率快，带动企业给职工加薪。国债资金大量投入城市基础设施建设。1998—2001年，中央安排国债资金5 100亿元，其中用于农业、林业、水利基础设施建设的投入为56亿元，占1.1%。[①] 与此同时，在农村由于农产品过剩导致价格下跌，加之农民各种税费负担过重、农村劳动力转移困难等原因，城乡居民收入和消费差距进一步扩大，城乡二元结构更加失衡。

## （五）城乡发展不平衡格局的修正时期（2002年至今）

进入21世纪，特别是党的十六大以来，城乡二元矛盾的日益激化已引起党中央和国务院的高度重视，"三农"问题及缩小城乡发展差距问题被正式摆上政府部门的优先议事日程。首先，2003年11月，中共十六届三中全会上，中央首次提出，完善社会主义市场经济体制要贯彻"五个统筹"，做到"五个坚持"，即要遵循统筹城乡发展、统筹区域发展、统筹经济社会发展、统筹人与自然和谐发展、统筹国内发展和对外开放的要求。由此可以看出，进入城乡关系发展的修正时期后，国家的战略导向不仅仅在于要统筹城乡发展，更把推进城乡统筹发展放在"五个统筹"的首位，突出强调统筹城乡发展的重要性和紧迫性。容易理解的是，我国农业发展滞后，农民收入增长缓慢，已成为制约经济增长的重要因素。全

---

[①] 李成贵、赵宪军：《三农困境的主要原因在于二元结构》，《国际经济评论》2003年第7期，第57—60页。

## 第二章 当代中国城乡文化关系的发展现状与基本格局

面实现小康,关键在农民。从根本上解决"三农"问题已经不是单纯的支农、建农问题,而是城乡统筹发展的问题,是城乡一体化的问题,通俗地讲,是如何把"农民"变成"市民"的问题。因此,统筹城乡发展是新形势、新阶段下的大思路,是符合世界经济发展潮流并可供解决城乡差别的大政策。

文化作为城乡关系中的重要方面,统筹城乡发展必然包含着对城乡文化关系的建构。自中共十六届三中全会提出统筹城乡发展规划之后,2004年,中共十六届四中全会又提出构建和谐社会的目标。从理论上理解,和谐社会就是社会的各个群体能够实现良性互动,整个社会能够表现出一种公正的状态,能够实现安全的运行和健康的发展。而衡量一个社会是否和谐,除了经济、政治、生活指标外,很重要的一个指标就是人文指标,看城乡居民能否像享受社会进步的其他成果一样享受同样的文化成果,而这就需要我们在处理城乡关系时,要始终把处理好城乡文化关系作为重要的工作。

继2005年中共十六届五中全会提出建设社会主义新农村这一重要发展目标后,2006年9月,中共中央与国务院又联合颁布了《国家"十一五"时期文化发展规划纲要》,这是新中国成立以来由中央制定的第一个专门部署文化建设的规划纲要,体现出党和国家对文化建设的高度重视。

总体来看,从2002年开始,在处理城乡关系方面,中国已进入了开放倒逼改革,而改革又以全面调整城乡利益关系为重点的新阶段。[1] 该阶段通过逐步调整"城乡分治、一国两策"的城市社会管理制度,增加对农业和农村的财政支持力度,一定程度上缓解了城乡分割制度和市场机制对城乡二元结构的强化效应,推动城乡二元结构向城乡一体化方向发展。当前,城乡二元结构的转换正处在胶着状态。一方面,城乡居民人均收入、食品消费和衣着消费之比

---

[1] 李成贵、赵宪军:《三农困境的主要原因在于二元结构》,《国际经济评论》2003年第7期,第57—60页。

依然延续前一阶段的惯性扩大趋势,分别从 2001 年的 2.9∶1、2.44∶1 和 5.41∶1 扩大到 2003 年的 3.23∶1、2.73∶1 和 5.78∶1;另一方面,城乡人均消费之比已连续下降,从 2001 年的 3.6∶1 降到 2003 年的 3.29∶1,2004 年,我国农民人均纯收入 2 936 元,实际增长 11.98%,增幅比同期城镇居民人均可支配收入增幅高 0.77 个百分点,城乡居民收入差距开始出现缩小征兆。① 这段时期,由于国家加大了工业反哺农业、城市支持农村的力度,城乡二元结构开始出现分化,城乡二元结构固化局面得到逐步遏止并修正。从 2002 年至今,我国的城乡文化不平衡格局发展至今是一种什么样的状况呢?

根据相关统计数据,近年来城乡居民可支配收入和消费支出不断增长。以 2017 年为例,城镇居民收入接近农村居民的三倍,消费支出则是农村居民消费支出的两倍多。从消费支出具体情况看,城镇和农村居民文化类消费支出逐年递增,城镇居民从 2013 年的 1 988 元,增长到 2017 年的 2 847 元;农村居民从 2013 年的 755 元增长到 2017 年的 1 171 元。但是,从支出数据可以发现,在经济发展水平的制约下,城乡文化消费支出差距十分明显(见表 2-3、表 2-4、表 2-5)。

表 2-3 2013—2017 年城乡居民家庭人均可支配收入与支出 (单位:元)

| 年份 | 农村居民 | | 城镇居民 | |
| --- | --- | --- | --- | --- |
| | 可支配收入 | 消费支出 | 可支配收入 | 消费支出 |
| 2013 | 9 430 | 7 485 | 26 467 | 18 488 |
| 2014 | 10 489 | 8 383 | 28 844 | 19 968 |
| 2015 | 11 422 | 9 223 | 31 195 | 21 392 |
| 2016 | 12 363 | 10 130 | 33 616 | 23 079 |
| 2017 | 13 432 | 10 955 | 36 396 | 24 445 |

---

① 刘铮:《前三季度农民收入实际增长 11.4%》(2014 年 10 月 22 日),人民网,http://www.people.com.cn/GB/shizheng/1027/2936933.html,最后浏览日期:2020 年 6 月 5 日。

表 2-4　2013—2017 年城镇居民家庭人均支出具体情况　（单位：元）

| 年份 | 食品烟酒 | 衣着 | 居住 | 生活用品及服务 | 交通和通信 | 教育文化和娱乐 | 医疗保健 | 其他 |
|---|---|---|---|---|---|---|---|---|
| 2013 | 5 571 | 1 554 | 4 301 | 1 129 | 2 318 | 1 988 | 1 136 | 490 |
| 2014 | 6 000 | 1 627 | 4 490 | 1 233 | 2 637 | 2 142 | 1 306 | 533 |
| 2015 | 6 360 | 1 701 | 4 726 | 1 306 | 2 895 | 2 383 | 1 443 | 578 |
| 2016 | 6 762 | 1 739 | 5 114 | 1 427 | 3 174 | 2 638 | 1 631 | 595 |
| 2017 | 7 001 | 1 758 | 5 564 | 1 525 | 3 322 | 2 847 | 1 777 | 652 |

表 2-5　2013—2017 年农村居民家庭人均支出具体情况　（单位：元）

| 年份 | 食品烟酒 | 衣着 | 居住 | 生活用品及服务 | 交通和通信 | 教育文化和娱乐 | 医疗保健 | 其他 |
|---|---|---|---|---|---|---|---|---|
| 2013 | 2 554 | 454 | 1 580 | 455 | 875 | 755 | 668 | 144 |
| 2014 | 2 814 | 510 | 1 763 | 506 | 1 013 | 860 | 754 | 163 |
| 2015 | 3 048 | 550 | 1 926 | 546 | 1 163 | 969 | 846 | 174 |
| 2016 | 3 266 | 575 | 2 147 | 596 | 1 360 | 1 070 | 929 | 186 |
| 2017 | 3 415 | 612 | 2 354 | 634 | 1 509 | 1 171 | 1 059 | 201 |

表 2-3、表 2-4、表 2-5 数据来源：《中国统计年鉴 2018》，表 6-6 "城镇居民人均收支情况"、表 6-11 "农村居民人均收支情况"、表 6-16 "居民人均可支配收入和指数"，国家统计局网站，http://www.stats.gov.cn/tjsj/ndsj/2018/indexch.htm，最后浏览日期：2020 年 6 月 5 日。

## 二、当代中国城乡文化一体化的建设现状

### (一) 城乡文化基础设施建设现状

文化和旅游部 2018 年文化发展统计公报数据显示，到 2017 年底，全国共有群众文化机构 44 464 个，比 2016 年末减少 57 个。其中乡镇综合文化站 33 858 个，比 2016 年末减少 139 个。全国平均每万人拥有公共图书馆建筑面积由 2002 年的 45.4 平方米提高到 2018 年的 114.4 平方米，增长了 151.9%；平均每万人拥有群众文化设施建筑面积由 2002 年的 93.7 平方米提高到 2018 年的 306.95 平方米，增长了 227.6%。全国公共图书馆阅览室座席数由 2002 年的

43.9万个提高到2018年的111.68万个,增长了154.3%。①

再以乡镇综合文化站建设为例。乡镇综合文化站是我国农村群众文化工作网络的重要组成部分,是党和政府开展农村文化工作的基础力量,长期以来在活跃农村文化生活、促进农村经济社会协调可持续发展等方面发挥了重要作用。截至2018年末,全国共有乡镇综合文化站33 858个,开展了诸如展览、文艺活动、公益性讲座、训练班等多种形式的文化活动,极大地丰富了农村居民的文化生活。针对乡镇综合文化站设施条件落后的状况,从2007年开始,国家发展改革委、文化部联合实施了《全国"十一五"乡镇综合文化站建设规划》(以下简称《规划》),共安排中央预算内投资39.48亿元补助全国2.67万个乡镇综合文化站建设项目。这是新中国成立以来,中央预算内投资力度最大的农村基础文化设施建设工程。

另外,为解决乡镇综合文化站设施"空壳"问题,财政部自2008年起,连续5年安排乡镇文化站设备购置专项资金18.57亿元,为已建成且达标的乡镇综合文化站购置配备电脑、服务器等共享工程设备和桌椅、书架、音响等基本业务设备,保障文化站业务活动正常开展。而且,自2011年起,文化部会同财政部联合印发《关于全国美术馆、公共图书馆、文化馆(站)免费开放的工作意见》并规定,中央财政按照每个乡镇综合文化站每年5万元的标准,对中部地区和西部地区分别按50%和80%的比例予以补助。

## (二) 城乡文化经费投入情况

从文化经费投入看,自2005年以来,国家对于文化建设的资金投入以越来越快的速度增长,而且城乡之间的投入比例也逐步趋于平均。文化部公布的相关数据显示,2005年全国投入文化领域的建设经费合计133.82亿元,其中投入县以上城市的经费总额为

---

① 《中华人民共和国文化和旅游部2018年文化和旅游发展统计公报》(2019年5月30日),文化和旅游部网站:http://zwgk.mct.gov.cn/auto255/201905/t20190530_844003.html?keywords=,最后浏览日期:2020年6月5日。

98.12亿元，占全国总额的73.3%，投入到县及县以下的经费为35.7亿元，占全国总额的26.7%。这就是说，在2005年，城乡文化经费投入的城乡差距比为3∶1。① 然而，这种状况在随后的十年发展中得到了逐步改善。一方面，国家对于文化经费的投入开始逐年增加，且增长速度不断加快，1995年至2000年的5年内，文化经费增长0.89倍，2000年至2005年则增长了1.1倍，而从2005年至2010年，五年间文化经费又增加1.4倍。另一方面，文化经费在城乡之间的投入比日趋平衡。2010年时，县以上与县及县以下的文化投入经费比例为64%∶36%，而到了2017年这一比例则缩小为1∶1.15。从表2-6还可以看出，此后的几年内，两者间的投入比也基本维持在这一水平，甚至出现投入比例的反转。

表2-6　1995—2017年全国城乡文化经费投入情况

| | 项目 | 1995年 | 2000年 | 2005年 | 2010年 | 2015年 | 2016年 | 2017年 |
|---|---|---|---|---|---|---|---|---|
| 总量（亿元） | 全国 | 33.39 | 63.16 | 133.82 | 323.06 | 682.97 | 770.69 | 855.8 |
| | 县以上 | 24.44 | 46.33 | 98.12 | 206.65 | 352.84 | 371 | 398.35 |
| | 县及县以下 | 8.95 | 16.87 | 35.7 | 116.41 | 330.13 | 399.68 | 457.45 |
| | 东部地区 | 13.43 | 28.85 | 64.37 | 143.35 | 287.87 | 333.62 | 381.71 |
| | 中部地区 | 9.54 | 15.05 | 30.58 | 78.65 | 164.27 | 184.8 | 213.3 |
| | 西部地区 | 8.3 | 13.7 | 27.56 | 85.78 | 193.87 | 218.17 | 230.7 |
| 所占比重（%） | 全国 | 100 | 100 | 100 | 100 | 100 | 100 | 100 |
| | 县以上 | 73.2 | 73.4 | 73.3 | 64 | 51.7 | 48.1 | 46.5 |
| | 县及县以下 | 26.8 | 26.7 | 26.7 | 36 | 48.3 | 51.9 | 53.5 |
| | 东部地区 | 40.2 | 45.7 | 48.1 | 44.4 | 42.1 | 43.3 | 44.6 |
| | 中部地区 | 28.8 | 23.8 | 22.9 | 24.3 | 24.1 | 24 | 24.9 |
| | 西部地区 | 24.9 | 21.7 | 20.6 | 26.6 | 28.4 | 28.3 | 27 |

数据来源：《中华人民共和国文化和旅游部2017年文化发展统计公报》（2018年5月31日），文化和旅游部网站：http://zwgk.mct.gov.cn/auto255/201805/t20180531_833078.html，最后浏览日期：2020年6月5日。

---

① 《2006年国家统计年鉴》数据显示，2005年我国城镇人口总数为56 212万，而乡村人口为74 544万，因而，若做一个粗略的估算，此时的城乡人口比约为3∶4。只是这里需要说明的是，文化部对城乡划分的标准和国家统计局对城乡划分的标准不一致，但这并不影响我们把两个部门的数据做一个简单的横向对比。

### (三) 城乡文化产业发展情况

农村文化产业在我国是指县、乡（镇）、村行政区域内的文化产业。① 一方面，农村文化产业总体上还处于起步阶段，不仅企业较少、规模不大、经济效益不高，而且还面临着农村文化基础设施严重不足等突出问题。另一方面，农村文化产业已经呈现加速发展的趋势，逐渐产生了"民间自发型文化产业"和"政府推动型文化产业"两大类型。农村文化产业的民办特色突出、市场气息浓厚，农村文化和服务产品也多以传统民间文化作为原材料。事实上，发展农村文化产业具有先天优势。比如，一些地区比较完整地保留了古老文明的遗迹，另一些地区包容着丰富的人文内涵，还有一些地区或者拥有丰富的民间艺术品类，或者拥有得天独厚的自然景观，等等。这些独特的文化资源条件，必会成为发展农村文化产业潜在的、不可替代的资产基础。因此，加大扶持力度、利用特色资源、走市场化道路以及加强文化市场管理等，应该是今后农村文化产业加快发展的必由之路。②

城市文化产业是指在各大中小城市区域内的文化产业，从文化产业的价值含量和组织结构看，这是一组呈现差序格局的"同心圆"，具有"核心-边缘"特征，核心是生产城市文化内容，边缘则是城市文化的价值实现以及向农村的扩散。改革开放以来，我国的城市文化产业从小到大，经历了一个迅猛发展的过程。当前，以国有经济为主导的城市文化产业格局已经形成，并在不断拓展其影响力。城市文化产业在繁荣城市文化市场、推动社会主义精神文明建设、加快国民经济发展、缓解城市就业压力，以及开展国际文化交流、参与国际竞争等方面，开始发挥重要的作用。③

---

① 侯月明、王树松：《统筹城乡文化产业建设的意义研究》，《乡村科技》2017年第29期，第24—26页。
② 韩海浪：《农村文化产业现状与发展路径研究》，《商场现代化》2006年第31期，第325—326页。
③ 郝风林：《发展城市文化产业的思考》，《科学社会主义》2005年第2期，第57—59页。

对比城乡之间文化产业的发展现状会发现,一方面,区域间的文化产业发展呈现二元化格局,即我国文化产业发展与经济发展格局基本相同,呈现东高西低的态势。另一方面,整体上,城乡之间在文化产业机构数、文化从业人员数、文化产业的总产值方面都存在着巨大差距。从表2-7可以看出,2015年底,城市(包括县城)的文化机构数为176 826个,占总数的76.3%,而县以下的文化机构数仅为54 883个,仅占总数的23.7%。同样,在文化产业的营业总收入方面,城市(包括县城)的文化产业总收入约为2 819.51亿元,占总营业额的95.1%,而县以下的文化产业总收入仅为146.1亿元左右,占总营业额的4.9%。

表2-7 2015年全国城乡文化产业发展情况

| | | 机构数 | 从业人员数 | 营业总收入 | 营业利润 |
|---|---|---|---|---|---|
| 总量 | 总计 | 231 709个 | 1 564 660人 | 29 656 346万元 | 10 020 910万元 |
| | 城市 | 83 598个 | 720 371人 | 22 838 853万元 | 7 965 993万元 |
| | 县城 | 93 228个 | 653 781人 | 5 356 224万元 | 1 616 637万元 |
| | 县以下 | 54 883个 | 190 508人 | 1 461 269万元 | 438 280万元 |
| 比重(%) | 总计 | 100 | 100 | 100 | 100 |
| | 城市 | 36.1 | 46 | 77 | 79.5 |
| | 县城 | 40.2 | 41.8 | 18.1 | 16.1 |
| | 县以下 | 23.7 | 12.2 | 4.9 | 4.4 |

数据来源:《中华人民共和国文化部2015年文化发展统计公报》(2016年4月15日),文化和旅游部网站,http://zwgk.mct.gov.cn/auto255/201604/t20160425_474868.html,最后浏览日期:2020年6月5日。

## (四)城乡居民文化消费状况

文化消费作为文化产业链的终端环节,既是文化发展的现实基础,也是文化发展的目的。近年来,随着人民收入水平的不断提高和物质生活质量的逐步改善,我国居民文化消费水平和能力不断提高,展现出强烈的文化消费意愿和巨大的文化消费潜力。文化消费需求的持续旺盛成为文化改革发展的强大动力。

根据世界知识产权组织的最新数据,2013年全球文化产业增加值占GDP的比重平均为5.26%,美国、日本、韩国等文化产业发达国家在10%左右。相比之下,我国文化产业所占比重还相对较低,仍具有很大的发展空间。从扩大国内消费的角度看,2014年我国消费对GDP的贡献率为51.2%,2015年贡献率为52.8%,2016年为54%,2017年为53.3%;而美日等发达国家,消费对GDP的贡献率在70%以上。文化消费是广大人民群众解决温饱问题以后的重要消费选择之一,在扩大消费方面我国还大有文章可做。比如,2015年一季度我国文化办公用品消费增幅为14%,超过社会消费品零售总额的增幅(10.6%)。①

总体来看,我国文化产业在近几年的高速发展,为文化消费奠定了坚实的基础,也为城乡文化消费升级提供了重要保障。文化类人均消费支出从2013年的1398元提升到2017年的2086元,增长趋势明显。其中,城镇居民文化类消费支出从2013年的1988元提升到2017年的2847元,增长43.2%;农村居民文化类人均消费支出从2013年的755元增长到2017年的1171元,增长率为55.1%。2017年,城镇居民文化类消费支出占总消费支出的11.6%,农村居民则为10.7%。② 具体而言,不管是城市还是农村,居民人均文化消费逐年增长,文化类消费占总消费支出的比例明显增大,这是大趋势,也是规律。

---

① 周玮:《努力推动文化产业成为国民经济支柱性产业》(2012年2月28日),中国文明网,http://www.wenming.cn/whtzgg_pd/yw_whtzgg/201202/t20120228_526207.shtml,最后浏览日期:2020年6月5日。
② 数据根据《中国统计年鉴2018》,表6-6"城镇居民人均收支情况"、表6-11"农村居民人均收支情况"、表6-16"居民人均可支配收入和指数"计算所得,国家统计局网站,http://www.stats.gov.cn/tjsj/ndsj/2018/indexch.htm,最后浏览日期:2020年6月5日。

## 三、当代中国城乡文化一体化发展的基本格局

某种程度上，城市和乡村是两个完全不同的社会文化生活区域，有着各具特色的文化系统，相互之间既有区别又有联系，共同构成了我国城乡文化的整体。因而，在文化建设中，城市与农村必须同时发展，二者都不可缺少。推进城乡文化一体化发展，就是要在城乡包容性发展的框架下，通过市场机制以及国民收入再分配手段，合理配置全社会的文化资源，促使城市和农村、文化事业和文化产业的紧密结合和共同发展，最终实现城乡文化一体化协调发展。

前面在分析当代中国城乡文化关系的发展进程时，我们曾指出，自2003年之后，中国已经进入了城乡文化发展不平衡关系的修正期。然而，经过十余年的发展，这种不平衡发展格局是否已经得到明显改善呢？在前一节中，我们从客观层面上阐述了当前我国城乡的文化建设情况，从推进城乡文化一体化发展的战略导向看，当前中国的城乡文化发展依然面临着不平衡发展格局。具体来说，这种不平衡格局表现在以下六个方面。

### （一）文化建设发展理念上重视城市，轻视农村

经济基础决定上层建筑，文化的发展必然需要一定的物质基础。长期存在的城乡"二元"结构和城乡发展差距鸿沟，使得农村经济发展水平大大落后于城市，无法像城市那样进行大规模的文化基础设施建设。再加上大量农村劳动力外流，留守的农民往往文化水平相对较低、接受现代文化的机会与渠道有限，导致农村文化产品和服务的供给极度缺乏，极大地影响城乡文化事业的统筹发展。

长期以来，以城市为中心的发展模式使得一些地方政府对文化建设的重要性缺乏必要认识，特别对农村文化建设，一些地方政府缺乏城乡文化建设统筹协调、一体化发展的理念。此外，即使在广

大农村地区也一直存在这样一种偏差,即一些地方政府重经济轻文化、重硬件轻软件。一些县乡领导几乎把全部精力放到跑项目和资金上,出现"农村文化建设列不进地方的发展规划,挤不进财政支出项目"①的发展困境。受政府政绩评估导向影响,许多基层官员有着强烈的唯 GDP 导向,文化建设和教育、民政、卫生等社会事业由于对地区经济发展的促进作用不明显,往往难以被重视,成为抓了看不见、摸不着、见效慢的工作。因此,一些地方政府重点考虑的是公路交通、住宅开发、招商引资等能够带动当地 GDP 提升的项目,大量的政府财政资源也投入在这些项目上,有关农村文化建设的项目它们就无暇顾及,更不会重视和思考如何满足农民的精神文化生活需求。

甚至还存在这样一种偏见,即文化活动是城市中有时间、有经济条件的"有闲阶级"的事情,农民本身的文化水平比较低,再加上忙于农业生产或在城市务工,没有时间、精力和金钱从事文化活动。文化建设的重点应该放在城市中,政府主要保证农村的农业生产和社会治安秩序,没有必要再花钱去搞文化建设。于是,不少基层干部忽视农村文化建设,敷衍了事,喊在口头上,停在行动上,导致对农村文化事业既没有相关资源投入,亦没有主动建设的意识,农村文化基础设施和文化产业发展、文化产品和服务的供给水平大大落后于城市。

事实上,虽然在 2003 年中国就已经提出要统筹城乡发展,但即使基于上述这样的意识导向,城乡的文化建设不平衡格局依然未获得实质性改善。相关数据显示,2007 年财政对城市文化投入占总财政投入的比重仍然高达 71.8%,比 2006 年增加了 0.3 个百分点,超过农村文化投入比重 43.6 个百分点。另外,以 2008 年为例,2008 年全国各级财政对农村文化的投入共计 62.5 亿元,仅占全国

---

① 司芳琴:《新农村文化建设的若干思考》,《郑州大学学报》(哲学社会科学版) 2007 年第 4 期,第 59—61 页。

文化事业费的 25.2%。对此，我们可以从湖南衡阳市衡南县硫市镇文化工作者向我们反馈的该镇文化建设情况来认识这一问题。

"我们镇（硫市镇）曾无偿划拨 150 平方米房屋、18 万余元资金用于建设农村文化站，目前资金缺口达 7 万多元，文化站正处于瘫痪状态。许多乡镇都计划搞一次活动，却因为资金问题而计划夭折。……我们县的几个乡镇文化站、图书室、电影放映院、村一级的农家书屋都处于半瘫痪或者瘫痪状态。据统计，90%以上的乡镇文化站、农家书屋都形同虚设，文化站活动用房要么被另作他用，要么缺乏专人看护管理，镇一级文化站从业人员中享受国家经费的编制人员往往只有站长一人。图书馆、阅览室的管理都只能安排人员监管，而其并不享有财政补贴待遇，许多图书馆、阅览室还存在房屋老旧、图书保管力不从心，大量图书丢失、受潮、被鼠啃等情况。"①

**（二）城乡文化队伍建设失衡，基层文化队伍素质普遍偏低**

在城乡文化队伍建设方面，县以上的文化机构队伍是国家投入资源建设的重点，县以下特别是乡村的文化队伍基本谈不上正规建设，不多的乡村文化能人也基本上都靠自学成才，专业能力尚有欠缺。此外，随着市场化的冲击，大量的乡村中青年劳动力外出务工，乡村文化队伍的老龄化现象严重，人员数量也不断减少，由于缺少年轻人才加入，农村基层文化队伍在不断萎缩和退化。与此相对应的则是，随着城市规模的不断扩展，大量的农村青壮年在城市定居，城市文化建设人才济济，专业化、年轻化趋势明显并逐步产业化，人员管理也在不断规范化。

人才队伍建设与城乡文化体制息息相关，当前存在着明显的城乡文化体制的"二元化"特征。城市文化建设已经开始呈现正规化

---

① 摘自调研人员 2012 年 7 月 16 日在湖南衡阳市衡南县硫市镇文化站对工作人员的访谈记录。

发展趋势,城市居民逐渐追求高品位、高质量、高消费的文化活动场所、文化活动形式,市民的文化需求越来越朝着高品质和差异性的方向发展。城市文化体制在资本投入、管理、分配机制等方面都打破了原有的计划经济模式,城市文化建设在不断产业化、市场化,城市文化焕发出极大的活力。然而,广大的乡村地区由于文化建设主体缺位、投资欠缺、管理滞后,相当一部分地区依然是传统的计划经济时期的文化管理体制,改革更是无从谈起,政府通过"名存实亡"的文化站对乡村文化建设进行管理,导致乡村文化建设越来越疏远于主流文化。以城市发展为中心的不平衡不协调经济社会发展格局,使得农村文化发展基础设施落后、文化产品和服务供给能力严重不足,导致城市和乡村居民的文化生活环境和文化消费出现巨大鸿沟。与此同时,一些地方农村出现了严重的"精神饥荒"问题,农民的精神文化需求得不到满足。一些地方农村文化权益的缺失从根本上损害了农民利益,使其没有享受到经济社会快速发展带来的丰硕成果,更减弱了其对社会政治经济和文化体制的有效认同。文化上的"城乡二元结构"影响了文化的协调发展,加深了经济社会城乡二元差别,阻碍了经济社会的发展。[①]

乡村文化建设的巨大需求真空不能够仅仅依靠政府的投入,也非政府的投入能够解决,而需要来自各个方面的稳定的资源投入,建立多渠道、多元化的资金保障机制。虽然随着经济发展水平的不断提高,国家不断加大对农村文化建设的投入,但其规模与城市相比仍有较大差距。首先,地方财政对文化的投入力度不足。"2005年地方财政对文化的投入年均增长16.6%,而中央财政投入年均增长26.5%,与此相比,明显低了9.9个百分点。另外,国家财政对农村文化和城市文化的投入也存在明显的差别,2005年对农村文化共投入35.7亿元,比2000年增加18.83亿元,增长

---

① 桂玉:《新农村视角下的农村文化建设问题》,《前沿》2008年第3期,第120—123页。

111.6%，年均增长 16.5%，占全国财政对文化总投入的比重为 26.7%。而对同期的城市文化投入，2005 年财政投入占总财政投入的比重为 73.3%，超过对农村文化投入比重 46.6 个百分点。全国每个农民一年只能享受国家财政 1.27 元的文化投入；经费严重不足，也使农村文化建设困难重重，农村文化生活贫乏"。① 乡村文化建设的资金投入缺乏，严重制约了乡村文化事业的发展。

由于资金缺乏，乡村文化设施的数量有限，而且比较简陋，不能充分满足广大农民的文化需求。目前农村中的文化设施主要有电影放映室、有线电视、图书室、录像厅、公共网吧、体育场地、报窗、文化大院、个体文化室等。② 调查发现，许多文化设施很难覆盖到大多数农民群体。许多乡村的文化设施因缺乏资金来源和人才支持而难以维持和运营，缺乏可持续性和发展潜力。大多数文化设施靠社会捐助来维持运转，培养乡村文化人才非常困难，许多乡村几乎没有对文化人才培养的投入。这种状况明显反映出一些地方政府在农村文化建设配置上的问题，导致乡村文化建设中文化资源配备不平衡，而且统一购置、统一发放的配置方式还造成了乡村文化结构的不合理，一些发达地区的乡村文化设施供应过剩，而欠发达地区却严重不足。每个乡镇都有一个图书室，但使用效率有明显差别；每个乡镇都有一个电影院，但大多数形同虚设。

### （三）城乡文化发展的基础设施建设失衡

城乡文化建设中最根本的失衡在于城乡文化基础设施建设的失衡，由于资源投入和重视程度的不同，农村的文化基础设施建设水平远远低于城市，并成为影响农村文化产品和服务供给的基础性约束因素。长期以来，在城乡"二元"结构中，我国实行的是以城市

---

① 张晓明、胡惠林、章建刚：《2007 年中国文化产业发展报告》，社会科学文献出版社 2007 年版，第 30 页。
② 郑伦楚：《农村文化建设：困境与路径选择》，华中师范大学社会学专业硕士学位论文，2008 年，第 15 页。

为中心的发展策略，城市文化公共基础设施的建设随着城市规模的不断扩张而得到了极大的丰富。而由于缺少资源投入，乡村的文化公共基础设施往往只能由农民自主解决，国家只给予适当补助。基于这种公共品供给体制，城市文化公共基础设施建设越来越好，乡村文化公共基础设施建设由于农民无力投入而变得越来越差。最好的图书馆、电影院、体育场以及与现代生活方式相关的公共设施，都在城市里。

中国统计年鉴数据显示，到2002年，县级及县级以上城市在国家和各级政府主导下，文化馆和图书馆设施基本覆盖，但仍有10%的乡镇无文化馆，村级文化室缺失的现象也比较严重。农村基层公共文化资源严重匮乏，文化组织机构不健全，文化活动内容、形式和手段非常单一，农村文化供给滞后，无法适应农村文化的发展要求。[①]

对此，来自基层的文化工作者深有感触，我们在湖南衡阳群艺馆召开座谈会时，一位来自衡南县硫市镇的文化工作者向我们透露说："通过走访，我们了解到，农村经济因为相对落后，村里把有限的经费都投入到修路、修水塘水库以及改善生产生活基础设施之中，每笔钱都用在了刀刃上，每笔开销都是精打细算，村里根本没有财力和能力投资文化生活这种公益事业。在大多数的乡镇除了镇上有少量的公共文化设施外，许多偏远村落什么都没有，即使有活动室、图书室也是常年大门紧闭，形同虚设。村内大多有广播但仅限于会议通知和广播找人，没有从事文化宣传和文化服务活动，不能为村民及时提供各类信息，没有起到活跃农民精神文化生活的目的。政府为其配置的电脑、多媒体设备常常因为停电或者没人会用、缺乏保养、老化损坏等原因而利用率不高。"[②]

---

[①] 周军：《中国现代化进程中乡村文化的变迁及其建构问题研究》，吉林大学马克思主义理论与思想政治教育专业博士学位论文，2010年，第86页。
[②] 摘自调研人员2012年7月16日在湖南衡阳群艺馆对基层工作人员的访谈记录。

### （四）城乡文化建设的投资体制失衡

"近几年来，中央和地方文化事业投入不断增加，城市社区文化日新月异，但农村文化经费投入严重不足的状况并没有根本性改变"。① 农村文化建设水平低下，与城市文化建设的差距不断增大，不仅仅是由于文化基础设施建设水平低下，城乡民间文化投资方面的失衡也是重要原因。20 世纪 90 年代，整个农村中的集体和个人投资的增长，无论是绝对数量还是增长速率上都远远低于城市。从 1990 年到 2002 年，城市集体和个人投资增长了 14.6 倍，与此同时农村却仅增长了 5.5 倍。由于城市在经济发展方面无可比拟的优势，文化产业方面的民间资本也大多流向城市，相对于农村，城市的投资空间大、机会多，也更加有利可图。再加上以城市为中心的发展策略，一些地方政府的相关政策有意无意地推动相关资源流向城市，更加剧了城乡之间的这种不均衡，某种程度上可以说是人为造成了农村文化投资偏低，导致农村文化发展落后，形成了城乡文化发展的失衡。

从空间上看，农村与城市相比，文化投入和发展水平差距巨大。近几年来，中央和地方文化事业投入不断增加，但农村文化经费投入严重不足的状况并没有根本性改变。② 根据相关统计公报，1995—2010 年间，城市与农村文化事业费比例基本维持在 7∶3；从区域来看，东部地区文化事业费与中西部地区文化事业费总和相当。③ 2002 年全国县级图书馆人均藏书量仅为 0.1 册，远远低于国际图联人均 2 册的标准，也低于全国图书馆人均藏书量 0.3 册的标

---

① 曹锦扬：《统筹城乡文化发展的六个关键环节》，《江海纵横》2009 年第 1 期，第 52—53 页。
② 吴凯波：《思想政治教育视野下的农村留守青年文化建设》，武汉理工大学思想政治教育专业硕士学位论文，2010 年，第 16 页。
③ 《中华人民共和国文化和旅游部 2017 年文化发展统计公报》（2018 年 5 月 31 日），文化和旅游部网站，http://zwgk.mct.gov.cn/auto255/201805/t20180531_833078.html，最后浏览日期：2020 年 6 月 4 日。

准。2001 年有 697 个县级图书馆全年没有购进一册新书,占总馆数的 25.9%。西部地区县级馆由于多年未购进新书,书架上多是六七十年代的书,需剔除下架的占 30%—60%,根本无法满足读者对现代科技知识的需求。① 从目前现状看,一流的文化人才、大多数的文化资源和文化活动均聚集在城市。

具体到地方,省、市的城乡之间文化投资不均衡,也同样导致了农村文化发展的严重滞后。在浙江省,随着经济的发展和政策的宽松,民间资本大量进入文化产业特别是旅游业。据浙江省旅游局的不完全统计,"九五"期间,全省新开发旅游项目总投资约 115.6 亿元,已投入资金总额 86.2 亿元,其中民营企业投入约 50 亿元,占总投入的 59%,温州、台州、金华等地民营企业投入占总投入的 80% 以上;民营资本投资或参股的旅游项目已经涵盖了自然历史人文景观和新型人造景点、酒店饭店、旅游度假村、旅行社、餐饮茶艺馆、娱乐歌舞厅、旅游工艺品的产销等方方面面,宋城、杭州乐园、横店影视城等在国内有较大影响,但除了横店影视城等项目外,民资兴办的文化产业项目大都集中在大中城市及其周边。② 一般来说,随着城市化的不断发展,民间资金必然向城市快速流动。如果地方政府利用非市场力量,通过制度和政策的不当安排,过度刺激民间资本向城市转移,人为造成农村文化投资偏低,势必导致农村文化发展的持续落后。

客观上讲,农村一直是文化发展的薄弱环节,尽管近些年国家采取了一系列调控政策,城乡的文化发展差距有所缩小并出现反转,但整体看,东中西部之间差距依然巨大。从文化投入看,2017 年,全国文化事业费共计 855.80 亿元。其中,东部地区文化事业费 381.71 亿元,占 44.6%,比重提高了 1.3 个百分点;中部地区文化事

---

① 刘效仁:《警惕公共图书馆的"空壳化"》(2006 年 6 月 7 日),新浪网,http://news.sina.com.cn/o/2006-06-07/14159144299s.shtml,最后浏览日期:2020 年 6 月 13 日。
② 何跃新:《以科学发展观统筹浙江城乡文化发展》,《中共浙江省委党校学报》2005 年第 2 期,第 111—114 页。

业费 213.30 亿元，占 24.9%，比重提高了 0.9 个百分点；西部地区文化事业费 230.70 亿元，占 27.0%，比重下降了 1.3 个百分点。①

可见，如果不从统筹城乡发展的高度注重农村文化建设的投入和农民素质的提高，就会造成农民素质越低、农村生产发展越慢、农村经济越落后的恶性循环，由此城乡差距不但不能缩小，还会继续加大，"三农"问题也难以从根本上解决。②

**（五）城乡文化体制改革失衡**

由于农村制度供给滞后，农村文化的发展缺乏机遇，城乡文化发展中存在着体制改革失衡问题。我国计划经济体制时期的国家统包统管为主的文化管理体制曾经发挥过一定的积极作用，但是也存在很多弊端。也就是说，这种体制极大抑制了文化事业单位和广大文艺工作者的积极性和创造性，整个文化事业发展缺乏竞争活力和创新性。改革开放以来，城市文化体制改革进程不断获得推进，在所有制形式、行政管理、分配机制、领导体制改革等方面都取得了突破性进展，城市文化建设呈现出全面推进、蓬勃发展的良好态势。但由于农村文化体制改革并未同步展开，再加上一些地方政府对农村文化建设发展重视不够，农村文化建设体制机制改革远远滞后于农村经济体制改革，极大地阻碍了农村文化的进一步发展。

**（六）城市化进程中城市对农村的文化霸权现象突出**

从根本上讲，"乡村文化与现代文化、都市文化的关系应该是互补互融，互相激荡、化合的"。③ 城市化作为现代化的一种历史进

---

① 《中华人民共和国文化和旅游部 2017 年文化发展统计公报》（2018 年 5 月 31 日），文化和旅游部网站，http://zwgk.mct.gov.cn/auto255/201805/t20180531_833078.html，最后浏览日期：2020 年 6 月 4 日。
② 刘文俭、张传翔、刘效敬：《统筹城乡文化发展战略研究》，《国家行政学院学报》2005 年第 6 期，第 50—53 页。
③ 马永强、王正茂：《农村文化建设的内涵和视域》，《甘肃社会科学》2008 年第 6 期，第 114—117 页。

程，本身应该是城乡文化相互融合的过程，但目前的农村文化却产生了对城市文化的盲目认同和不假思索的移入。[①] 城市文化以其相对先进性自觉不自觉地进入了农村，农村的文化阵地被城市文化以惊人的优势占据。以至于当代社会的大部分文化产品都是以城市为中心来组织生产与消费的，一些影视作品、文学作品也反映了一种崇尚城市化、鄙弃乡村生活的潮流。于是，城市的审美情趣、精神生产与文化消费等都对农村文化表现出决定性的文化霸权。不少农村居民在城市化的冲击下，开始从心理上认同并接受城市的价值观念和生活消费方式，最终迷恋城市优越的文化生活，而对传统的农村文化逐渐远离甚至丢弃。城市文化以极大的吸引力、同化力改造着传统农村文化。

事实上，城乡文化各有特色，又各有特质。从现代化理论出发，城市发展到一定阶段后，通过各种方式当然也包括文化的方式来反哺农村，是社会文化发展的必经阶段。农村地区的文化建设者只有在积极吸收城市传递过来的各种资源以及现代城市文化的基础上，结合自身所拥有的优秀传统文化，积极动员农民参与到文化供给中来，才能真正改变农村落后的文化面貌，缩小与城市文化的差距和鸿沟。同时，城市文化在与农村优秀传统文化的碰撞中，通过吸收农村文化中的优秀成分，才能找到新的生长点，以进一步引领时代潮流。在这种互动过程中，如果只注重单项传输，简单地把城市文化强行植入到乡村社会，由于有些内容并不适合农村环境，导致嫁接在农村土壤上的城市文化"消化不良"，不仅容易造成资源的严重浪费，更容易引发农村文化生活的空虚与盲从，导致一些优秀的民间文化也遭到人为的丢弃和破坏，使传统的农村文化逐渐衰落，最终使城乡文化发展失衡。

---

① 冯晓阳：《农村文化的现状及发展对策——基于传统与现代、城市与农村之间》，《理论月刊》2010年第12期，第168—171页。

# 第三章

# 城乡文化一体化发展的国际经验比较

## 一、美英等六国城乡文化一体化的建设现状

城乡融合是人类社会发展与进步的必然趋势,也是国家战略任务。[①] 但由于社会生产力发展的差异,每个国家的城乡矛盾性质也存在很大差异。在文化建设领域,每个国家推进城乡文化融合的目标、手段、方式与程度都具有各自的特点。中国有自己特殊的国情,不能照搬任何一个发达国家或者发展中国家的道路和发展模式,而应走出一条适合本国国情的城乡融合发展之路。但是,世界上一些国家在处理城乡文化关系和促进城乡文化一体化发展方面的成功历史经验,我们应当在认真研究的基础上消化吸收、学习借鉴,以推进中国城乡文化一体化发展的具体实践。

### (一) 美英等六国城乡文化一体化所面临的挑战与应对措施

总的看来,世界各国都不同程度地面临城乡二元对立、文化供给不均衡问题。本书中,我们依三种不同国家类型选取了六个国家作为基本分析单位,分别是以英、美为代表的发达国家,以南非、印度为代表的发展中金砖国家和以日、韩为代表的东亚国家。虽然

---

① 孙全胜:《城市化的二元结构和城乡一体化的实现路径》,《经济问题探索》2018年第4期,第54—65页。

经济水平和发展程度不同，但这些国家的实践和经验对于我们反思自身发展具有重要的借鉴意义。通过文献分析，我们总结了六国所面临的文化挑战及采取的主要应对措施，如表 3-1 所示。

表 3-1　六国城乡文化一体化发展面临的挑战与应对措施

| | 文化一体化发展面临的主要挑战 | 主要的应对措施 |
| --- | --- | --- |
| 美国 | 政策侧重于城市，忽略非农乡村人口的贫困问题<br>城乡差距未受到足够重视 | NEA 全国城乡文化发展项目<br>振兴文化艺术产业，缩小贫富差距 |
| 英国 | 文化需求强烈，供给不足 | 农村宽带覆盖计划<br>投资图书馆、博物馆、美术馆等文化设施 |
| 南非 | 存在种族不平等意识，文化差异巨大 | 消弭人们对种族问题的不平等意识<br>建设基础设施并增加就业<br>推进义务教育，废除高等教育的种族限制 |
| 印度 | 文盲率高，尤其是重男轻女思想下，女性文化程度低<br>种姓制度造成社会分层 | 兴建图书馆等基础设施<br>提供免费的基础教育<br>潘查亚特制①培养农民的自尊和自信<br>喀拉拉邦的民众科学运动 |
| 日本 | 劳动力外流，农村老龄化 | 造村运动：扶持各地具有特色的文化<br>兴办农村基础教育和继续教育<br>实行文化立国战略 |
| 韩国 | 农民生活消极，农村人口流失，城乡文化投入不均衡 | 新村运动②：建设村民会馆，投资新村教育<br>实行文化立国战略 |

1. 美国推进城乡文化一体化发展现状

整体而言，美国在统筹城乡文化发展方面，主要面临两方面的挑战，一方面是其扶贫政策一直侧重于城市，很少关注乡村贫困，而非农乡村人口存在普遍的贫困，使得乡村贫困率和城市基本持

---

① 古印度时称"五老会"，是管理农村的一种制度。它是同印度的乡村自治联系在一起的，有着悠久的历史。

② 从 20 世纪 70 年代末开始，由韩国政府领导，在全国各地以行政村为单位自发组成各类开发委员会，通过吸收全体农民为会员，组织农民自行修筑乡村公路、整治村庄环境、帮助邻里修建房屋、兴办文化事业、关心和照顾孤寡老人等。

平，而且大多是持续性贫困。① 乡村人口尤其是非农业乡村人口的生活水平明显偏低。另一方面，乡村地广人稀，政策支持和资金支持非常分散，享受文化、教育的渠道也非常少，乡村文化艺术事业发展也明显落后于城市，加上乡村政策号召力有限，分散的利益集团无法形成合力，城乡差距未受到足够的重视。

为了让城乡弱势群体都能享受丰富的精神文化，美国国家艺术基金会（National Endowment for the Arts，NEA）在全国范围内开展文化发展项目，通过直接和间接两种方式进行文化保护和传播（下文典型案例分析中将详述）。另外，美国的一些农业大州也积极发展文化产业，缩小城乡贫富和文化差距。缅因州开展了用艺术带动城乡经济发展的尝试，将"文化艺术"作为本州的卖点进行全国范围内的整体营销，很好地整合了有限的资源，达到了广告效应的最大化。得克萨斯州作为一个农业大州，充分发挥其独特的"牛仔文化"影响力，让乡村文化"进城来"司空见惯，得州的各类文化组织也开展了多种多样的"文化下乡"活动，通过现金资助等方式吸引艺术家到乡村进行艺术表演。

2. 英国推进城乡文化一体化发展现状

英国的农村文化政策倾向于促进农村经济的发展，但农村在经济发展上与城市存在着一定差距，而农村居民对文化的需求并不因此减少。相反，农村在娱乐消遣和教育上的支出比重均高出城镇平均水平，农村居民用于娱乐消遣的可支配收入占全部可支配收入比重为14%，城镇居民该项的消费比重为9.4%；农村居民在教育上的支出比重为2.3%，城镇居民的教育支出比重为1.6%，因此农村相比城市更有文化消费的需求。

在"数字英国"战略背景下，英国文化、新闻和体育部推行宽带覆盖计划，力图通过提升农村的宽带网速缩小城乡之间的"数字

---

① Dudenhefer, Paul, "Poverty in the rural United States", *Focus* 1993, 15(1), pp.37-46.

鸿沟"，达到促进农村经济、文化、社会全面发展的目的。英国拥有5 000多座公共图书馆，博物馆和美术馆也有2 600座，还有250多个艺术中心和300多个专业剧院。① 覆盖场馆范围广泛的文化活动项目，加强了对博物馆、美术馆和艺术中心等会馆的利用，英国农村居民和城市居民一样可以自由享用丰富的文化设施。

3. 南非推进城乡文化一体化发展现状

南非国民党政府在1994年前长期实行种族隔离政策，形成了黑人族群与白人族群之间的巨大文化差异，白人居住在城市地区，而黑人居住在农村地区，白人地区文化与欧美主流文化相近，黑人地区文化则始终停滞在部落文明的蒙昧时代。黑人无法从事现代化的工作，无法接受现代文明的教育，无法进入城市这一现代文化的载体。高等教育在新民主政府成立之前存在着严重的种族限制，白人大学位于大城市，师资优良，而黑人大学环境恶劣，教学质量低下。

1994年以后，南非新民主政府强调多种族文化共同发展，但实践中低调处理种族问题，希望借助这种低调消弭人们对种族问题的敏感意识。同时，新民主政府开展基础设施建设，在黑人主要居住的地区进行住房、电力供应、供水、教育、公共卫生和社会保障等方面的基础设施建设，着力满足各地区的基本公共产品需求。在就业方面，新民主政府消除对黑人族群的就业歧视与限制，规定就业单位尤其是公共部门的雇员比例要逐渐反映南非的种族构成。1996年南非新民主政府制定了《南非学校法》，首次以立法的形式规定南非实行九年制义务教育，针对贫困人群实施学费减免。而高等教育的工作核心是消除公立高校之间的种族界限，重新构建学校的种族多样性。

4. 印度推进城乡文化一体化发展现状

印度3亿多贫困人口中，农村贫困人口占了2.21亿，而农村人口贫困率高达近30%，农村的文盲率也远高于城市，在一些落后的

---

① 范中汇：《英国文化》，文化艺术出版社2003年版，第17页。

北部邦里,农村地区的文盲率甚至高达近50%。农村地区存在严重的重男轻女思想,导致了家庭将所有的资源和力量都放在男孩身上,女孩难以接受到良好的教育,男性每五人里面有一个文盲,而女性则是每三人里面就有一个文盲。此外,种姓制度是印度传统文化的核心,最底层的被划为贱民。在印度总人口中,贱民人数约为1.6亿,其中又有80%居住在农村,种姓制度使得农民们缺乏向上层阶级和更好的生活流动的动力以及可能性。

图书馆是印度文化设施建设的一个重点,以泰米尔纳德邦为例,作为邦中心图书馆的康尼马拉公共图书馆共有18个县中心馆、1 530个分支馆、9个移动馆和826个半开放馆,共计2 383座图书馆。[①] 印度针对农村教育制定的五年计划中包括"黑板计划""免费午餐计划""教师培训计划"等,以此来具体改善农村教育,为农村学生免费提供基础教育。另外,潘查亚特制(Panchayati Raj Institutions,PRIs)作为邦政府以下的农村基层政府体制,旨在实现自治分权,培养农民的民主精神和自尊、自信。最后,喀拉拉邦的民众科学运动(Kerala People's Science Movement,KPSM)于1996年获得了"优秀民生奖"(Right Livelihood Award),这个奖项表彰了该项目在促进以人为本的社会发展和扫盲运动中的斐然成效。

5.日本推进城乡文化一体化发展现状

日本在1955年至1973年间以年均10%的经济增长速度,一跃成为世界第二大经济强国,经济腾飞加剧了贫富差距的扩大和城乡二元分化。战后日本发展工业,不少农民成为城市工业发展的补充劳动力,使得农民数量迅速减少,留守的剩余农民多是老年人。据推算,1980年从事农业的劳动者人均年龄男性为53岁左右,女性为51岁左右。[②] 这种劳动力结构使得农业生产受到一定影响。

---

① 彭耀雄:《印度图书馆事业发展》,《图书馆理论与实践》1993年第4期,第60—61页。
② 黄立华:《日本新农村建设及其对我国的启示》,《长春大学学报》2007年第1期,第21—25页。

为推动农村文化产业发展，造村运动将目标指向文化与特色地方产业，将具有历史意义的农村建筑改造成旅游景点，同时开展"一村一品"活动，使各村拥有至少一个以上区域特色明显的产品或产业。在日本农村，小学不仅是孩子们学习的场所，也是成年人接受各类培训或进行扫盲的学校，日本政府充分利用校舍为农民进行技能培训。政府还在各城镇村落都设立了公民馆，目的是为市、镇、村及其他一定区域内的居民开办各种与实际生活紧密相关的教育及文化事业，以提高居民的基本教养，陶冶情操，振兴文化生活。[①] 1996年日本文化厅在《21世纪文化立国方案》中正式确立了"文化立国"战略，振兴地域文化与生活文化。

6. 韩国推进城乡文化一体化发展现状

1970年首尔有500万人口，2000年增加到1000万，目前韩国大约五分之一的人口居住在首尔。[②] 大量农村青年劳动力涌入城市，进城务工或是求学，他们离开祖祖辈辈生活的土地，带来了严峻的城市问题。农村则出现了严重的空心化和老龄化现象，城市病越来越严重。一方面，政府在首尔、釜山等中心城市出资修建了大量的博物馆、图书馆和市民文化活动中心等，组织丰富的民俗表演和文艺活动。另一方面，政府也从政策和资金上大力支持私营博物馆和民间力量兴办文化事业。但农村文化生活十分匮乏，新村运动前，村民缺乏集中讨论的场所，更不用提图书馆、运动场和其他文化娱乐场所了。

新村运动中各村修建了村民会馆，为人们提供集中交流的场所。会馆不仅召集会议，还定期组织农业技术培训班、交流会和讨论会，增强农民参与的积极性和创造性，成为村里的思想教育基地。村民会馆还发挥了图书馆的作用，为农民收集农业生产统计资

---

[①] 李国庆：《日本农村的社会变迁：富士见町调查》，中国社会科学出版社1999年版，第258页。

[②] OECD, "Trends and Challenges in Korea's Urban Structure", *Source OECD Governance*, 2012, 12 (11), pp. 13-86 (74).

料和农业收入统计资料等,便于农民查阅。政府通过新村教育,培养村里的新村指导员,向农民传授农业基本知识,开展农协活动等,培训形式有讲座、典型事例报告和分组讨论三种。新村教育的培训对象也不仅仅是农民骨干,与新村运动有关的公务员如邑面长、农协会长等也加入学习之中。1998年,韩国正式把"文化立国"作为长期发展战略,关心弱势群体的文化消费状态,让大众享受更多的文化艺术产业。2011年4月,韩国政府制定了文化代金券政策[1],该政策主要面向韩国的相关人群。

### (二)美国、印度和日本推进城乡文化一体化发展的典型案例

1. 市场化运作模式:美国NEA全国城乡文化发展项目

在约翰逊总统的推动下,美国国会于1965年建立NEA作为美国的独立联邦文化机构,[2] 从此NEA便发挥着促进艺术发展和革新、提高民众生活品质的作用。NEA的运作方式与其他基金会相似,通过向符合标准的文化艺术项目拨款来促进他们的发展。不同点在于,NEA是政府机构,其资金主要来自国会拨款,而非私人捐赠。NEA通过直接和间接两种资助方式进行文化保护和传播,使生活在城市和乡村社会的所有群体尤其是那些弱势群体,都能平等无障碍地享受丰富的精神文化。

直接资助是指NEA独立承办或主办的惠及城乡弱势人群的一系列文化交流项目。2003年起美国开展了历史上规模最大的莎士比亚戏剧巡回展"莎士比亚进美国社区",巡回展进入了很多缺乏艺术资源的乡村中学,既给贫困学生创造欣赏经典艺术的机会,也是将艺术融入教育之中的一种独特尝试。此外,还有艺术教育项目

---

[1] 韩国政府为确保社会弱势群体能够公平地享有和消费各类公共文化服务,从2011年开始,每年为300余万社会弱势群体免费提供文化代金券,用于欣赏各类文化演出、参与文化艺术活动等。

[2] Bauerlein, Mark, and Ellen Grantham. National Endowment for the Arts: A history, 1965—2008. *National Endowment for the Arts*, 2009.

## 文化治理的逻辑：城乡文化一体化发展的理论与实践

"美国杰出作品展"，多年来美国将最优秀的文化遗产入展全国范围内大大小小的社区，以此普及美国精神文化，提升公众对本国文化的认知和认同感。类似这样的巡回展还有很多，轨迹遍布城市和乡村、富有和贫困地区，尽管承办主体和内容不尽相同，但其展示的高水准艺术作品无一例外地促进了美国精神的传播，使城市和农村享受到均等的公共文化服务。

另外一种就是以资金支持和跨区域合作为代表的间接资助，这是最常用、影响面最大的方式。最初由 NEA 的艺术拓展部承担此项工作，1989 年以后服务范围拓展到乡村，并开创了专门针对乡村文化艺术发展项目的"乡村艺术行动"，这个项目的宗旨在于帮助具有潜力的乡村艺术组织实现科学化、艺术化的发展。乡村的社区能够申请 NEA 的民间和传统艺术资助金保护本地特色文化，符合条件的州艺术机构还可以获得 4 万美元用于支持当地乡村艺术组织的发展。在这项政策的支持下，各州都涌现出许多具有代表性的项目，例如"艺术家入校计划"，其早在 1966 年就诞生，主要实现文学方面的目标：让一些作家到纽约的中小学校常驻，以活跃写作培训活动，使孩子们参与其中。由于这一计划的成功，时任美国 NEA 负责人南希·汉克斯将其扩展到其他美国城市和其他艺术形式中。一年之后的 1967 年，该计划拓展到 46 个州，同时还开发了一些新艺术活动，比如电影导演、演员、民歌手、手工艺人和诗人被请进学校。这方面，弗吉尼亚州走得更远，通过改造提升，这个计划被进一步延伸到乡村社区大学，并开创了"艺术家驻村项目"。俄克拉荷马州则以此项目为基础，为乡村老年人举办书画学习活动等。毫无疑问，这些项目反映了一定的时代精神，获得了成功。1969 年只有 6 位作家参加相关项目，1976 年则有 2 000 多名画家、诗人和电影导演在全国 7 500 所中小学里工作。[①] 最后需要指出的

---

① 引自［美］弗雷德里克·马特尔：《论美国的文化：在本土与全球之间双向运行的文化体制》，商务印书馆 2013 年版，第 123 页。

是,尽管现在 NEA 的艺术拓展部已不再单独存在,但促进乡村艺术和教育发展依旧是 NEA 的重要任务之一。

2. 地方政府创新模式:印度喀拉拉邦的民众科学运动

印度经济水平普遍不高,而喀拉拉邦属于经济相对落后的地区,但其整体人文发展水平却很高,主要体现在男女比例协调、识字率非常高等方面。根据印度政府 2011 年的全国人口普查数据,印度的男女婴儿性别比已显示男性人口大大超过女性,男女比为 1 000∶940,但在喀拉拉邦情况却完全相反,男女比为 1 000∶1 084,女性占比为全国最高。同时,印度全国的平均识字率仅有 60% 左右,但喀拉拉邦的识字率高达 90% 以上。这一切都源于喀拉拉邦推行的"民众科学运动"。

KPSM 强调科学知识的重要性,主张以科学破除封建迷信思想,尤其强调社会科学的重要性,旨在培养人们对于知识的渴望和追求。[1] 对科学知识的重视也表现在该州加大对文化场所的建设力度上。在喀拉拉邦,全邦图书馆总数多达 9 000 所,阅览室多达 120 000 间,每个大约 2.5 万人的乡拥有图书馆 8 所、阅览室 10 间,虽然并不是每个乡村图书馆都很活跃,但仍有不少图书馆致力于文化活动的推广和科技知识的普及。其中有些就以提高生产力为突破口,将科技文化与劳动生产相结合,图书馆经常与各类合作社和学术、农科机构合办讨论会、培训班,内容涉及农业、畜牧、能源、母婴健康、草药医治等,这种将学习科学与农业生产相结合的文化活动受到了农民们的喜爱与支持,取得了很好的成效。

此外,KPSM 还重点关注如何培养民众自信和自尊问题,它推行的项目把动员全社会参与作为目标,从需求的商讨到不同需求之间的争议,再到项目的建立、实施、监督和总结,都不搞专家垄断,而是鼓励各方面人员畅所欲言和主动参与。因此 KPSM 不仅

---

[1] 付云东:《另类的科学与另类的发展——印度喀拉拉邦民众科学运动的科学观与发展观》,《科学学研究》2006 年第 5 期,第 653—657 页。

改进了文化设施、文化资源和文化活动,更重要的是它还改变了农民的精神面貌。此外,KPSM还支持乡村图书馆自办刊物,鼓励会员写作投稿并组织辩论和研讨,同时组织征文比赛、话剧创作表演、体育竞技活动等。①

总体来看,喀拉拉邦在农村地区的公共文化产品提供中,除了建设基础文化设施如图书馆、阅览室,扩大农村网络和电视覆盖面等以外,更重视教育的发展和普及,同时通过农村民主体制的运行来培养农民的民主精神。KPSM很好地将文化设施的建设、文化服务的提供和文化活动的开展融会贯通,更加全面地改善了农村地区人民的精神面貌。

3. 中央政府主导模式:日本的农村教育与新农村建设

日本在农业教育方面,设立了以培养改善农村生活的能力和态度为教育目标的农业高中,设有生活班、普通班和园艺班,老师讲授农业和家庭生活的基础知识和技术,以加深学生对农村社会的理解,培养栽培园艺作物以及农业经营的技术人员。② 日本也十分重视教学与社会发展相适应,多次对课程进行调整,新增生产技术、信息管理、生物技术等内容,使农业高中的学科设置适应社会发展的需要。③ 另外,学校还努力提升农村学生的素质教育和处理人际关系的水平,减少农村及城市居民的生活习惯和价值观念方面的冲突。

日本在推动农村文化产业发展时,尤其注意如何将农村特有的优美自然环境、农村传统文化与现代化设施有机地结合起来。遵循既保留特色、又具现代风格的原则,着力追求人与自然的和谐,突出了区域特色和乡村特点,避免了"千村一面"的机械化操作。日本每年都要投入大量资金用于文物保护,而许多历史遗迹和文化遗

---

① 王习明、彭晓伟:《缩小城乡差别的国际经验》,《国家行政学院报》2007年第2期,第98—101页。

② 李国庆:《日本农村的社会变迁:富士见町调查》,中国社会科学出版社1999年版,第92—113页。

③ 武锐、方媛:《从中日对比谈我国农村教育投资效率的主要问题》,《青海社会科学》2009年第6期,第225—228页。

产都位于农村,因此保护文物直接促进了农村的文化繁荣。以日本长野县南木曾町的妻笼驿站为例,它曾经是官道上的驿站之一,在过去的30年间,妻笼居民致力于维护旧有驿站景观,成功地把妻笼变成充满历史风情的观光景点。每年都有超过60万的观光客涌入妻笼,为村庄带来了可观的旅游收入。

从新农村建设运动伊始,日本地方政府就时常无偿开办各类补习班。① 日本的农业科技机构承担了对农民进行技术培训的职能。大阪府农业综合研究所内设农民大学校,对高中毕业后想从事农业生产的学生进行两年的专门培训,为大阪府培养高素质的农业劳动者。② 日本政府也并非大包大揽,除通过财政出资对农村基础设施进行大量投入,为日本农村文化建设与城乡交流创造良好的外部条件外,其他如农村学校、公民馆和相关文化设施则主要是由当地村民集资建造和维护的,政府仅在特殊情况下予以扶持。而这主要得益于新农村建设过程中推行的造村运动,该运动鼓励当地农民参与其中,激发村民建设家园的积极性、主动性,培养村民的自立和创新能力。此外,日本在新农村建设中也很重视多渠道培育农民的村庄共同体意识,从而使农村精英树立了反哺意识。

## 二、国外城乡文化一体化发展经验的比较分析

### (一)国外城乡文化一体化发展经验的理论框架比较分析

从本书导论的分析可知,城乡文化一体化发展的概念内涵丰富,对其并没有清晰一致的界定。从公民文化权利视角看,"城乡文化一体化发展是指在一个国家和地区范围内城乡文化事业统筹规划、协调发展、资源共享、文化融合,同地域的居民享受同

---

① 黄立华:《日本新农村建设及其对我国的启示》,《长春大学学报》2007年第1期,第21—25页。
② 孙育红:《从日本、韩国有关情况看我国农业发展及社会主义新农村建设》,《现代农业》2008年第3期,第46—48页。

样的文化权利"。① 强调机会均等的学者侧重公民享受公共文化服务的机会均等性,认为不应该有任何地域、城乡、种族和身份的歧视,人人享有同等机会。② 从文化整合的视角看,一些学者认为城乡文化一体化发展指城乡文化彼此互相吸收先进的文化、摒弃病态的文化,形成一种双向演进、交流和互动的过程。从政府投入看,城乡文化一体化发展主要是指政府通过税收、担保和补贴等多种财政形式使城乡居民获得大致相当的公共文化服务资源。③ 在城市化过程中,城乡文化一体化发展主要是指城市的现代文明和先进理念迅速在农村地区传播和扩散,同时农村的传统文化和地域文化得到传承,城乡人民联合创造先进文化,推动城市化进程。从结果均等角度看,城乡文化一体化发展要求城乡人民的文化活动丰富,文化需求得到同等程度的满足。

从城市化和文化整合的视角看,解决城乡文化发展不平衡的核心是制度保障,城乡文化一体化建设必须推进制度创新,为城乡文化的健康协调发展创造公平的政策环境和法律制度平台。④ 要系统推进改革,统筹城乡文化发展的机制,建立城乡文化一体化的制度基础。从政府投入视角看,解决城乡文化发展不平衡的重点在于拓宽财政投入渠道,建立农村文化多元投入机制。⑤ 政府除加强自身对文化事业的财政支持外,要不断诱导社会力量等多元主体投资公共文化事业。从公民文化权利、机会和结果均等的视角看,推进城乡文化一体化发展的关键在于通过构建公众接触、咨询委员会、公

---

① 张涛、彭尚平:《当前城乡文化一体化建设面临的问题及对策》,《中共成都市委党校学报》2012年第6期,第60—64页。
② 胡税根、宋先龙:《我国西部地区基本公共文化服务均等化问题研究》,《天津行政学院学报》2011年第1期,第62—67页。
③ 丁元竹:《基本公共服务均等化:战略与对策》,《中共宁波市委党校学报》2008年第5期,第29页。
④ 高善春:《城乡文化从二元到一体:制度分析与制度创新的基本维度》,《理论探讨》2012年第2期,第166—169页。
⑤ 徐学庆:《城乡文化一体化发展途径探析》,《中州学刊》2013年第1期,第102—106页。

民调查、协商和斡旋等方式，拓展公民文化参与的渠道，从而增强公民的文化自觉和自信。① 公民不只是单向的文化服务受众，也应发挥其对财政建设和制度完善的反馈作用。

基于现有文献的理论研究，本书提出了城乡文化一体化发展的金字塔体系（见图 3-1），该体系综合了制度保障、财政支持和公民参与等研究重点，构建了宏观的系统发展、中观的资源投入和微观的实践操作等相互协调的三个层面，全面剖析城乡文化一体化发展的要素。制度保障主要是指相关法律和政府政策等制度安排；

图 3-1　城乡文化一体化发展的金字塔体系

财政支持不仅包括政府的文化性财政支出，也包括企业和社会组织等其他途径的财政资助；公民参与是公民文化权利的体现，代表以公民需求为导向的服务供给。这三个层面之间存在着相互依赖的关系，作为前端的公民参与必须建立在财政支持和制度保障的基础之上，作为基石的制度保障有赖于充足的财政支持和积极的公民参与才能发挥作用，而财政支持也无法脱离系统构建和实践操作的多方合作。要统筹城乡文化一体化发展需要兼顾三个层面的协作发展，建立以制度为基石、以财政为支持和以公民参与为实践的整合体系。而且，这一体系不仅适用于分析我国城乡文化的发展，对于国外的经验也具有很强的解释力。

1. 制度保障

城乡二元文化格局的形成，除了环境和历史的原因外，制度是最根本的影响因素。新中国成立以来二元分割的城乡发展制度安排

---

① 何义珠、李露芳：《公民参与视角下的城乡公共文化服务均等化研究》，《图书馆杂志》2013 年第 6 期，第 17—20＋43 页。

造成了城乡文化的区隔,这其中包括城乡分立的户籍制度、城乡有别的就业制度以及城乡迥异的社会保障制度等。户籍制度人为地阻隔了城乡之间的文化交流与融合,造成了城乡的"空间分层"和市民与农民的"身份分层"。而就业制度和社会保障制度的实施均基于户籍制度的划分,农村劳动力进入城镇无法享受相应的劳动保障和文化服务供给,而城市和农村的养老保险和医疗保险等社会保障制度也使得城乡待遇不同。

此外,社会主义建设初期,我国为推进工业现代化,将资源优先配置到第二产业,执行"以农补工、以乡养城"的发展政策,农产品价格偏低,这就阻碍了农村的经济发展。2020年前后,大量农村年轻劳动力离开土地,作为农民工涌向城市,但由于城市中缺少针对农民工的教育、医疗和文化等一系列制度安排,使这些农民工无法获得与城镇居民同等的公共服务供给。因此,制度保障不是单指某一专门法律或法规,而指一系列政策的统筹协调,这些政策从破解城乡二元格局入手,在城乡政治、经济、社会领域协同发展的前提下,共同革除城乡文化一体化的障碍,促进文化事业的发展。

2. 财政支持

文化的财政投入是实现系统设计和操作实践的重要保障。对于文化事业,我国中央和地方政府都将文化事业支出纳入政府年度财政预算。在资金投入比例方面,早在1996年《中共中央关于加强社会主义精神文明建设若干重要问题的决议》中就规定:"中央和地方财政对宣传文化事业的投入,要随着经济的发展逐年增加,增加幅度不低于财政收入的增长幅度。"但是,由于文化事业的"总盘子"没有详细规定城乡财政投入的分配比例,导致很多资源倾斜到了广大城市。

因此,要建立城乡文化资源共享机制,必须改变重城市、轻农村的财政分配格局,充分运用中央财政转移支付制度,推动资源向经济落后和基础薄弱的农村地区倾斜,帮助欠发达农村地区发展文化。另外,由于农村地区的落后现状,可以考虑在中央和省级用于文化事业建设的专项资金里增加农村公共文化建设的资金份额。同时，也可以考虑除了政府的刚性财政性支出以外，通过吸纳市场化因素的运作，比如，通过鼓励资金形式的社会捐赠，或者鼓励私营部门、社会组织直接参与建设农村文化基础设施，提供农村文化娱乐项目，以此弥补资金短缺问题。

3. 公民参与

金、费尔泰和苏塞尔等人的研究认为，公民会乐意参与政策制定、执行和产出，成为真正积极的公民。[①] 这一观点对于文化建设中的城乡居民同样适用。由于城市文化服务的多样性，城乡一体化发展的主要对象是农村居民和城市农民工。文化素质相对较低的农民群体参与文化建设的意识薄弱，也不了解参与文化活动的途径和方式。以"送文化下乡活动"为例，虽然数十年来政府把文化资源输入到农村地区，但并没形成文化发展的内生机制，对于乡村文化的再造而言，"送文化下乡"在一些地方成了一种应付上级的"规定动作"，难以真正实现最广泛的民众参与。[②]

为此，有必要从农村居民的实际需求出发，开展相应的文化服务活动，以文化培训或组织表演等形式挖掘地方文艺骨干，调动农村居民的积极性，把他们从政策和服务的受惠者转变为参与者乃至共同决策者，这样才能真正培养出乡村文化自身的"造血"功能，实现文化政策的可持续发展。对于农民工，一些地方的城市社区居民对其有较高的排斥性，农民工难以融入其所在工作和生活的城市社区而栖身于巨大的"文化孤岛"中。因此，推进城乡文化一体化发展，有必要将数量巨大的农民工群体也纳入城市公共文化服务体系中，充分尊重农民工自身的文化需求，给予其与城市居民平等分

---

① King, Cheryl Simrell, Kathryn M. Feltey, and Bridget O'Neill Susel, The Question of Participation: Toward Authentic Public Participation in Public Administration, *Public administration review*, 1998, pp.317-326.

② 王列生、郭全中、肖庆：《国家公共文化服务体系论》，文化艺术出版社2009年版，第209页。

享城市公共文化服务的资格,同时提供内容健康、符合农民工特色的文化产品,为他们开辟与城市主流文化交流的参与途径。

### (二) 国外统筹城乡文化一体化发展的经验比较分析

表3-2 显示各国统筹城乡发展的模式在细节上不尽相同。值得注意的是,分析图3-1所示的金字塔体系,我们发现不同类型国家对于体系建设、资金管理和公民参与三个层次存在多种诠释,例如美国注重城市文化带动农村发展,而日本工作重心在于新农村运动和农村文化建设。但这些诠释并非竞争对立,只是实际运作中各国侧重点不同。

表3-2 各国统筹城乡文化发展的主要特点

| 系统层面:制度规范 | 针对性立法与辅助性政策 |
|---|---|
| 资源层面:财政支持 | 政府拨款与多元资助 |
| 操作层面:公民参与 | 精英倡议与农民自觉 |

1. 系统层面的制度规范

(1) 针对性立法。美国、英国和韩国在20世纪六七十年代相继出台了支持文化事业发展的法律法规。1965年,美国国会通过了《国家艺术及人文事业基金法》,这是自经济大萧条以后第一部支持文化艺术事业的法规,依据此法,美国设置了国家艺术基金会与国家人文基金会 (National Endowment for the Humanities, NEH)。1972年,为了充分保障国民的文化享受权,韩国出台了《文化艺术振兴法》,规定无论社会地位高低,国民都有平等享受文化自由的权利。[①]1990年,卢泰愚政府在《文化发展十年规划》中提出"文化要面向全体国民"的政策理念,要求加强国民享受文化的力度。

(2) 辅助性政策。与针对性立法相对应,美国还出台了辅助性政策,联邦的法律和政策覆盖了影视广播、图书馆和艺术馆、公园

---

① 韩振乾:《韩国文化产业的发展思路——读〈韩国文化政策〉》,《中国图书评论》2006年第12期,第105—106页。

和名胜古迹、公民权利、教育、对外文化政策、信息安全、版权、税收政策等。在联邦级的文化政策中多次提及公民权利和反歧视，对象主要包括女性、有色人种、残疾人、外来移民、信奉不同宗教者；侧重对外文化政策，多部法律涉及移民的教育和其他政治权利；此外涉及多种促进文化艺术活动的投资，例如建立基金会、发展文化艺术项目等，还建立了一套相对完善的税收刺激政策。

一些发展中国家，例如南非、印度，在法规上对于文化事业并没有出台明确的规定，但是实施的其他重要政策在实质上促进了文化繁荣，因此我们将其归纳为辅助性政策。南非的种族政策与经济发展政策就可以被看作是城乡文化一体化发展的辅助性政策，即种族政策确定各种族文化平等与共同发展的政治地位，而经济发展政策意在为经济与文化落后地区的文化发展提供足够的物质资源支撑。在教育方面，南非出台了《南非学校法》《高等教育法案》《义务教育语言政策》和《高等教育语言政策》等，有效地缩小了城乡文化的差距。印度自1951年开始实施五年计划起，开始重视文化发展，第九个五年计划（1997—2002年）文本中明确中央和地方的文化部门每年都将获得经费来支持文化产业的发展。

2. 资源层面的财政支持

（1）政府拨款。对于文化事业的管理，一些发展中国家和东亚国家都奉行政府全权主导，采用文化性支出预算和拨款的形式，鲜有私营部门和社会组织的参与。根据印度财政部2012年7月份公布的印度公共财政统计数据，政府财政支出的发展性支出中，属于社会服务大类的教育、艺术和文化支出为29 253.4亿卢比，占全国政府财政支出总额的12.4%。在韩国，2000年文化事业预算首次突破总预算的1%，根据2013年韩国政府总预算报告，文化、体育和旅游一项在2012年占总预算的1.4%，而其他国家此项投入均不足1%。很显然，政府主导型财政必须依靠政府强有力的支持，才能保证城乡文化有序发展，相对而言，这种制度的灵活性相对较低，一旦削减政府拨款，文化事业就面临受挫的风险。

(2) 多元资助。作为发达国家的美国和英国在资金模式上明显区别于其他国家,文化事业发展中政府角色相对较弱,文化事业发展不完全依赖于公共拨款,也依赖其他政府部门或大型非营利组织、私营部门资助。美国的文化环境十分自由,政府不直接参与管理,政府并未设立文化部,而是由 NEA 以基金会的形式运作。因此公共拨款主要来自包括 NEA 以及州、区域和地方文化艺术机构。除此之外,有些政府部门也设置了直接资助艺术家或艺术组织的项目,而更多的部门则将资助艺术作为其宏观发展战略的一部分,以艺术促进其他领域的发展。以个人、基金会、企业等为主体的私营部门是美国资助文化艺术发展的重要力量,也是美国整体文化系统中最具有特色的部分。而且,在政策设计上,个人捐助者可享受减税政策,企业对艺术机构进行捐助也能得到相应的税收减免。据统计,大约有 28% 的企业曾经为艺术组织捐赠,捐赠金额的 90% 用于资助地方的艺术组织。

英国和美国的财政模式有诸多相似之处,但二者之间略有不同。英国文化发展的主管部门是文化、新闻和体育部,其只负责制定文化政策和财政拨款,具体的管理职能采用了"一臂之距"的原则,通过具体分配拨款的形式交给非政府公共文化机构,即各类艺术委员会等机构独立运行,由其负责资助和联系全国各个文化领域的文化艺术团体、机构和个人。① 为了鼓励个人和企业投资文化事业,英国设立了"配套投入制",规定企业第一次资助时,政府投入相同数额的资金支持,之后政府也按比例配套支持。此外,彩票收入也是文化事业的一项重要来源,据统计,仅 1995—1996 年(彩票发行第二年度),国家通过彩票收入就对文化事业资助了 3.63 亿英镑。

3. 操作层面的公民参与

(1) 精英倡议。国家政策实施并善用财政资源需依赖于公民参

---

① 郭灵凤:《欧盟文化政策与文化治理》,《欧洲研究》2007 年第 2 期,第 64—76 页。

与，但公民在不同国家存在明显的阶层差异。在美国，主要是学者、政府官员和艺术家倡导城乡文化共荣，促进区域文化发展。作为精英阶层，他们对文化事业的倡议和支持带动了地区城乡文化的进步。美国著名学者理查德·佛罗里达是"艺术能带动区域发展"理念的坚定倡导者，他坚信艺术与经济政策能够相辅相成地为地区吸引人才、创造收入、提高生活质量、提供发展动力。在得克萨斯州，城市文化艺术繁荣发展，但乡村地区问题不少，一些优秀艺术家自愿走入乡村演出，为此得州艺术委员会（Texas Commission on the Arts，TCA）还专门罗列一个在线艺术家列表，艺术家们需要通过竞争才能跻身于这个列表，获得到乡村演出的资格并获得资金补助。正是这一群体的积极参与，美国乡村地区获得了更多的文化资源，艺术家作为乡村文化提供者之一成为乡村与城市文化艺术交流的纽带。

（2）农民自觉。与精英路线不同，印度、日本和韩国在推进城乡文化发展时着重培养农民的参与度，激发农民的文化自觉性，使其更好地投身农村文化建设。印度通过潘查亚特制使农民实现自治分权，培养其民主精神和自尊自信。日本政府意识到村落文明与现代化文明间的差距是不争的事实，与其向农民灌输一些脱离实际、生硬的道德和文化教育，倒不如以新型科技为载体，从农村居民本身的兴趣出发，在培训现代化机械使用技能的同时陶冶他们的情操，逐步提升农民群体的文化素养和道德水平，1990 年日本开始实施"家乡 1 亿元之创生计划"，使村民参与到家乡经济文化建设的过程中，参与如何保留历史遗迹和人文特色的讨论。韩国政府在新村运动中，通过举办文艺活动、各类培训来启发村民们的勤勉、自助、协同的新村精神，对农民进行科技教育培训，提高农民文化素养，指导农民参与市场经营，开办研修院培养各村的新村指导员。

## 三、国外城乡文化一体化发展经验对我国的主要启示

结合上述各国城乡文化一体化发展的经验，我们可以从中获得

以下几点启示。

第一，文化建设是循序渐进的过程，无法一气呵成，更不可能立竿见影。从英、美、日等国家城乡文化建设经验可以看出，无论是农民自主发展的文化产品还是由政府提供的文化服务，其种类和内容都是随着财力的增长、科技的进步和人民群众认识水平的提高而不断变化的。

因此，我国在推进农村文化建设时，部分地区最初采取的一些急于求成的做法，其有效性值得重新考量。一些"亲民文化工程"虽强化了农村文化与娱乐的基础设施建设，却罔顾硬件资源远超软件实力的现实，导致硬件资源的利用率很低，造成人力、物力、财力的浪费（如一些地方建立电子阅览室，试图拓宽村民的信息渠道，却未出台配套措施，以帮助村民普及电子设备的基础知识，结果设备极少被使用，沦为摆设），实有政绩工程之嫌。

第二，日本学者富永健一在分析非西方后发社会实现现代化的条件时，注意到经济、政治以及社会、文化四个领域在现代价值观传播的可能性、现代价值观被接受的可能性以及在接受过程中发生冲突的可能性三个方面彼此不同，从而提出了以下理论模式，即"非西方后发社会的现代化在经济领域最容易发生，在政治领域则较难发生，因此发生较晚；在社会-文化领域最难发生，因此发生得最晚"。[①] 主要理由是，经济领域不受技术和经济要素的影响，普遍性较高，人们可以直观地认识到效率差异。政治现代化方面，由于政治理念缺少一致性，对各项政策效果的评价难以高度统一。在社会文化领域，由于涉及日常生活的感情因素较多，理念的普遍性和价值判断的一致性更加难以保证，因此，文化建设还是要从头做起，稳扎稳打，特别要重视对农村孩子的基础教育，避免被升学率、就学率等指标误导。

---

① ［日］富永健一：《社会结构与社会变迁——现代化理论》，董兴华译，云南人民出版社1988年版，第64—65页。

第三,虽然我国农民的综合素质较城市居民普遍偏低,但政府理应带头转变观念,不断引导农民参与到新农村文化建设的进程中,让新生代农民恢复对农村文化的信心,帮助农村孩子从小树立共同体意识和精英反哺意识。

第四,在推进农村文化产业发展时,避免过度开发、恶性开发和"千村一面",要积极引导农村因地制宜,根据地方特色,依托地势和自然资源,打造具有地域特色的文化产业。

第五,农村经济建设至关重要。根据马斯洛需求理论,人只有在满足了基本的生理需求之后,才会向着更高阶的需求发展。因此,如果不能满足农民的基本物质需求,也就很难提升农民的文化素养。而且,发展农村经济可以摆脱农村其他建设对于第二、三产业和发达地区经济的依赖,直接反哺农村文化的建设,使农村文化发展保持稳定性与持续性。

同样,从前文所建构的比较框架看,在具体的城乡文化建设实践中,根据他国的经验启示,我们可以从以下三方面进行延伸性思考。

首先,在制度规范与激励层面,未来中国城乡文化建设应当从文化立法走向政策协同。我国的政策立法相对完善,特别是中共十八大以来我们党就将"社会主义文化大发展大繁荣"定为主要议题,但是我国的管理体系在具体的微观管理中,存在治标未治本现象,统筹城乡文化发展缺乏政府部门间的政策协同。城乡文化一体化建设应建立在破除城乡二元结构的框架下,国家关于文化的政策法规主要是激励性因素,提高政府和社会对于文化议题的重视程度。在系统建设层面,许多制约性壁垒需要依赖政府部门间的政策协同才能破除。对于发展文化而言,教育政策是重要的一环,而以往我国在制定农村教育政策时只专门针对农村地区,没有用一体化的视角来统筹城乡教育发展问题,促进政策和政府部门间的协同治理。《国家中长期教育改革和发展规划纲要(2010—2020年)》提出建立城乡一体化的义务教育发展机制,这些政策对于推动文化发展起到了积极作用。同样,中共十九大报告提出的"实施乡村振兴战略"以及"建立健全城乡融合发展体制机制和政策体系"的相关战略部署,值得进一步深化分析研究。

其次,在资金筹措方面,要从依赖政府拨款走向多元资助,构建多元化主体协作网络。我国的文化财政支持体系主要依赖中央政府的预算拨款,依靠中央对地方的财政转移支付制度,这不仅增加了政府的财政压力,而且封闭式的资金循环不利于调动基层政府的自主性和其他主体的积极性。《国家"十三五"时期文化发展改革规划纲要》提出要"引导非公有资本有序进入、规范经营,鼓励社会各方面参与文化创业。科学区分文化建设项目类型,可以产业化、市场化方式运作的以产业化、市场化方式运作。推广政府和社会资本合作(PPP)模式,允许社会资本参与图书馆、文化馆、博物馆、剧院等公共文化设施建设和运营",这反映了政府试图缓解垄断文化供给的财政压力,是改革现有文化财政体系的有益尝试。因此,可以考虑进一步拓宽文化发展资金的投入渠道。我国可以增补社会捐助的形式,变间接捐助为直接捐助,鼓励个人、私营企业和社会组织捐助、兴办农村文化事业,提升农村公共文化服务水平,同时给予捐助者一定的税收优惠和其他政策性奖励来提升社会力量的捐助意愿。事实上,《国家"十三五"时期文化发展改革规划纲要》也提出要"研究非物质文化遗产项目经营等方面的税收优惠政策",这是一个明显的政策信号。另外,国家也可以采取发行文化彩票和国债等形式,大幅提升公共文化服务领域的财政收入。

再次,扩展制度参与渠道,推动城乡居民积极参与,促使广大人民群众从被动接受走向自觉行动。我国城市化进程加快,市民素质逐步提高,我国城乡文化一体化发展的根本在农民,农村的文化水平和农民的精神面貌的大幅度提升成为亟待破解的难题。我国过去采取的是重输入而轻培育的文化供给方式,农村的文化环境并没有从根本上得到改善,下乡的文化服务没有量体裁衣。因此,我国在进行农村文化建设时,一方面要加大供给侧结构性改革力度,增强文化产品和服务的有效供给；另一方面，也是更为重要的，是要将提高农民的文化素质纳入政策考量，即使在经济落后的地区也要努力提高公民文化水平，谋取农村政治、经济和社会、文化的多元发展。组织农业技术培训班、交流会和讨论会，向农民提倡正直诚实的价值观，为农民进行参与式治理搭建基础的制度性平台，共同商讨农村的发展蓝图和未来计划。最大限度地激活农民参与的积极性和创造性，把他们从被动接受者转变成为主动参与者，自觉地提高自身文化素养，使其成为有共同意识、自觉参与的文化骨干力量。

最后，打破思维困境，推动城乡公共文化服务从消极的福利供给形式转变为积极的权利保障形式，即前面讲的加大供给侧结构性改革。在《空间与政治》一书的导言中，亨利·勒菲弗指出，节日庆祝等文化活动的开展代表着一种新的权利进入了实践：进入都市的权利，也就是进入都市生活、人文环境与新兴民主环境中的权利。① 对此观念作进一步解读，我们会发现，公民文化权利的实践不仅仅是指提供文化基础设施等文化服务，更重要的是让广大公民成为利用这些文化基础设施的主体，以便借此有效地融入一定时空背景下的文化生活方式中，从精神上培养起一种"归属感"和"社群意识"。

西塞罗曾有名言，"美德的存在完全依赖于美德的实践，其最高尚的实践形式便是治理国家"。② 根据以赛亚·伯林对权利属性的划分标准，我们可以对公民文化权利的三层内涵体系作进一步分类，即"享受文化成果的权利"算得上是一种消极的权利，而"参与文化生活的权利"和"开展文化创造的权利"更能展示公民的主体性地位，是一种积极的权利。由于"消极"与"积极"反映的都

---

① ［法］亨利·勒菲弗：《空间与政治》，李春译，上海人民出版社2008年版，第4页。
② 转引自［英］布莱恩·特纳：《公民身份与社会理论》，郭忠华译，吉林出版集团有限责任公司2007年版，第46页。

是公民作为权利主体在具体社会过程中的参与程度,"消极"说明公民的被动地位,参与的深度和广度有限,而"积极"说明的是公民在文化权利的实践过程中更具有主动地位,其能够更深入地参与到具体的实践中。

再以公民文化权利的替代性表达为例。可以看出,文化福利之所以只能是公民文化权利的低级形态,这不仅是因为其所建构的权利是一种政府本位的权利形态,更主要的是因为这种形态的权利存在不能有效地体现时代发展的趋势。在文化福利的语境下,作为权利主体地位的广大公民只是一个从属性的角色,表现的是一种低度的文化参与,是一种被动接受的"福利供给",公民本身并不具有自主性。同样,文化民生也是因为其不能有效纳入公民的参与性力量,容易忽视文化的实践性本质,限制公民对文化的参与和体验,忽视时代变迁的历史逻辑,从而为学界所诟病。事实上,从历史发展的角度看,这就是一种公民文化权利的流变形式,即公民文化权利从最初被认为是一种对公民公共文化服务需求的消极保障,表现为一种消极的(文化)福利供给,变为更强调权利的积极形态,表现为一种积极的权利实践,凸显公民的参与性和自主性。因此,受益于国外相关国家的成功经验的启发,结合中国具体实际,我们认为,未来城乡文化一体化发展格局的到来,必然要把推动城乡公共文化服务从消极的福利供给形式转变为积极的权利保障作为根本前提。

# 第四章

# 推进城乡文化一体化发展的理论建构

## 一、城乡文化一体化发展的科学内涵

本质上讲,城市与农村是两个完全不同、各有特点的社会经济系统,二者又联系得非常紧密。城市和农村在地域空间上都是开放的系统,农村的劳动力、农产品等流向城市,促进城市化进程,城市的资金、技术、文化等则流向农村,推动农村的振兴,因而城市与农村是一个相互开放、融合互动、依赖共生、互促发展的有机整体。[1] 这就提醒我们,推进城乡文化一体化发展,首先要从和谐共生的角度出发,把城市和农村看成一个有机整体,统筹规划、一体建设、协调发展,通过城乡文化要素平等交换和公共文化资源的均衡配置,推动城乡文化事业、文化产业协调发展,实现城乡文化资源共建、共享、共同繁荣,让农村居民与城市居民一样,基本享有同样的文化权益。

在新的时代背景下,"城乡文化一体化"建设就是贯彻新发展理念的重要举措,也是我国城市化进程中打破城乡文化二元结构,逐步弥合城乡文化发展鸿沟,实现城乡文化共建共享和一体化发展的重要途径。仅从农村社会的视角看,推进城乡文化一体化发展的

---

[1] 杨世超:《马克思主义城乡关系理论视阈下中国城乡一体化建设问题研究》,南京农业大学马克思主义基本原理专业硕士学位论文,2016年,第27页。

过程中，由于农村文化服务总量的不断增加，必将逐步缩小城乡文化发展差距，从而对推进社会主义新农村建设、形成城乡经济社会发展一体化新格局具有重大意义。①

从前文对当前我国城乡文化一体化的发展现状与基本格局分析中可知，现实状态的城乡文化一体化发展与理论上的城乡文化一体化之间还存在较大的差距。在导论部分我们指出，新时代中国特色社会主义背景下（大国策、大环境、大格局、大趋势），统筹城乡文化一体化不仅具有重要的理论价值，更具有重要的时代意义。因而，无论是这种理论与现实的强烈反差，还是这种时代发展的大势取向，都要求我们对城乡文化一体化发展提出新的构想，进行新的战略规划，重新打造城乡文化一体化发展的新格局。

2015年4月30日，中共中央总书记习近平在中央政治局第二十二次集体学习时强调："要在破解城乡二元结构、推进城乡要素平等交换和公共资源均衡配置上取得重大突破，给农村发展注入新的动力，让广大农民平等参与改革发展进程、共同享受改革发展成果。"② 习近平的这一论断无疑具有重要现实指导意义。一方面，未来的城乡文化关系建构中，要素的平等交换和公共文化资源均衡配置是重要突破口和着力点；另一方面，建设新型城乡文化关系要让广大农民积极参与其中，同时让他们与生活在城市中的居民平等地享受改革发展的各种物质文明和精神文明成果。然而，在新的时代背景下，我们该如何从理论上理解推进城乡文化一体化发展的科学内涵呢？

在导论部分，我们从四个方面概括了当前社会发展的四大背景，从分析中可以看出，这四大背景一定程度上预示着推进城乡文

---

① 红旗大参考编写组编写：《深化文化体制改革、推动社会主义文化大发展大繁荣大参考》，红旗出版社2011年版，第187页。
② 《习近平：推进城乡发展一体化要坚持从国情出发》（2015年5月1日），凤凰网，http://news.ifeng.com/a/20150501/43676134_0.shtml，最后浏览日期：2020年6月5日。

化一体化发展的内涵（见图4-1）和外延。

## （一）以人为中心的一体化

社会由人组成，是人类活动的舞台。人作为社会生活的主体，正以自己的活动改变着社会面貌。社会结构的变迁体现的是作为主体的个人在社会中存在状态的变化。在中国几千年大一统的历史传统中，"社会尽管存在着众多的个人和组织，但其并不具有独立的主体地位，因为他们都程度不同地隶属或依附于国家机构，由国家机构对其发号施令，国家成为唯一的主体"。① 换言之，在传统社会中，"一个人简直没有站在自己立场说话的机会""一个人在中国只许有义务观念，而不许有权利观念"。②

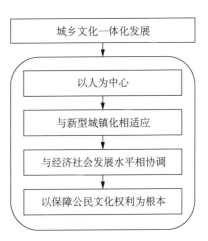

图4-1 城乡文化一体化发展的科学内涵

社会主体由单一走向多元化是现代社会文明的标志。"一个社会有多少主体，也就有多少个社会进步的中心。"③ 社会主体的多元化是指社会由包括公民个体、企业法人、社会组织在内的多个相互独立的主体所构成，并且这些主体之间既相互联系又彼此区别，既相互依赖又互不隶属，共同组成了复杂多变的现代社会。改革开放以后，以家庭联产承包责任制为先导的经济体制改革在全国各地拉开了改革的序幕。随着改革进程的不断加快和持续深化，原本"一致性""一元化"的社会结构开始走向分化，各类社会主体得以回

---

① 张树义：《变革与重构：改革背景下的中国行政法理念》，中国政法大学出版社2002年版，第5页。
② 王进、林波：《权利的缺陷》，经济日报出版社2001年版，第1页。
③ ［美］米尔顿·弗里德曼、罗斯·弗里德曼：《自由选择：关于个人主义的声明》，胡骑等译，商务印书馆1982年版，第46页。

归其社会性和自主性,并在这种社会性与自主性的活动中找到自我存在性,从而以各种方式不断寻求其作为社会主体的主人翁价值和权利实现。应该说,"社会主体多元化是我国经济繁荣昌盛的有力保证,它反映了现代社会发展的必然趋势"。①

我们认为,基于社会主体的多元化,以及需求的多元化、个性化发展趋势,推进城乡文化一体化发展,其核心应该是围绕"人"的一体化,把生活在城市和农村的"人"作为工作的中心和关怀的主体。从前文分析可知,推进城乡文化一体化发展,关键在于通过文化的培育和熏陶,使之内化为公民日常生活的行为准则、价值观念、思想意识,最终达到塑造公民精神的目的,从而锻造出具有独立性、自主性的公民个体,锻造出一个个能够有效促进社会发展与进步的中心。

《国家"十二五"时期文化改革发展规划纲要》把"加快城乡文化一体化发展"上升到国家发展战略,要求在超越以往文化发展格局基础上,建立一种以城带乡、城乡融合的联动机制,同时合理配置城乡文化资源,鼓励城市在对农村进行文化帮扶的同时,把支持农村文化建设作为创建文明城市的基本指标。在传统的城乡文化发展理论中,基于认识观念上的偏差,其往往把协调城乡文化关系简单理解为只是要求文化资源在配置上的平等,忽视了作为社会主体的人的存在。同样,"以城带乡"仅仅代表把具有现代化色彩的城市文化单向输入到广大农村地区。事实上,城乡文化一体化的新格局应当是一种基于城乡文化共同繁荣基础上的统筹协调,在充分挖掘和梳理乡村传统特色文化基础上,尊重乡村传统特色文化的多元性,有效促进乡村优秀传统文化的传承和发扬。

城乡文化一体化发展,不仅仅是城乡之间文化场馆建设面积的扩大、文化基础设施的完备、文化广播电视村村通、文化信息资源

---

① 张艳:《社会多元化对传统宪政模式的冲击》,《行政论坛》2004年第3期,第58—60页。

城乡共享，也不仅仅是简单地将文化大篷车开到广大农村地区，或者数字电影下乡等一系列的文化惠民工程"硬指标"的问题，更为根本的是要解决综合提升"村民"的思想文化素质这一"软实力"问题。城乡文化一体化建设的最终诉求，一方面是让广大农村地区农民群众与城里人一样，能够平等自由地享受一切人类文明成果，能根据自身意愿和兴趣偏好，自由地参加和开展各种文化活动，甚至进行文化创造活动；另一方面则在于通过这一战略的有效推进，能够在广大农民群众的日常生活中，培养起讲民主、讲法治、讲规则的公民精神，同时促进其在生产方式、生活方式、思维方式方面实现现代化。一言以蔽之，推进城乡文化一体化发展，既要关注物质层面的一体化建设，也要把人文关怀、人文精神的建设和培育作为核心和重点，真正体现以人为中心的发展思想。

相对于城市地区，广大农村存在各种文化建设短板，这些短板不仅体现在文化资源投入方面，更重要的还体现在广大农村地区普遍存在的各种不良文化习俗、落后文化生活观念，甚至是有偏差的价值观念。围绕推进城乡文化一体化发展战略，统筹城乡文化发展，实施城乡文化一体化建设，应以提高农民素质和农村文明程度为重点，注重加强农村物质文明、政治文明和精神文明建设的一体化推进。另外，还应充分结合新农村建设的发展规划，以创建文明城镇、文明社区作为提高农民群众思想道德的载体。总之，无论以何种手段推进城乡文化一体化发展，都要始终以"人"为中心，实现城乡居民在文化消费、文化服务享受、文化权利实践上的平等、公正。

### （二）与新型城镇化相协调的一体化

"新型城镇化"是相对于"传统城镇化"而提出来的，最早可追溯到2003年中国共产党第十六次全国代表大会报告。十余年来，在中央政府的持续推动下，"新型城镇化"历经了从提出概念、丰富内涵,到完善理论体系,直至目前全面指导全国城乡建设的过程。2012年11月,中国共产党第十八次全国代表大会正式提出中国要推进"新型城镇化"的战略目标。2013年12月,中共中央召开了新中国成立以来的第一次城镇化工作会议。2014年3月,中共中央、国务院印发了《国家新型城镇化规划(2014—2020年)》。中共十八大以来,中央把新型城镇化提升到破解城乡关系的战略高度。中共十九大报告进一步提出要实施乡村振兴战略。整体来看,新型城镇化是基于中国城镇化的规律、适应新形势的要求、针对现存的主要问题而提出来的。在经济新常态背景下,它将为解决农业、农村、农民问题,推动区域协调发展提供有力支撑。

新型城镇化与城乡文化一体化发展是相互协调和相互促进的。"文化是城市之魂,它既是城镇化进程中的重要组成部分,也是城镇化建设的重要保障和推动力量。……新型城镇化必须把文化传承与创新贯穿其始终。在新型城镇化的发展中,必须加强文化素养的提升和文化理念的融入,要以文化建设为核心,把文化建设纳入城镇规划,做好传承、发展城镇文化这篇大文章,高质量地推进新型城镇化发展。"[①] 因而,新型城镇化建设内蕴着文化发展的诉求,而城乡文化一体化发展格局则可以从新型城镇化发展中找到突破。我国文化的大发展大繁荣,不只是城市文化的大发展大繁荣,同样也是乡村文化的大发展大繁荣,二者缺一不可。因而,在既有的城乡二元结构体制下,在破解城乡文化发展困境难以找到有效着力点时,要利用好国家推进新型城镇化和实施乡村振兴战略的重要战略机遇期,把文化建设纳入其中,通过边际改进的方式,逐步缩短城乡之间的文化差距。正如国内学者指出的,"在新型城镇化中,要树立'文化城镇化'的意识,建设好、管理好居民文化生活空间,为广大人民群众提供丰富的业余文化生活,提升人民的幸

---

① 范周:《新型城镇化与文化发展研究报告》,光明日报出版社2014年版,第6—7页。

## 第四章　推进城乡文化一体化发展的理论建构

福指数,通过文化的熏陶,让农民适应城市生活"。①

城市-乡村,既是一种地域概念、经济概念,又是一种文化概念。城市更多展现的是一种工业文明,而农村更多包含的是一种传统文明(文化)。在一定程度上可以说,城市是"外生性"文明的集散地,而乡村则是"内生性"文明的发源地。二者之间虽然有些界分,但对于城乡文明本身来说,却不存在孰优孰劣之分,更不是"先进"与"落后"的对比。推进城乡文化一体化发展,既不是因为乡村没有文化,因此要由国家通过一系列的服务安排来给农村"种""输入""植入"文化;也不是用城市的"优等""先进"文化取代乡村"劣等""落后"文化。相反,相对于被"过度消费"的城市文化而言,由于外生性文化的强势作用而使乡村自身的内生性文化被"过度漠视",甚至被遗弃,从而引起文化在城乡之间发展的严重不对称。推进城乡文化一体化发展就是在继续发展城市文化的同时,加大对农村文化的发掘、整理、继承、宣传和发扬,使城乡之间文化发展保持一种平衡和协调。

针对城乡之间的文化关系,我们曾于2012年7月至8月对江西、湖南、贵州、重庆、四川五省(市)的8个国家公共文化服务示范区(项目)单位进行过大规模的集中调研。在调研过程中发现,真正的城乡文化一体化并非只是一种单向度的文化输入。对于广大农村地区来说,文化建设并非只是"送戏下乡""送电影下乡""送图书下乡"等之类的文化输入。通过充分发掘、宣传、发扬乡村优秀传统文化,有效激发乡村文化建设的活力和激活乡村丰富的文化资源存量,才能给整个社会的文化发展带来巨大经济效益和社会效益。赣州市从民间发掘出来的"采茶戏"就是一个典型的例子。据介绍,赣州市群艺馆通过发掘、整理、包装等多种形式,让起源于民间乡土的"采茶戏"成为一个赣州市妇孺皆知且闻名国内

---

① 范周:《新型城镇化与文化发展研究报告》,光明日报出版社2014年版,第13页。

的民间艺术项目，从乡村走向城市，其不仅在市内每年有上百场演出，而且已经走出赣州市，走向全国，受邀到全国超过20个省（市）进行演出，从而让不同地域、不同文化背景的人民群众感受了一出蕴含民族特色的文化盛宴。

"新型城镇化的核心是着眼农民，涵盖农村，实现城乡基础设施一体化和公共服务均等化。……与旧型城镇化相比……新型城镇化要求着力在城乡规划、基础设施、公共服务等方面推进城乡一体化，促进城乡要素平等交换和公共资源均衡配置。"① 新型城镇化背景下的城乡文化一体化发展，不仅仅是城乡文化基础设施建设的一体化，更在于通过文化一体化的发展规划，在乡村社会培育一种健康、文化、和谐的社会风气，培育一种人人尊重社会公序良俗的公民品格。

### （三）与经济社会发展水平相适应的一体化

城乡文化一体化不是"一样化"。在确保基本公共文化服务均等化、城乡文化体制机制一体化和生活质量同质化的前提下，城乡文化发展根据各地资源禀赋、客观环境、现实需要实行差异化发展，并根据社会发展水平提供多元化的文化服务，而切忌贪大求全，超越当时当地的生产力发展水平。有学者也指出，"城乡文化一体化既不是城市文化对农村的同化，也不是农村文化的城市化，而是一个国家、一个社会经济社会发展到一定阶段以后，实现城市文化和农村文化的融合过程"。②

2012年7月，在湖南衡阳的一次座谈会上，一位当地的教授就指出："在当前农村空心化的状态下，推进城乡文化一体化的前提是城乡经济社会发展的协调与平衡，做不到这一点，那么，所谓的

---

① 范周：《新型城镇化与文化发展研究报告》，光明日报出版社2014年版，第4页。
② 陈运贵：《城乡文化一体化的内在逻辑及其发展之道》，《社科纵横》2016年第10期，第51—55页。

城乡文化一体化只是一种空想。"① 应该说，此言一针见血。推动城乡文化一体化的发展，如果只是单纯地想通过建几个图书馆、文化站、农村文化活动室，给相应机构配备一些文化服务设备，配备几本书，那么无疑就是痴人说梦。城乡差距更具根本性的决定因素是经济，即城乡之间的经济鸿沟。经济基础决定上层建筑。而这也正是我们始终强调的一点：研究文化必须要"跳出文化谈文化、跳出文化发展文化、跳出文化建设文化"。如果中国所有乡村经济发展水平都已达到或者接近城市水平，城市对于乡村来说不再具有足够的经济吸引力，不再具有社会向心力时，城乡之间的文化差距便不再是一个问题。同样，如果中国所有乡村的各种基础设施都趋于完善，有健全的医疗、教育、卫生等其他公共服务体系时，一些农村居民似乎也再无必要抛家弃子地往城市里挤了。

**（四）以保障公民文化权利为根本的一体化**

归根结底，一切围绕着公民所提供的各种文化基础设施、文化消费内容，本质都是为了保障公民的文化权利，无论他们生活在城市还是农村，不管是富裕还是贫穷。文化权利是人人享有的基本权利之一，1966年联合国大会通过的《经济、社会及文化权利国际公约》对文化权利的规定是："公民文化权利包括人人有参与文化生活的权利；享受科学进步及其应用产生的福利的权利；作者对其本人的任何科学、文学或艺术作品所产生的精神上和物质上的利益，有享受保护的权利；科学研究和创造性活动所不可缺少的自由等。"② "文化权利的核心是公平性。"③ "文化公平是指人人都拥有平等享受文化资源的机会和权利，每个人所特有的文化需求都能得

---

① 2012年7月16日在湖南衡阳群艺馆对张齐政的访谈记录。
② 转引自［新加坡］阿努拉·古纳锡克拉等：《全球化背景下的文化权利》，中国传媒大学出版社2006年版，第14页。
③ 花建：《文化软实力：全球化背景下的强国之道》，上海人民出版社2013年版，第261页。

到满足,这种机会和权利不受性别、种族、身份、阶层等因素的影响。"①

在以往的城乡文化建设体制机制中,由于受到城乡二元结构的影响,广大农村地区长期被轻视甚至忽略,在公民文化权利实践领域,农村居民与城市居民存在巨大差异,农村居民的文化权利难以得到有效保障。一方面,由于文化经费投入的不足,农村社会不能自觉地有效保留和传承乡土社会的各种优秀传统文化;同时,受限于特殊的地理区位条件,各种优质的现代文明成果不能及时有效地输入农村社会。另一方面,在市场经济大潮中,受到各种消费主义、市场观念的浸染,各种低俗、封建的文化反而在广大农村地区大肆传播,侵蚀着原本淳朴、良善的乡村文明。最终,在双重压力夹击之下,乡村社会的文化建设出现各种颓势和衰败,与市场经济同步前进的广大农村地区,因为文化建设的短板效应而被拒绝在公平享受文化权利的大门之外。新时代背景下,保障公民文化权利,让广大农村地区的农民群体与生活在城市地区的居民能够公平、平等地享受现代文化成果、参与社会文化生活,便成为推进城乡文化一体化发展的题中之义。

## 二、城乡文化一体化发展的系统构成

推进城乡文化一体化发展,本质上是加强城乡融合,而这种融合不仅表现在主体系统融合(农民-市民、本地人-外来人)、客体(或者称为要素系统)系统融合(一体化的内容体系:文化事业、文化产业、文化资源、文化权利、文化市场、公共文化服务),而且表现为主客体发生作用的空间系统(区域之间、省-市-县-乡-村之间所形成的行政区域空间)融合。从这个意义出发,通过相关因

---

① 潘乃巩:《经济、社会及文化权利国际公约》,《国际展望》1997年第22期,第34页。

素的分解与组合，我们认为城乡文化一体化发展的构成系统主要包括主体系统、要素系统以及空间系统（见图 4-2）。

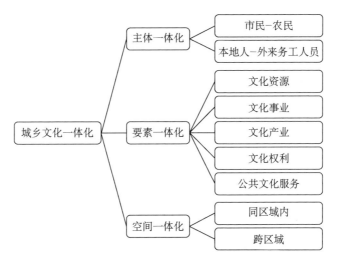

图 4-2 城乡文化一体化发展的构成系统图

（一）主体系统的一体化

从城乡文化一体化发展新格局的科学内涵看，由于新型城镇化背景下的城乡文化一体化是基于"人"的一体化，因而我们把城乡文化一体化发展的主体理解为生活在这一空间范围内的"人"，具体来说就是"市民-农民"以及"本地人-外来务工人员"这两大类主体。城乡文化一体化发展的形成，就是让生活于城市与农村这两类社会空间中的"人"——"市民-农民"或者"本地人-外地人"——能够获得同等的文化发展机会，享受基本均等的文化服务，共享大致相当的文化成果以及平等自由地参与丰富的文化生活。

1. 市民-农民

长期以来，中国社会实施的"城乡分治"政策，使得"城市"和"乡村"代表了两种不同的生产和生活方式类型，甚至是两种不同的社会文化类型。它们在产业结构、发展水平、物质构成、文化类型等诸多方面都存在差异，这使得城乡之间形成了难以逾越的鸿沟，由此所带来的"农民"与"市民"的二元结构问题在我国的城市化过程中更是日益凸显出来，引发越来越多的研究和关注。在推进城乡文化一体化的过程中，"农民"与"市民"关系的重构以及农民的市民化进程，就成为探讨城乡文化关系的一个重要方面。

事实上，"农民"这个概念的内涵和外延随着历史的发展不断地演变，西方对农民概念的界定曾出现过长期的历史性分歧，我国对"农民"概念的解释也存在不同的说法。在西方，早期的古典主义者把农民看作历史上各个时期存在的个体农业生产者，他们视农民为"理性的小农""便士资本家"。而另一派则把"农民"看作宗法社会或农业社会里的所有居民，不包括诸如发达国家的农场主这样的非农业社会的农民，其代表是提出"农民社会"五个标准的美国农民学家丹·索尼。[①] 马克思并没有写过专门研究农民与农民个体经济问题的著作，但在他的主要著作中，尤其是在《资本论》这部巨著中却对农民的科学含义、农民个体经济的性质、农民个体经济的适应性以及农民个体经济的局限性等相关问题进行了精辟论述和分析。马克思主义主张将农民定义为特定生产关系中的一个阶级。英国的 R.希尔顿是当代西方马克思主义农民学代表人物之一，他曾提出界定农民概念的七个标准。我国出版的《辞海》对"农民"的定义是：直接从事农业生产的劳动者。长期以来，国内学者对农民概念的解释也没有统一的界定，归纳起来，大致有以下几种说法。第一种说法是指居住在农村的人；第二种说法是指持有农村户籍的人；第三种说法是指与公有制土地相联系的集体农民；第四种说法是指从事农业生产的人或从事第一产业的劳动者。在探讨城乡一体化过程中的农民市民化问题时，我们建议，对"农民"的概念内涵要结合当前的历史阶段特征和基本国情加以分析。

在许多发达国家，随着农业生产的日益工业化和现代化，越来

---

[①] 周文英：《征地农民的角色转型研究：基于浦东新区两代征地农民的调查》，上海大学社会学专业硕士学位论文，2006年，第8页。

越多的农业劳动逐渐被现代的机械、设备和生物技术所替代。尽管农民的数量减少了,农民的劳动方式和生产方式发生了变化,但是农业劳动者与农业生产活动的基本联系仍然存在,农民仍然对农业活动起着干预、调节的作用,所以对农民的概念的阐释必须结合农业生产活动这一本质特征,农民与农场主、农业工人同义,农民就是农业生产活动的直接经营者和生产者。而在我国,"农民"主要是指身份为农村户籍,长期或固定居住在农村,以农业生产劳动为主要职业,思想观念、日常生活、交往方式等方面与农村社会、小农经济相适应的一类群体。在内涵上,它是一种与城市居民相对称的、历史性的社会身份。

同样,"市民"的概念与"农民"是相互依存的,这两个概念相对应存在,相互对比才能体现出各自的特征。法国社会学家H.孟德拉斯指出:"农民是相对于城市来限定自身的。如果没有城市,就无所谓农民。"① "市民"一词的渊源可追溯至古希腊和古罗马。随着历史的发展,市民在平等契约的基础上,真正自主地享有权利、履行义务,引导社会发展的方向,至此现代意义的市民才开始完全显现。

新型城镇化背景下,推进城乡文化一体化发展,一个重要目标便是让生活在这两个区域的市民与农民能够在各自的生活空间范围内实现文化发展权利的均等共享、公共文化服务的均等供给、文化生活的共同参与。

2. 本地人-外来务工人员

"市民-农民"的对立是在"城乡二元结构"中形成的,同样,"本地人-外来务工人员"这一对称性表达也是在城乡二元结构中产生的。对此,有学者较早就指出,② 城市外来务工人员是我国特殊

---

① [法] H.孟德拉斯:《农民的终结》,李培林译,中国社会科学出版社1991年版,第8页。
② 邓保国、傅晓:《农民工的法律界定》,《中国农村经济》2006年第3期,第70—72页。

时期下的产物,其产生的根本原因也是城乡分治。在当前社会背景下,与生活于城市社区的市民相比,生活于乡村社会的广大农民群体,不仅在文化福利、文化权利、文化权益保障方面存在巨大落差,而且那些从乡村社会走出来到城市务工谋生,但户籍并没有变化的广大劳动者,在实际享受各种文化福利、文化权利方面与户籍在城市的居民相比也存在较大落差。在现实中,这类来自农村的城市劳动者被称为"城市外来务工人员"。

我们知道,外来务工人员纷纷涌入城市,带来了一系列的问题,比如就业、生活适应等问题,而且城市外来务工人员的职业结构层次较低,① 主要集中在劳动环境差、劳动强度大、工作时间长、危险性高、工资待遇低的劳动岗位。② 有学者指出,户籍制度是造成一些地方城市外来务工人员在进城务工中遭遇就业机会、就业待遇以及就业保障歧视之根源。③ 在社会保障方面,目前城市外来务工人员社会保险参保率、参保方式、具体政策都还面临一些问题,就业的流动性特征与社会保险体制间的矛盾日益突出,④ 产生这方面问题的主要原因在于城市外来务工人员参保意识不强、收入低、缴费能力差、医疗缺乏保障和医疗保险关系转移困难等。⑤ 另外,城市外来务工人员子女普遍面临学业、道德失范、生活失助、亲情失落、心理失衡、安全等问题,影响了城市外来务工人员子女的健康成长。⑥ 目前,一些地方城市外来务工人员及其子女的犯罪率在增加,且表现得越来越突出。

---

① 付磊、唐子来:《上海市外来人口社会空间结构演化的特征与趋势》,《城市规划学刊》2008年第1期,第69—76页。
② 杜毅:《农民工就业现状与对策研究——以2 834名农民工为例》,《重庆三峡学院学报》2009年第1期,第129—132页。
③ 张智勇:《户籍制度:农民工就业歧视形成之根源》,《农村经济》2005年第4期,第123—127页。
④ 潘旦:《农民工子女城市融合问题研究》,《黑河学刊》2010年第9期,第150—152页。
⑤ 马明杰:《农民工社会保险问题研究》,《才智》2011年第28期,第34—35页。
⑥ 王萍、周闻燕:《外来务工人员城市归属感研究——基于宁波市的问卷调查》,《中国市场》2011年第5期,第120—121页。

有研究指出，城市外来务工人员与本地居民之间存在隔阂。城市外来务工人员的城市归属感不强，个体化差异明显，[①] 其对区域的认同感发生断裂，这主要是由于流动性，以及长时间在城市工作而原有的生活习惯和思维方式与城市居民不一致导致的。[②] 要推动实现城乡文化一体化发展新格局，就必然要把生活在这种同一空间范围内的不同主体有效纳入一体化体制之中，让他们能够平等地参与文化一体化建设，共享文化一体化发展的成果。

### (二) 要素系统的一体化

1. 城乡文化资源互补

城市与农村只是两个地理概念，只是在中国特殊的国情环境下，由于制度规则的长期作用，才使得这两个地域概念被赋予了多层含义，甚至成为一个政治性概念、经济性概念，并且具有了价值评判上的"优劣"之分。事实上，从文化资源占有的角度看，相比城市社会的各种现代性文化资源，乡村社会也占有着各种独具特色的乡土文化资源，而且二者之间并不存在必然的排斥关系，更不存在孰优孰劣问题。在探讨城乡文化一体化发展时，认识以下两个方面的关系很重要。第一，有一种长期存在的看法，认为城市文化是先进的，农村文化是落后的，这种看法有失偏颇，因为在城乡文化关系问题上不是谁压制谁、谁统治谁的问题。城乡文化关系的核心要义在于相互融合与取长补短，城市文化应该借鉴传统优秀农村文化，农村文化也要积极吸收现代城市文化，二者相互借鉴、取长补短。第二，统筹城乡文化建设时，尤其在建设农村社会文化时，不能只注重外部文化的输入，忽视农村内部文化挖掘、发展与建设。

---

[①] 李广贤:《外来务工人员对区域文化的认同问题研究——以泉州外来务工人员对闽南文化的认同为例》,《赤峰学院学报》（哲学社会科学版）2011年第4期,第64—66页。

[②] 谢艳伶:《外来务工人员信息服务需求调查与对策研究——以广州地区为例》,《图书馆学研究》2011年第12期,第66—70页。

相反，应把内外力量整合起来，实现内外文化融合，充分发挥农村内部文化建设的主导作用。

2. 城乡文化事业同步

仅仅依靠政府主导下的城乡文化事业是不足以支撑整个城乡文化发展的，城乡文化产业作为文化建设的重点和亮点必须作为文化发展战略的基本内容和主攻方向。一般来说，文化事业是指以继承和弘扬优秀传统文化，吸收和同化优秀域外文化，丰富和提高人们的审美水平、思想觉悟、道德素养和才智能力，淳化和优化社会风气、生产秩序、行为规范与价值取向，并能为人的全面发展和社会的全面进步提供精神动力、智力支持为目的的文化建设。由此可以看出，文化事业与人们的日常生活息息相关，是人民文化利益的最直接体现。正因为如此，在国家的话语逻辑中，"满足人民基本文化需求（就）是社会主义文化建设的基本任务"[①]"在文化发展目的上，明确要坚持以人为本，满足人民群众日益增长的精神文化需求，保障人民基本文化权益"。[②] 这样的表达，就成为一种工作方针和行动准则。

早在 2007 年 10 月中共十七大上，胡锦涛代表中共中央所做的报告就明确提出："要积极发展新闻出版、广播影视、文学艺术事业，坚持正确导向，弘扬社会正气。重视城乡、区域文化协调发展，着力丰富农村、偏远地区、进城务工人员的精神文化生活。"[③] 在中共十八大报告中，胡锦涛又再次强调"坚持面向基层、服务群众，加快推进重点文化惠民工程，加大对农村和欠发达地区文化建设的帮扶力度，继续推动公共文化服务设施向社会免费开放"。推进城乡文化一体化发展，就是指在发展公共文化事业过程

---

① 《中共中央关于深化文化体制改革　推动社会主义文化大发展大繁荣若干重大问题的决定》，人民出版社 2011 年版，第 25 页。
② 《十七大以来重要文献选编》，中央文献出版社 2009 年版，第 181 页。
③ 中共中央宣传部、中共中央文献研究室：《论文化建设——重要论述摘编》，学习出版社、中央文献出版社 2012 年版，第 86 页。

中，改变过去不合理的城乡分割、城乡区别对待的文化发展政策，把城乡文化视为一体，在城乡一体化发展的框架下，建立统筹发展体制，统一财政、规划、公共文化体系建设等，合理配置文化发展资源，把有限的公共资源和人力用于推动城乡公共文化共同发展、协调发展，以城乡合力同步推进城乡公共文化建设，同步发展公共文化事业。

3. 城乡文化产业联动

文化产业是指在市场经济条件下，以文化产品和服务提供为主要内容，通过竞争和市场化运作，赚取利润的经济活动。发展文化产业是满足人民群众日益增长的精神文化需求的需要，是产业结构战略调整、解放和发展文化生产力、增强我国文化竞争力的需要，是维护国家文化安全和文化主权的需要。但长期以来，一些地方党委和政府在文化建设上重城市、轻乡村，城乡文化发展政策失衡，致使城市的文化产业发展水平较高，而农村相比之下明显存在着经费不足、基础设施相对薄弱、机构运转困难、公共资源偏少等现象。而且，民资兴办的文化产业项目大都集中在城市及其周边，市场经济的利益驱动性会过度刺激民间资本向城市转移，造成农村文化投资偏低，加之政府妥善引导做得不好，经过长期发展，导致农村文化发展的滞后，甚至出现城市文化产业繁荣、农村文化产业凋敝的现状。尤其在市场经济大潮之下，"枯树前头万木春"的景象更为明显。

李炎等人的研究就认为，公共文化与文化产业的不同步或失调问题是导致文化产品产能过剩和产品有效供给不足这一突出矛盾的直接原因之一，[①] 因此主张大力发展文化产业，以文化产业的全面繁荣推动公共文化服务的有效供给。新型城镇化背景下，推动城乡文化一体化发展，其中一个重要方面就是充分发挥市场机制在文化资源配置中的决定性作用，以产业为依托，以文化市场为载体，实

---

① 李炎：《公共文化与文化产业互动的区隔与融合》，《学术论坛》2018年第1期，第135—140页。

现城乡文化产业的联动发展。"中国城乡二元体制机制的最大欠缺，是对农业、农民、农村及环境的亏欠。"① 事实上，根据"短板原理"，既然当前城乡文化产业发展的短板在于农村市场，那么，在推进城乡文化一体化发展规划时，尤其在进行文化产业发展规划时，更应该把着力点放在广大的农村地区。一方面，各级政府要不断健全城乡文化商品市场、文化服务市场和文化要素市场，提升市场中介组织的功能，特别是在政府主导下，通过民办公助、政策扶持，充分调动农民自办文化的积极性。另一方面，城乡文化市场努力在交易种类、交易方式、服务规范等方面与国际接轨，市场管理逐步走上法制化轨道，为农村文化走出农村、城市文化走向世界提供有力的保障。

事实上，农村文化产业包括了文化旅游业、群众文化业、图书报刊业、表演艺术业、媒体信息业、音像业、娱乐健身业、工艺美术业等。我国农村文化资源丰富，对于文化产业来说极具挖掘潜力和市场空间。随着经济社会的快速发展，农村向城市的资源流动除了劳动力以及各种农产品之外，也开始提供诸如腰鼓、皮影、采茶戏等诸多"文化农产品"。农民渴望通过各种合理合法方式实现增收，优秀传统农村文化成为农村发展的另一个重要资源，而这也正暗合了城市的文化需求，推动了农村文化产业快速发展。此外，我国近14亿人口，40%以上生活在农村。新农村需要新农民，尤其随着农村经济的迅速发展，物质生活水平不断提高的农民对于精神文化生活有了更高的需求和期待，需要更多优秀精神文化产品和服务的供给。

"乡村振兴的立足点无疑在乡村，根基是'乡土'，根本是'文化'。乡村振兴的杠杆则在城镇化与农业现代化，最重要的支点是'小城镇'，核心是'文明'。"② 在国家进行经济转型、推动高质量

---

① 张强：《中国城乡一体化发展的研究与探索》，《中国农村经济》2013年第1期，第15—23页。

② 凌龙华：《乡村振兴中的文化到场》，《群言》2018年第3期，第28—29页。

发展战略目标下，实施乡村振兴战略，发展农村文化产业，不仅可以提升农村社会的文化消费水平，提升广大农民的综合文化素质，更可以优化农村产业结构，增加农村有效文化供给，培育农村经济增长的"内生力"。传统观念中，我们往往只重视农村的有形资源，诸如土地、劳动力、农产品等，这些资源的高效利用也的确为农村发展提供了强劲的支持。但我们必须认识到，农村文化产业作为没有污染、低耗能、不占用土地、无需大资金投入的产业，既能够带来农村地区的新发展，又能够满足农民的精神文化需求，可以说是一举两得的事情。对此，早在2006年就有媒体指出，"农村文化产业带动起来的文化旅游、文化服务、民间工艺加工、民俗风情展演等，已成为农村的新兴产业"。① 农村产业结构也随着文化产业的不断兴起而出现了向现代服务业转型的过程，农村经济发展出现了升级换代的趋势。而在这一轮农村产业升级换代过程中，那些具有深厚传统文化底蕴的地方，往往拥有极大的发展潜力。特别是一些经济发展相对滞后、货币资本奇缺，但却拥有独特乡村文化传统优势的地方，完全可以利用"文化资源"改变经济社会发展格局，用好丰富多彩的乡村文化资源，以文化产业助推乡村振兴战略。这样一来，农村文化产业的广阔市场空间和市场前景吸引着大量资本进入这个行业，加之群众日益觉醒后的主动"挖掘"与"保护"，许多已经沉睡的优秀民族传统文化又可继续焕发出迷人的魅力。

4. 城乡文化权利平等

在中国的城市与乡村空间中，由于城市与乡村不仅仅是地理概念，更是一个政治性概念，因而，附着于城市与乡村的社会资源也因这种城乡分治格局而出现各种差异。同样，不同于城市文化的开放、多元和引领潮流，基于经济发展水平、受教育程度、传播媒介等的影响，乡村文化表现出较强的封闭性和独立性的特点，其对外

---

① 刘晓辰:《发展农村文化产业恰逢其时》,《经济日报》,2006年6月20日,第11版。

来文化的接纳力非常弱，加之城市商品社会所制造出来的流行文化并不契合农民实际的生活方式和价值观，以至于尽管受到城市文明的辐射，现代文化在乡村的建立与发展依然呈现出严重滞后的局面。于是，与现代都市丰富多彩的文化生活相比，中国不少乡村文化生活则是一览无余的简陋和苍白，最终导致城乡居民在享受人类社会发展的文化成果方面存在着巨大的权利鸿沟。简单来说，城市群体得到的公共文化服务相对丰富多样，农村群体享受的公共文化服务相对单调而且严重缺乏，城市接受文化教育服务的手段较多，而农村获得文化教育服务的手段较单一。更值得关切的是，这种文化权利不平等还体现在农村社会内部，即农民自身文化程度越高，接受公共文化的机会越大，参与文化生活、进行文化创造的可能性就越大；反之，则越小。

国家文物局的文物普查显示，"我国广大乡村地区的文化遗产数量众多，在各级文物保护单位中，有半数以上分布在村、镇，并且不断出现新的类别"。① 但自改革开放以来，在市场经济大潮中，在商品意识的侵袭下，乡村社会的文化多样性受到了前所未有的冲击，大量追求经济效益的历史文化遗迹（物质与非物质文化遗产）的商业开发，容易造成对传统文化的误读与肤浅化理解。能够想象的是，"用一种典型化的或者缩微的方式来展示某一族群或者社区具有深厚历史意蕴的民俗文化，将真实的生活置于戏剧化、仪式化的场景之中，作为被观赏的对象，时间无疑已碎化为一系列永恒的当下片断，历史与文化就这样被平面化、瞬间化了"。② 可见，当市场成为文化的应用空间和实践平台并被过度利用时，当内含丰富价值的文化被注入粗暴的商业经济元素时，虽然文化形式被保存

---

① 单霁翔：《乡土建筑保护刻不容缓　完善保护体制是关键》（2007年4月13日），人民网，http://culture.people.com.cn/GB/5613187.html，最后浏览日期：2020年6月5日。

② 朱勤：《小议民俗旅游文化资源开发及保护》，《科技、经济、市场》2007年第8期，第113—114页。

第四章　推进城乡文化一体化发展的理论建构

了下来，但其丰富的文化内涵其实早已"魂飞魄散"了。从文化权利保护的角度看，乡村社会居民的文化权利无疑受到了另一种不平等的待遇。

前文中我们分析指出，文化权利是人人享有的基本权利之一。享受人类社会发展的文化成果、参与文化生活、开展文化创造活动以及文化创造所产生的文化成果受到法律保护，共同构成当代民众完整的文化权利形态。从其内涵看，文化权利的核心特征是"公平性"，即无论什么性别、年龄、种族、身份、阶层以及生活在不同地域、不同空间内的公民都能平等、自由地享受这种权利。诚如《世界人权宣言》第二十七条规定："人人有权自由参加社会的文化生活，享受艺术，并分享科学进步及其产生的福利。""人人对由于他所创作的任何科学、文学或美术作品而产生的精神的和物质的利益，有享受保护的权利。"推进城乡文化一体化发展，作为关键构成要素的城乡文化权利，必然要成为一体化的重要议题，甚至成为衡量城乡一体化发展水平的核心指标。

5. 城乡公共文化服务均衡

推进文化体制供给侧结构性改革，完善公共文化服务网络，提升公共文化服务的质量，提高公共文化产品的生产供给能力，是一项关系到人民群众精神文化生活的民生工程，也是一项全面提高国民文化素质，夯实中国特色社会主义文化的群众基础，增强我国文化凝聚力、吸引力的基础性工程。公共文化服务体系在城乡的全覆盖，意味着现代文化生活内容、方式与观念在城乡的全覆盖，也意味着推进城乡文化的同步性与共时性发展。因而，在城乡之间提供均衡化的公共文化服务，必然构成城乡文化一体化发展的题中之义。中共十七届六中全会对建设公共文化服务体系作出了明确部署：结合当地实际，坚持公益性、基本性、均等性、便利性，在满足群众基本文化需求的基础上，积极探索如何形成网络健全、结构合理、发展均衡、运行有效、惠及全民的公共文化服务体系。我们做进一步解读会发现，这里提出的"公益性"，就是要求政府提供的公共文化服务基本上是免费的，或者是低于成本、收费很少的服务；基本性，就是指政府提供的是基本文化服务，而不是所有文化服务；均等性，就是不分男女老少，不分富人穷人，不分城市农村，不分东中西部，都平等地享受服务；便利性，就是要网点化，做到一定范围内必须有公共文化活动场所，方便群众就近参加。结合城乡文化一体化发展的科学内涵，本书认为，推动城乡公共文化服务均等化，自然是其一体化的重要组成部分。关于公共文化服务均等化的进一步研究，我们会在本书的第六章和第七章进行详细阐述。

### （三）文化空间系统一体化

1. 同一行政区域内的一体化

鉴于城乡之间文化的相互支撑关系以及文化本身的多元内涵，我们认为，城乡文化一体化中的"一体化"至少包括：（1）单一城区内"市—区—街道—社区"，a.文化基础设施覆盖均匀化，b.文化基础设施建设使用无缝隙化，c.文化基础设施使用平等化，d.文化基础设施内的资源配置与当地实际需求状况相匹配，e.文化资源在同一城市之间的优化组合并能顺畅流通，便于实现资源的有效整合；（2）某一行政辖区内的"市—县—乡/镇—村"，a.文化基础设施覆盖均匀化，b.文化基础设施建设配套化完整化，c.文化基础设施使用无障碍化，d.文化基础设施使用平等化，e.文化资源配置与当地实际文化需求状况相匹配，f.文化资源在同一辖区内能有效互换和顺利流通。

2. 跨行政区域的一体化

在阐述未来城市建设的目标时，《国家新型城镇化规划（2014—2020年）》指出，为推动公共服务的便捷化，需要"建立跨部门跨地区业务协同、共建共享的公共服务信息体系。利用信息技术，创新发展城市教育、就业、社保、养老、医疗和文化的服务模式"。从上述《规划》可以看出，建立跨地区的公共文化服务体系不仅可以作为改善城市发展环境、提升城市发展空间的重要途径，也是推动城乡文化一体化发展的有力举措。从城市和区域经济的演进看，当前我国正在进入一个良性发展的轨道。从不同城市的规模结构看，人为地预设一个合理的规模结构及最佳规模显然是不明智的。不同规模的城市是一个有机的整体，城市规模结构是一个具有等级、共生、互补、高效和严格"生态位"的开放系统，大中小城市及中心镇都应当在吸纳人口或集聚产业中得到协调发展。① 同样，通过在城市圈（群）内部共筑区域共同市场，为商品、要素、服务、企业的自由流动及区域内各类市场主体平等地进入市场并平等地使用生产要素提供统一的市场规则，减少区域市场运行的交易成本和联系成本，使市场和作为市场主体的企业真正成为推动城市吸纳农村剩余劳动力的主要动力，成为主动开发农村文化资源、发展农村文化的主力军。因而，从现实逻辑看，推动城乡文化一体化发展，也需要充分发挥大城市、城市组团、城市圈（群）在城市化空间载体和公共服务载体中的核心作用。

经过四十多年的改革开放，中国的部分区域（典型代表如长三角经济圈、粤港澳大湾区等）已经形成了极强的核心竞争力，在国内国际生产服务链中已经占据主导地位。无法回避的是，随着多年的经济高速增长，城市规模不断扩大，由于治理能力未能同步跟上，城市群区域内也同样集聚了大量矛盾和问题。通过区域协调，统筹城乡发展，促进城乡社会融合，综合协调利用各种自然资源和保护生态资源，宏观调控城市群区域内各项生产服务要素的空间布局，从而理顺区域经济发展和资源生态的可持续利用之间的关系，促使城市群在经历高速经济增长之后仍能整体协调发展，这将是未来区域发展的重要方向。②

---

① 唐茂华：《金融危机下天津滨海新区的发展态势及应对举措》，《湖北社会科学》2009年第10期，第75—78页。

② 吕斌、陈睿：《我国城市群空间规划方法的转变与空间管制策略》，《现代城市研究》2006年第8期，第18—24页。

我们还可以从正在深入实施的《京津冀协同发展规划纲要》中看出这种跨行政区域整合的努力。统计资料显示，[①] 京津冀三地发展水平差距悬殊，公共服务水平落差大。2014 年，河北人均 GDP 仅为北京的 40％和天津的 38％，人均财政收入分别只有北京、天津的 1/6 和 1/5，城镇居民人均可支配收入和农民人均纯收入分别为北京的 55％和 50％，天津的 77％和 60％。同时，河北 2014 年的人均财政支出分别只有北京、天津的 30％和 33％，辖区内没有一所"211 工程"高校，2014 年每千人口拥有医疗机构床位数和职业医师数分别约为北京的 1/3 和 2/3，平均受教育年限比京津落后 2—3 年。因而，2015 年 7 月以来，京津冀三省市分别审议通过贯彻落实《京津冀协同发展规划纲要》的实施方案，三地新的功能定位也随之明确。在此基础上，京津冀协同发展路径开始日渐清晰，即优化首都核心功能，强化京津双城联动，通过打造区域性中心城市、重要节点城市，打造现代化新型首都圈，有效推动区域经济、社会、文化一体化进程。在国家战略引导下，近年来京津冀三地通力协作，按照"功能互补、区域联动、轴向集聚、节点支撑"的布局思路，围绕"一核、双城、三轴、四区、多节点"的框架，在非首都功能疏解、交通一体化发展、生态环境保护、产业升级转移、文化产业发展等方面取得了显著进展。

## 三、城乡文化一体化发展的评估体系

城乡一体化发展是一个循序渐进的过程，需要经历不同的发展阶段。构建相应的评估体系，对推进城乡文化一体化发展进程进行评价，就成为科学辨识当前城乡文化一体化发展阶段与水平，系统掌握特定行政区域内城乡文化一体化发展基本情况和阶段性特征，

---

[①] 数据引自《京津冀功能定位：建以首都为核心的世界级城市群》（2015 年 7 月 16 日），新浪网，http://news.sina.com.cn/c/2015-07-16/100432114004.shtml，最后浏览日期：2020 年 6 月 5 日。

进一步理清发展思路,加快城乡文化一体化进程的重要前提。结合现阶段中国经济社会的发展实际,本书认为,当代中国城乡文化一体化发展实现程度的评价体系,可以从以下几个方面进行思考和设定。

### (一)可满足性

前文已经阐述,新时代背景下的城乡文化一体化发展是以"人"为中心的新格局,人始终是衡量新格局的核心要素。城乡文化建设是否能够满足生活于城乡社会空间范围内的主体"人"的各种文化需求,就成为评价城乡文化一体化新格局建设成效的关键要素。

改革开放至今,由于社会空间的持续开放,以及人们主体意识的不断觉醒,以往社会主体单一化的格局早已被打破,表现为社会主体的日趋多元。然而,社会主体的多元化必然导致社会主体的需求多元化,并逐步呈现个性化发展趋势。计划经济时代,一方面,社会主体并不具有完全的独立性和社会自主性,各种利益需求需要依附于其所归属的"单位",由"单位"进行统一供给和分配。另一方面,受集体主义、共产主义、社会主义等一系列政治意识形态教育的影响,大家普遍认为国家利益包含个人利益,国家利益高于个人利益,社会主体的各种利益需求应该服从于国家整体的利益需求,社会的局部利益服从于国家的整体利益,个人的眼前利益服从于国家的长远利益,整个社会呈现出利益单一化格局。但随着计划经济体制的解体和改革开放的深入,社会主体不断获得独立性和自主性,而且满足其利益需求的手段日趋多样化,社会整体的利益诉求也呈现多元化、个性化的发展趋势。人们不仅需要获得物质上的满足,更要获得精神上的享受;既要求提升实现自我发展的独特能力,又要求获得能够实现平等发展的基础能力;既需要获得保证起点公平的均等化公共服务供给,也需要可靠、可信的规则约束来保证过程公平、程序公平。

根据马斯洛需求层次理论，当人们的低层次需要得到满足后，便会转向寻求更高层次的需求满足。随着中国经济的快速增长，人们的物质生活得到极大改善之后，精神文化生活的需求便成为关注焦点。人们为了满足自身的精神生活需要而形成的对文化产品和服务的需求，便形成了文化需求。在开放社会环境下，多元社会主体的存在必然产生多元文化需求。从需求属性看，公民的文化需求既包括对有形（无形）商品性文化产品（服务）的需求，也包括对有形（无形）公益性文化产品（服务）的需求；从需求内容看，既包括对"阳春白雪式"文化产品（服务）的需求，也包括对"下里巴人式"文化产品（服务）的需求。从供需平衡的角度看，既然多元社会主体存在着多元的文化需求，就需要多元的文化供给机制创新与之对应。总之，在具体的生活实践中，针对多元的公民文化需求，我们需要倡导多元主体、多方社会力量、多种社会资源参与文化建设、文化服务生产与供给的体制机制。城乡文化一体化发展进程由一系列体制机制所塑造，对多元主体的多元文化需求的可满足性就成为测评这些体制机制的重要因素。

### （二）一体化程度

"一体化"始终是本书的核心关键词，它既是一个理论术语，更是一种实践表达。作为一种实践表达，"一体化"可作为动词使用，强调过程取向，着重突出过程的方向性；也可作为形容词使用，凸显结果导向，着力阐述城乡文化建设的总体目标规划与实践效果。在本书中，城乡文化一体化中的"一体化"，我们认为应该是一个过程与结果的统一体，即在坚持以人民为中心的发展思想统领下，是突破城乡分割、地区封锁的各种体制机制和思想观念影响，实现城乡之间文化生产要素自由流动、生产力的均衡布局、精神文化生活同质、城乡差别基本消失的一个长期和动态的过程，是全面建成小康社会和构建社会主义核心价值体系的目标、过程和实现路径的有机统一。那么，我们如何衡量这种一体化呢？

1. 主体包容性

在阐释城乡文化一体化的构成系统时，我们认为，城乡文化一体化发展是一个由主体结构、要素结构和空间结构三个系统构成的完整整体。作为衡量"一体化"程度的第一个指标体系，是指"主体"内容的包容性，即城乡文化一体化发展的过程是否把所有与文化建设有关的主体有效纳入，是否让与文化建设有关的主体都能有效地参与其中，并根据自身的资源禀赋使其充分发挥作用。就这一层面的主体包容性看，主要是指政府、市场以及社会这三大主体系统。同时，从城乡文化一体化的结果看，主体包容性主要指在这种一体化格局之下，无论是市民群体还是农民群体，无论是本地人还是外来务工人员，都能不分民族、性别、年龄、阶层、文化程度等客观因素，平等自由地享受各种文化成果、文化服务，参与文化生活，开展文化创造。

2. 公共文化服务的均衡性、普惠性

公共文化服务的均衡性、普惠性是一个多维的目标评估体系，在公共文化服务领域，既可以使用"覆盖率"来衡量，如乡镇综合文化站覆盖率、农村文化活动室（文化大院）覆盖率、乡镇文化产业规划覆盖率等；也可使用"人均标准"来体现，如人均文化经费投入、人均文化消费支出、人均图书藏书量、人均文化设施面积等。我们还可以使用"城乡比值"来衡量，如城乡人均公共财政投入比，城乡人均公共卫生与公共文化事业支出比，城乡居民收入（支出）比等。事实上，早在2006年，中共十六届六中全会通过的《中共中央关于构建社会主义和谐社会若干重大问题的决定》就明确提出了"逐步实现基本公共服务均等化"的重大决策，并将"促进教育公平""加强基本公共文化服务"等公共服务建设纳入政策议程；2009年，世界银行发展报告《重塑经济地理》也提出"通过连接空间的基础设施，使人民更好地享用公共服务，更好地利用各种经济机会,实现包容性增长"。①

### 3. 要素协调性

城乡文化一体化发展是由多种要素构成的,如城乡文化资源、文化事业、文化产业、公共文化服务、文化权利等,这些要素不仅要求在城乡之间实现协调发展,如城乡之间文化资源的优势互补、文化事业的同步推进、文化产业的联动发展、文化服务的均衡覆盖、文化权利的平等共享,而且还要求这些要素之间相互协调,即各个要素之间并非孤立存在而是相互依存、相互促进的。推进城乡文化一体化发展,不仅要关注各构成要素的协调发展,更要把这些要素看成一个有机系统,加强各要素间的协调互动,以便整体推进。有学者把这种要素的协调与中国的文化强国梦相联系,指出要实现中国文化强国梦,必须实现公共服务创新与文化产业发展的需求匹配和供给匹配,构筑一个以需求为导向、市场决定资源配置的现代公共文化服务体系。②也有学者指出,收入水平的提升并非一定会拉动文化产业的发展,因为除了经济的因素,文化产业的提升还需要公共服务与之匹配。……公共服务与文化产业发展的需求动力匹配主要体现在培育、释放和提升居民对文化产业的需求上。③

### 4. 可持续性

推进城乡文化一体化发展是一个长期的过程,不可能一劳永逸,更不可能一蹴而就,而是需要长期持续的努力,需要在这个持续的过程中不断修正和调整各项要素体系、主体结构以及目标体系。从财政支出角度看,政府推动的城乡文化一体化是有成本的,这个成本主要包括财政转移支付(它主要形成社会的公共文化产品

---

① 世界银行:《重塑经济地理》(2019年3月25日),世界银行网,https://www.worldbank.org/en/events/2019/03/25/world-development-report-2009-reshaping-economic-geography2,最后浏览日期:2020年6月13日。

② 胡志平:《文化强国梦、文化产业与公共服务机制及其创新》,《社会科学研究》2015年第2期,第42—49页。

③ 同上。

或服务)、政策资源和机会成本。

重要的是,在市场经济条件下,市场机制要发挥决定性作用;但是,政府在此并非是无所作为的,恰恰相反,政府可以通过制度、政策资源的配置和再安排,夯实、扩大文化产业支撑的平台。这也是改革与发展的辩证关系,政府在这个层面可以有大作为和发挥不可替代的作用。甚至可以说,这个作为和作用越大,城乡文化一体化的可持续性就越强。

### (三) 可达性

公共文化服务是城乡文化一体化的重要着力点,这就决定了公共文化服务的可达性也是衡量城乡文化一体化的关键指标。对于什么是"可达性",我们可以参考彭菁、罗静等人的解释。[①] 他们以基本公共服务为研究对象,把可达性理解为城市或区域内部基本公共服务的相对区位价值与融入社会经济活动的便捷度。他们还进一步阐述指出,"可达性"事关城市公共资源分配的社会公平与公正,是反映城市居民生活质量的重要标志。

由此可以看出,可达性的实质是指"从一个地方到达另一个地方的容易程度",[②] 包括起点、终点以及维系两者之间的连接形式。[③] 将可达性引入公共文化服务研究,与之相关的则是公共文化服务的获取者——"人"、各类基本公共服务设施以及连接它们的交通运输系统。在现实中,公共文化服务的可达性受多方面因素影响,已有研究大多数是针对基本公共服务可达性的空间属性进行界定[④]。然而,在现实中,公共文化服务的可达性更受到供需结构的

---

[①] 彭菁、罗静、熊娟等:《国内外基本公共服务可达性研究进展》,《地域研究与开发》2012年第4期,第20—25页。

[②] 同上。

[③] Cromley E K, Shannon G W, "Locating Ambulatory Medical Care Facilities for the Elderly", *Health Services Research*, 1986, 21(4), pp.499-514. 彭菁、罗静、熊娟等:《国内外基本公共服务可达性研究进展》,《地域研究与开发》2012年第4期,第20—25页。

[④] 刘贤腾:《空间可达性研究综述》,《城市交通》2007年第6期,第36—43页。

平衡问题制约，即由公共文化服务主体所生产和供给的公共文化服务是否能够与公共文化服务的获取者——"人"的文化需求相匹配，如不匹配就会出现各种供需之间的结构性矛盾，在公民文化需求正日益多元化、个性化发展的今天情况更是如此。在这种结构性矛盾中，出现的情况往往是，一方面供给量在不断增加，但由于未能与需求有效匹配，造成"供不适求"，形成资源浪费；另一方面却是城乡居民的文化需求得不到满足。对此，下文我们将详加论述。

事实上，针对城乡文化一体化发展进程中的城乡公共文化服务供给，2014年3月中共中央、国务院印发的《国家新型城镇化规划（2014—2020年）》也明确表述，要"加快公共服务向农村覆盖，推进公共就业服务网络向县以下延伸，全面建成覆盖城乡居民的社会保障体系，推进城乡社会保障制度衔接，加快形成政府主导、覆盖城乡、可持续的基本公共服务体系，推进城乡基本公共服务均等化。率先在一些经济发达地区实现城乡一体化"。

# 第五章
# 推进城乡文化一体化发展的模式探索

## 一、推进城乡文化一体化发展的区域模式

### (一) 大城市带动大农村的成渝模式

成都市位于四川省中部,四川盆地西部,全市东西长192千米,南北宽166千米,总面积12390平方千米,2005年市区建成区域面积395.5平方千米。东北与德阳市、东南与资阳市毗邻,南面与眉山市相连,西南与雅安市、西北与阿坝藏族羌族自治州接壤。全市下辖20个区(市)县,2016年底人口为1398.93万人,农村人口占40%左右。① 重庆市位于中国内陆西南部、长江上游,四川盆地东部边缘,地跨青藏高原与长江中下游平原的过渡地带。它东临湖北省、湖南省,南接贵州省,西靠四川省,北连陕西省,辖区东西长470千米,南北宽450千米,辖区总面积8.24万平方千米,其中主城区建成区域面积为647.78平方千米,下辖38个区县,2016年底人口约为3048万人,农村人口占42%。② 总体来看,大

---

① 数据来源:《成都统计年鉴2017》,表1-2"成都市行政区划(2016年末)"、表3-4"常住人口及城镇化率",成都市统计局网站,http://www.cdstats.chengdu.gov.cn/htm/detail_110939.html,最后浏览日期:2020年6月5日。

② 数据来源:根据《重庆统计年鉴2017》表1-2"国民经济和社会发展总量和速度指标"及表1-3"国民经济和社会发展结构指标"计算而得,重庆市统计局网站,http://tjj.cq.gov.cn/zwgk_233/tjnj/2017/indexch.htm,最后浏览日期:2020年9月24日。

城市与大农村并存，大工业与大农业并存，较小范围的都市发达地区与较大范围的农村欠发达地区并存，是成渝两个地区最典型的特征。近年来，成都和重庆通过统筹城乡综合配套改革，依靠大城市带动大农村，积极推进城乡文化一体化，积累了丰富的经验，取得了可喜的成效。

1. 成渝模式的特点和主要做法

作为全国统筹城乡综合配套改革试验区，成都和重庆推进城乡发展一体化，重点是破除城乡二元体制，建立城乡一体化发展体制机制；优化城乡生产要素配置，根据城乡社会各自的资源禀赋差异性和产业链上下游衔接性，在全域范围优化产业功能分工，深化城乡产业合作，为城乡居民尤其是农村居民提供各种均等化的公共服务，完善生产和生活所必需的配套基础设施，让经济社会发展的福利真正惠及城乡居民。作为城乡一体化重要组成部分的文化一体化，也成为诠释成渝模式的重要方面。

（1）实行"大财政"体制，支持农村文化事业全面发展。首先是改革区县财政体制，实行财政支出全市统筹。财政市域统筹可以使经济社会发展相对落后的区县得到市级财政的更多支持，有利于缩小区县之间因财政实力不同而出现的发展差距。其次是实施"大蛋糕与大比例"战略，建立新型城乡分配关系，即在做大地区经济蛋糕的同时，经济发展成果的分配大幅度向农村社会倾斜，尤其是向农村社会事业发展倾斜，向民生和包括文化在内的公共服务领域倾斜。比如，成都市对于城乡文化建设，主要是加大公共财政保障力度，直接要求各级财政文化支持增长幅度不低于本级财政经常性收入增长幅度，而且公共财政优先保障属于人民群众基本文化权益的文化项目，保障村（社区）公共文化活动必需的常年经费。另外，针对村级公共文化保障经费问题，成都市委、市政府在2012年出台的《深入开展国家公共文化服务体系示范区创建工作实施意见》中明确规定，村级公共文化服务经费实行市与区（市）县共担，已纳入市县财政预算的村级社会管理和公共服务专项资金（每村/社区每年30万元），每年按照不低于10%的比例落实，每年每个村不少于3万元，全市每年落实保障资金1亿余元。再如，为推动社会力量参与公共文化建设常态化、制度化，成都市还规定，市县两级分别设立政府向社会力量采购公共文化服务专项经费，市本级不少于1 000万元，各区（市）县专项预算不少于200万元。在公共财政的大力推动下，成渝两市基本建成了完备的公共文化投入机制，实现了城乡公共文化资源共建共享。

以重庆市渝中区为例，根据介绍，仅2010年和2011年重庆市渝中区在文化事业上就分别投入12 704万元、17 741万元，占同期财政经常性收入的比重分别是7%和9%，增幅达40%，高于财政经常性收入增长幅度30个百分点。文化建设支出占财政支出比例达到2.5%和2.7%，居重庆市领先水平。2011年人均文化事业费超过60元，是西部地区平均水平的3倍。每个街区文化中心核定全额拨款事业编制6名，在重庆市率先落实每个社区有一名由财政补贴的文化指导员的工作要求。①

（2）全力推进免费开放工作，多渠道、多举措、多载体保障城乡公共文化服务的公益性、基本性、均等性和便利性。按照制定的免费开放方案，两地加大市、县、乡镇的文化馆、图书馆和地区文化活动中心的全面免费开放力度。积极探索免费开放的运行保障、绩效考评和市场化运作机制建设，推动公益性文化设施服务理念、服务方式转变，加快配套政策跟进，完善财务收支管理，特别是注重群众满意度测评。同时，两地还全力推进辖区内所有公共文化设施向全社会实行"零门槛"免费开放，并逐渐建立辖区内学校、企业、协会和相关的文化机构联动机制，将具备条件的公共文化设施向全社会定期免费开放。以成都市为例，为了保证基层公共文化服务经费的稳定可持续增长，成都市早在2009年就专门出台了《关

---

① 2012年7月23日，我们赴重庆市渝中区调研，该数据来自重庆市渝中区文化局座谈会的汇报材料：《加快完善四级文化圈层，倾力打造10分钟公共文化服务圈》。

于进一步加强基层文化建设的意见》，首次从政策层面明确了各级政府对基层文化的投入将纳入财政预算，既有效保障了各级基层文化阵地的常年活动经费，又把基层文化阵地建设纳入长效发展机制。公开数据显示，仅2010年，成都市依托市、县、乡、村四级基本公共文化阵地开展公益性公共文化服务活动的财政资金，全市累计2.2亿多元。为了实现各类公共文化服务在城乡之间的广覆盖，从2011年开始，成都还以市级大中型文化设施为龙头，以县级文化馆、图书馆为骨干，以乡镇（街道）综合文化站（中心）为支撑，以村（社区）综合文化活动室为基础，构建了一个覆盖市、县、乡、村四级的公共文化服务网络。同时，成都还积极布局了城乡文化建设的"五大工程"：[①] 城乡文化阵地建设工程、城乡文化数字化建设工程、城乡文化典型带动工程、城乡文化遗产保护工程、城乡文化人才培育工程。

（3）加大政府购买公共文化服务产品的力度，实现单元供给向多元供给、单向供给向多项交互式供给转变。在推进城乡文化一体化发展过程中，成渝两地结合自身都是大城市、大农村的基本格局，深入调查了解群众文化需求，以满足群众的文化选择权为基础，分别采用政府购买、政府补贴、市场参与等多种方式，推进高雅文化、城市文化进社区工程，做到辖区内每个社区每周组织群众免费观看1场电影、每月组织群众免费观看1场演出。重庆市还启动了"流动务工人员文化共享工程"，利用辖区丰富的文化资源，组织流动务工人员专场电影放映和文艺演出，开展流动务工人员文化夜校的培训等活动，提高到渝流动务工人员文化修养和城市生存能力，促进他们更快更好地融入城市，让其更便捷地体验各种文化服务。同样以重庆为例，我们知道，在城乡文化建设中，尤其在进行公共文化服务供给时，供需结构不对称始终是制约改善公共文化

---

① 刘寒松：《成都市构建城乡一体的公共文化服务体系建设纪实》，《成都商报》，2011年11月7日，第10版。

服务质量的一个现实障碍。为破解这个难题，2014年初，重庆发挥统计局民调中心的力量，分别在巴南区、垫江县等开展社区、行政村基层群众文化需求抽样调查。调查结果显示，91.94%的社区居民最喜欢送演出进社区的服务活动，68.89%的农村居民最喜欢送演出到农村的服务活动。① 以此为依据，重庆市文化委员会与重庆市财政局共同制定了《政府向社会力量购买公共文化演出服务实施方案》，明确了政府购买公共文化演出服务的重心在基层，形式是以文艺演出为主，增加基层公共文化服务产品供给量。随后，重庆开始切实转变政府过去大包大揽的服务模式，按照财政分级负担的原则，向社会文艺团体购买演出服务。

（4）统筹整合辖区内文化资源，将公共文化产品和要素进行有效整合。在文化资源整合方面，成渝两地的主要做法是，首先调查统计辖区内公共文化资源，建立辖区文化机构、文化设施、文化人才、文化内容等数据库，然后充分发挥市（县）在文化资源方面的龙头作用，整合市、区、街道、社区四级文化资源，协调机关、学校、企业、协会等各个方面，统筹激活、有效利用辖区内的公共文化存量资源，形成上下联动、纵横协调、开放共享、充满活力的公共文化服务体系运行格局。

（5）依托"四级文化圈层"，打造具有各自特色的文化活动品牌，多层面开展群众性、常年性、特色性、主题性文化活动，吸引人民群众广泛参与。以重庆市渝中区为例，在文化活动品牌打造方面，渝中区主要是打造了几个系列品牌。一是"唱读讲传"系列。以弘扬时代主旋律、提振城市精气神为目的，做好以"唱读讲传"为主题的"激情广场大家唱"、湖广会馆经典诵读会、通远门"老城墙"故事会等品牌。二是精品鉴赏系列。以提升群众文化艺术修养和文化鉴赏水平为目的，做优"解放碑CBD周末音乐会""半岛

---

① 《重庆向社会力量购买公共文化演出服务成果初现》（2015年6月5日），人民网，http://culture.people.com.cn/n/2015/0605/c172318-27107292.html，最后浏览日期：2020年6月13日。

艺术节""百家艺术讲坛""三峡大讲台"等精品文化活动。三是传统节庆系列。以营造节日氛围和传承优秀传统文化为目的，结合春节、元宵、清明、端午、中秋、重阳等传统节日和"五一""十一"等现代节庆，组织开展群众喜闻乐见的文化艺术活动。同时，积极为文物宣传展示、非物质文化遗产展演搭建平台，传承保护文化遗产。四是特色发展系列。以丰富基层群众文化生活为目的，按照"一街一精品、一居一特色"的思路，举办"嘉陵之春""珊瑚之夜""滨江之秋"等广场、公园、楼院群众文化活动。

（6）运用现代信息网络技术着力建设资源丰富、技术先进、服务便捷、覆盖全区的公共数字文化服务体系，提供数字化的文化产品。我们仍然以成都市为例，根据媒体报道，2013年5月，成都市就已经基本建成"15分钟文化圈"。[①] 同样，2012年的数据显示，2012年底，全国文化信息资源市县两级支中心、乡镇（街道）和村（社区）基层服务点全面建成并投入使用。成都图书馆的数字资源已达40 TB，总量达7 100多万篇/册，城乡群众均可免费共享成都市各级支中心的所有数字资源。同时，成都图书馆业务网站综合访问总量达到538.6万次，访问下载总量552.8万篇（册）次。[②] 当年年底，成都市完成了100%的"两馆一站一室"电子阅览室标准化建设，数字图书馆、数字美术馆、数字文化馆、数字博物馆和文化综合执法数字监管平台也全面建成。[③]

以重庆市为例，在利用信息技术推进城乡文化建设方面，一是大力推进"数字三馆"建设，推进数字图书馆、数字美术馆、数字文化馆发展，建立各种文化资源数据库。二是实行图书馆一卡通制度。开展统一检索、馆际互借、协调采购、通借通还等服务，可对馆藏书目信息、读者信息以及其他数字化资源进行实时检索，实现

---

[①]《"15分钟文化圈"初步形成》，《成都日报》，2013年5月31日，第5版。
[②] 杨斯华：《县级公共文化服务体系建设研究》，云南财经大学公共管理专业硕士学位论文，2013年，第34页。
[③]《15分钟文化圈提供精彩公共服务》，《成都日报》，2012年10月31日，第10版。

资源共享。三是依托全国文化信息资源共享工程,开发建设公共文化在线网站和数字文化地图服务平台,加快对辖区范围内图书文献和文学、音乐、舞蹈、美术、文博等文化信息资源的数字化处理,形成公共文化信息资源数据库。系统收录辖区范围内公共文化场所、文化活动品牌及其他文化服务内容,利用电子虚拟技术、地球卫星成像技术,结合文字、图片、声音、动画、视频等多媒体手段展示和发布,实时、动态地为群众提供信息检索、空间定位、过程模拟、辅助决策服务等功能,提供数字化的文化产品。

2. 对成渝模式的简要评价

成渝城乡文化一体化模式的特点是大城市带动大农村,其能否实现的关键在于体制机制改革能否促使文化资源的全面整合。同时,财政资金集中投入,并对准城乡文化发展中的最薄弱环节,是其最为成功之处。不难理解,成渝模式的成功还有另一个重要原因,即其已被中央设定为"全国统筹城乡综合配套改革试验区",包括文化在内的改革自然是题中之义。正因为有着这样的政策优势,其在资源集聚和资源调配方面获得优先机遇。同样,在"改革试验区"的光环之下,成渝地区得到各方面领导的重视,也是推动成渝模式走向成功的关键因素。然而,若成渝模式的成功确实是得益于"试验区"的政策优势,那么如何让这种模式得以普遍推广便成为值得进一步探讨的问题。

### (二)注重区域协调发展的杭州模式

中国不仅城乡之间发展差距较大,而且地区之间和城市内部发展也很不平衡,即使像杭州这样高发展水平的沿海地区,其内部发展不平衡问题也依然较为明显。为此,为了消除各区县(市)文化建设方面的不平衡,近年来杭州采取了以区域协调发展为突破口推进城乡文化一体化的实践模式。

1. 杭州模式的主要做法和特点

从杭州市统计局 2015 年 3 月发布的杭州"十二五"前四年

（2011—2014年）的经济运行情况看，① 到2014年底，全市GDP年均增长为8.8%，杭州全市人均GDP超10万元人民币，达103 757元；杭州市各区县2014年的经济状况见表5-1。最新数据显示，2015年和2016年杭州市人均GDP分别达到了112 230元和124 286元。从这一人均数据看，按世界银行划分贫富程度的标准，杭州市人均GDP已接近富裕国家的临界水平。然而，若从区域发展格局看，杭州呈现明显的"东强西弱、东快西慢"，富阳、临安、桐庐、建德和淳安等西部五县（市）与杭州八个城区间的发展差距依然较大。五县（市）面积占全市的81.5%，人口占全市的37.2%，2013年实现生产总值1 703.65亿元，总量略高于萧山区（萧山区为1 663.52亿元），仅占全市的20%左右；财政总收入约为219.22亿元，约占全市的12%；地方财政收入102.88亿元，仅占全市的12.9%；规模以上工业销售产值2 448.61亿元，仅占全市的20.63%；农民人均纯收入18 923元，与全市水平相差2 478元；"新农保"标准普遍较低，五县（市）中仅富阳市能按杭州市区标准执行，其余县（市）每人每月仅70元。可以说，杭州发展的"短板"在农村和五县（市），但潜力也在农村和五县（市）。因此，针对城乡之间、区域之间经济社会发展不平衡状态，杭州市在推进城乡文化一体化过程中，主要采取了以下做法。

表5-1 杭州市各区县2014年经济状况表

| | 面积（平方千米） | 人口（万人） | 地区生产总值（元） | 财政总收入（元） |
| --- | --- | --- | --- | --- |
| 全 市 | 16 596 | 884.40 | 83 435 193 | 17 349 750 |
| 市 区 | 3 068 | 635.62 | 66 398 609 | 15 157 584 |

---

① 高逸平：《杭州人均GDP接近富裕国家临界水平》，《青年时报》，2015年3月20日，第A05版；杭州市统计局：《杭州市"十二五"以来经济社会发展情况分析》（2015年7月20日），杭州市统计局网站，http://www.hzstats.gov.cn/web/ShowNews.aspx?id=7UimVjcccSo，最后浏览日期：2020年7月20日。

续　表

| | 面积<br>(平方千米) | 人口<br>(万人) | 地区生产总值<br>(元) | 财政总收入<br>(元) |
|---|---|---|---|---|
| 上城区 | 18 | 35.13 | 7 385 886 | 905 891 |
| 下城区 | 31 | 53.14 | 6 435 685 | 1 247 933 |
| 江干区 | 210 | 101.63 | 4 221 834 | 964 139 |
| 拱墅区 | 88 | 56.10 | 3 723 884 | 928 274 |
| 西湖区 | 263 | 83.35 | 6 968 730 | 1 328 715 |
| 高新（滨江）区 | 73 | 32.63 | 5 986 419 | 1 404 962 |
| 萧山区 | 1 163 | 153.52 | 16 635 270 | 2 290 096 |
| 余杭区 | 1 222 | 120.12 | 9 344 138 | 2 001 035 |
| 桐庐县 | 1 780 | 41.02 | 2 780 354 | 374 412 |
| 淳安县 | 4 452 | 34.14 | 1 733 057 | 191 999 |
| 建德市 | 2 364 | 43.69 | 2 716 954 | 307 214 |
| 富阳市 | 1 808 | 72.55 | 5 713 954 | 832 116 |
| 临安市 | 3 124 | 57.38 | 4 092 264 | 486 425 |

数据来源：根据《杭州市统计年鉴2014》表1-01"行政区划（2013年末）"及表1-10"地区生产总值（2013年末）"计算所得，杭州市统计局网站，http://tjj.hangzhou.gov.cn/col/col1653175/index.html，最后浏览日期：2020年6月13日。

（1）大力推进城乡基本公共文化服务均等化，着力改善文化民生。在城乡统筹这一整体战略下，围绕着城乡文化建设，杭州市主要是通过把重心放在推进农村文化建设上，将实施文化惠民工程作为改善民生工作的重要内容和保障农村群众基本文化权益的重要途径，围绕城乡文化设施建设、公共图书服务、文化资源共享、广播电视事业发展、电影事业发展等"五个统筹"，全面统筹城乡文化发展，更好地满足农村群众的文化生活需求。可查询数据显示，截至2014年底，全市所有乡镇都按省级标准建成了综合文化站，累计建成社区、村文化活动室2 241个，覆盖率为74.6%；乡镇（街道）综合文化站覆盖率100%；全市24个区、县（市）文化馆和图书馆都达到国家一级馆标准，80%的行政村（社区）建成符合标准的农家书屋；全市行政村和 20 户以上自然村的有线电视和有线广播实现全覆盖。而这些乡镇综合文化站中，在 2012 年全省第五次乡镇综合文化站评估定级中，余杭全区有 19 个镇、街道中有 11 个乡镇综合文化站被评为省特级综合文化站，8 个乡镇综合文化站被评为省一级综合文化站，成为全省乡镇综合文化站等级最高的区（县市）。随着杭州"十五分钟文化圈"在城乡各地逐步构建，有望实现文化设施村级"全覆盖"。另外，杭州市还着手为全市每个行政村配备一名专职宣传文化员，积极开展文明村镇创建，积极扶持县（市）和民营文艺院团创作；开展"我们的价值观"主题实践活动和"国学文化进农村"主题系列活动，培育农村良好道德风尚；通过深化"双千结对、共创文明"活动，全市已有 1 065 家文明单位与 1 065 个行政村"攀亲结对"；同时启动了富阳市高桥泗洲造纸遗址等一批农村历史文化保护工程。

（2）创新体制机制，推进区县协作。在"省直管县"体制下，杭州市与五县（市）"分灶吃饭"，互不相干，传统意义上的区域合作更多的是道义和责任上的帮扶，较少从市场角度考虑经济利益，难以有大的突破。在现有体制框架下，除"土地置换身份"等探索外，如何在缩小城乡差距的同时又能保证农民的切身利益？这就要求以市场需求为导向，改变长期以来单向的"输血式"帮扶，将对口帮扶的政治任务和市场需求融会贯通，建立起互利共赢的利益机制，解决城乡统筹中动力不足、难以持续的"顽症"。

为突破原有市、县（市）财政"分灶吃饭"的瓶颈制约，真正实现城乡统筹和改善民生，2010 年 8 月杭州正式推出"区县协作"。在此基础上，将下属的乡镇（街道）和党委政府部门全部打通，在产业共兴、资源共享、乡镇结对、干部挂职、环境共保等方面开展全方位协作。目前杭州除中心镇、"强"乡镇外，乡镇结对率达到 100%。计划 5 年内每个协作组共建 2 个产业集聚平台，城区向对口县（市）转移产业项目投资 20 亿元以上。

为充分发挥协作双方的积极性，扎实推进协作，在制度安排上，杭州市建立了利益联结机制：设立统筹基金，即在原有支农资金和"联乡结村"帮扶资金不变的基础上，杭州市本级财政每年再安排10亿元统筹专项资金、2亿元"三江两岸"生态景观保护与建设专项资金，并在全国率先募集近1亿元农村公益金，用于五县（市）发展。

杭州的"区县协作"机制，也不仅限于文化产业发展层面，而是全方位的对接，推动规划、城管、教育、卫生、环保等各领域的"区县协作"。比如，为推进城乡区域人才发展一体化，杭州启动城乡人才统筹"双百工程"，选派医疗、卫生、教育、农林等领域100名五县（市）专业技术人才到市区单位培养锻炼。同时针对基层紧缺专业技术人才，选派100名城建规划、医学、教育、农林等领域市区专业技术人员到五县（市）挂职。"区县协作"机制的确立和实施，有其内生需求和内在动力，改变了以往城市对农村、发达区域对不发达区域"削峰填谷"式的单向度援助和帮扶，真正实现了基于差异互补的共赢。

（3）以新型城镇化为抓手，进一步促进城乡区域文化一体化发展。推动"四化"同步发展是解决城乡区域发展不协调不平衡问题，实现以工促农、以城带乡，促进城乡文化一体化发展的必然选择和必由之路。为此，杭州跳出为城镇化而发展城市的思路，提出走大中小城市协调发展、城市与农村互促互进的新型网络化城市发展道路，以建设新型城镇化为契机，积极引领城乡区域发展一体化，即在城镇体系建设中按中心城市要求规划建设杭州市区，按中等城市要求规划建设县（市）城，按小城市要求规划建设中心镇，按社会要求规划建设中心村和特色村，形成"中心城市—中等城市—小城市—特色镇—中心村—特色村"的网络化城镇体系，并通过不同规模城、镇、村之间的有机联系，实现市域范围内城乡区域文化资源优化配置，优化城乡区域文化产业和人口空间布局，使网络内不同城市和城镇发展，都具有资源、产业和人才资源支撑，增强不同城镇以工促农、以城带乡功能，使不同层次城镇具备与其功能相适应的城乡区域统筹发展能力,为全市城乡区域文化一体化发展奠定基础。①

（4）开放社会参与空间,激活社会力量,形成政府-市场-社会协同治理格局。在城乡文化一体化发展过程中,能不能调动广大城乡居民、企业和社会组织参与城乡文化一体化进程,借助他们的资源优势、资源特色,形成政府与社会力量互补、政府与市场互补格局,对城乡文化一体化进程的顺利推进至关重要。针对城乡文化发展的薄弱环节在乡村社会的现状,杭州市开展了社会协同参与的"联乡结村、互助发展"活动,即在城乡区域发展一体化过程中推动市属有关部门、单位、企业和社会组织与西部五县（市）的乡镇、村庄和企业结成帮扶发展对子,利用市区政府有关部门、单位、企业和社会组织的经济实力、科研实力与市场开发能力,帮助西部五县（市）经济欠发达的乡镇、村庄和企业发展。② 社会协同参与城乡文化建设,起到拾遗补阙的作用,而且一些帮扶项目针对性强,市场化运作率高,取得了双赢和多赢效果,在推动城乡区域文化一体化发展方面作用显著。

2. 对杭州模式的简要评价

从发展路径说,统筹城乡文化发展,实现城乡文化良性互动和公共文化服务均等化,逐步缩小二元经济结构条件下形成的城乡文化差别,有一个突破口的选择问题;从发展判断说,有一个对统筹城乡文化发展的科学衡量问题。而改善农村文化民生、消弭城乡文化界限是统筹城乡文化发展、实现城乡文化一体化的根本出发点和落脚点。改善文化民生最艰巨的任务在农村,重点在于按照城乡居民共享发展成果的要求,把改善文化民生的重点放到农村,把更多的文化民生投入用于农村。这就是杭州模式得以取得显著成效的前提。同时,杭州还注重开放社会参与空间,让占据各种资源优势的多元社会主体参与其中,形成一个多方协作、多元互动的发展格

---

① 张军:《创新城乡、区域统筹发展:以杭州为案例》,《中国发展》2012 年第 1 期,第 46—50 页。
② 同上。

局，从而为城乡文化发展提供多元的力量支撑，这就既弥补了政府在文化建设方面的不足，又有效激活了社会的文化资源，激发了社会力量参与城乡文化建设的激情，从而保障城乡文化一体化发展的顺利推进。

## 二、文化资源、事业、产业互动发展的特色模式

社会主义市场经济条件下，文化资源、文化产业与文化事业是文化建设的主要内容，文化资源为文化产业和文化事业的发展提供了基本前提，文化产业和文化事业则为发扬和重振文化资源创造了条件。但是三者在性质、目标、方式、策略上都有很大差异。中共十六大报告对文化事业作出了明确的界定："文化事业大致包括以下内容：九年义务教育、党和国家重要的新闻媒体和社会科学研究机构、体现民族特色和国家水准的重大文化项目和艺术院团、重要文化遗产和优秀民间艺术、老少边穷地区和中西部地区的文化发展、面向大众的文化基础设施建设等等。"而对于文化产业，联合国教科文组织在蒙特利尔会议上确定的定义是：按照工业标准生产、再生产、储存以及分配文化产品和服务的一系列活动。① 从这些要素中可以明显看出，文化事业更偏向于公益性，文化产业偏向于市场行为。文化事业主要由政府进行投入，为广大人民群众提供精神文化产品和服务，主要追求的是社会效益。文化产业是在市场经济条件下，以文化产品和服务提供为主要内容，通过向公众有偿提供文化产品而获取利润。

对于城乡文化建设来说，处理好文化资源、文化事业和文化产业三者之间的关系是非常重要的，即要保证文化事业的发展从公益性角度为广大人民群众提供基本的文化产品和服务，文化产业则更

---

① 彭迈：《发展文化产业需要处理好的几个关系》，《河南社会科学》2009年第1期，第208—210页。

多从差异性和多样性的角度，在基本服务满足的情况下给广大人民群众提供更高水平的文化产品和服务，从而实现文化事业和文化产业的错位发展。文化事业和文化产业的错位协调发展，其前提在于能够将大量沉睡的文化资源动员起来，通过文化产业和文化事业的不断创新和发展，推动文化建设的良性循环。

一是要确立文化事业和文化产业两条腿走路的文化建设基本路径。当前首要的问题在于明确发展文化产业的重要性，引导市场资本自主进入文化产业，建立明确的文化发展思路和具体措施。二是发挥文化产业对于文化建设的带动作用。从我国文化产业建设现状看，有必要通过市场手段组建一批有强大文化产品研发创新能力的文化产业集团，通过企业间的良性竞争，推动文化产业的繁荣发展。三是建立文化事业与文化产业既错位发展又相互融合与转化的协调机制。文化产业与文化事业的发展方向和根本目标是一致的，文化事业强调人民群众基本的文化需求的满足，更多的是公益属性，文化产业则瞄准的是多样化、差异性、高品质的文化需求，完全可以实现产业与事业之间的错位发展和有机衔接。四是以文化建设促进政府职能转变和体制机制创新。坚持以人民为中心，为广大人民群众提供公益性文化事业服务是政府的责任，文化产业的良性有序发展也需要政府在政策法规方面的支持和推动，关键是政府不能大包大揽，要注意引导多元力量参与文化建设，共同推动文化建设大繁荣大发展。从产业发展的角度看，"文化产业需要相应的政策扶持和引导，集中表现在市场准入、财政支持、税收优惠、工商管理等方面"。[①]

贵州遵义是革命老区，为经济欠发达地区，其下辖2个区、10个县、2个县级市。《遵义统计年鉴2018》显示，2017年底，遵义市全市常住人口中，居住在城镇的人口为326.47万人，占52.3%；

---

① 彭迈：《发展文化产业需要处理好的几个关系》，《河南社会科学》2009年第1期，第208—210页。

## 第五章　推进城乡文化一体化发展的模式探索

居住在乡村的人口为298.36万人，占27.7%。[①] 近年来，在文化建设领域，遵义转变思路，通过大力破除限制城乡要素流动的制度性障碍，建立了城乡统一、效率优先、兼顾公平的生产要素市场。该市利用城市的聚集和辐射功能，吸纳农村人口，以城带乡。同时利用优势产业的带动，改善农村基础设施，为龙头企业配套，从而实现"以工哺农"。遵义市通过整合自身特色文化资源，借助自身丰富的历史文化资源，积极引进社会力量参与公共文化建设，通过政府与社会"两条腿"走路的方式，切实解决公共文化产品供需矛盾，更好地保障人民群众的基本文化权益。

### （一）遵义模式的主要做法

（1）以创建国家公共文化服务示范区为契机，加快城乡公共文化事业发展，营造良好的文化生态。从2012年初开始，财政部公布了首批28个国家公共文化服务体系示范区，遵义市名列其中。这无疑是遵义发展的巨大动力和良好机遇。于是，利用这一契机，遵义市集中建成了遵义大剧院、美术馆、文化馆、新闻中心、市民体育健身中心、游泳馆、棋院、奥体中心等一批市级大型文体设施。同时，按照全市城乡一盘棋的思路，加快对市、县（区）、镇（乡）、村（社区）既有文化体育设施进行改造升级，完善配套功能，形成结构优化、布局合理的城乡文化设施网络。遵义市还以"激情广场·遵义会议纪念广场红歌会""百姓剧场·舞台精品剧目免费展演""名城大讲堂·名家学者做客市图书馆博物馆讲座""乡村大舞台·农村文艺演出""农民科技文化体育活动周"五大群众文化品牌活动为引领，推动全市城乡群众文化活动广泛深入开展。同时，还以"富在农家、学在农家、乐在农家、美在农家"的"四

---

① 根据《遵义统计年鉴（2018）》第五编"人口"相关数据计算所得，遵义市统计局网站，http://www.zunyi.gov.cn/zwgk/tjxx_63362/tjnj/201911/t20191129_17399715.html，最后浏览日期：2020年6月13日。

在农家"活动为载体,大力加强农村文化建设。另外,遵义市还以加强农村文化队伍建设和农村文化产品生产为突破口,改进农村文化建设的方式,着力提升农村文化建设的综合水平。

(2) 以长征历史文化为引领,大力实施文化遗产保护与利用工程,实现教育功能与产业功能的双丰收。作为经典红色历史文化,长征文化无疑是遵义的第一文化品牌,更是其独具特色的文化资源。因此,做大做强这一品牌,舞活这一龙头,以此带动遵义文化的整体发展,自然是遵义可欲可求的现实选择。实际操作中,通过积极争取上级政府的支持,加大经费投入,以遵义会议会址为核心,以娄山关战斗遗址、四渡赤水战斗遗址、苟坝会议遗址等长征文化资源为支撑,实施整体性、系统化的建设开发,进一步提升免费开放展览水平,深化爱国主义教育基地建设,大力弘扬社会主义核心价值观,充分发挥其凝聚力量、推动发展的积极作用,便是遵义市的重要做法。在此基础上,遵义市还以红色文化旅游集团为融资平台,内引外联,加强合作,大力发展红色文化产业,为全面推进城乡文化一体化发展奠定坚实的物质基础,真正实现文化资源、文化事业、文化产业的联动发展。

此外,遵义市还充分利用红色历史文化的号召力来吸引大量人气,深入挖掘海龙屯古军事遗址和沙滩文化遗址等具有影响力的黔北地域历史文化,延伸历史文化产业发展链条,实现地域历史文化与红色文化的共同腾飞。

(3) 以争取举办全国乃至国际性的酒文化节为载体,营造浓厚的国酒文化氛围,推动酒文化产业和白酒产业持续快速发展。国酒文化是国酒茅台的灵魂。国酒文化一旦缺失或者颓废,茅台酒的品牌生命是难以想象的。要保持茅台酒旺盛的生命力,推进遵义白酒产业持续快速健康发展,最重要的是传承和弘扬国酒文化。从这个意义讲,如何在千帆竞发、百舸争流的今天依然力争上游,继续弘扬遵义白酒文化,做大白酒文化产业,就成为不可回避的问题。面对这个问题,近年来,遵义市主要是通过加大投入力度,深入挖掘国酒文化内涵，打造茅台古镇，展现古老的酒窖、酒坊、酒礼、酒仪、酒俗，并以每年一次的丰富多彩的酒文化节为媒介，招引天下客，为酒博览和酒交易搭建更加宽广的舞台，从而有效地推动了遵义市文化产业的蓬勃发展。

（4）以规划建设文化产业园区为引力，聚集优质文化资源，培育新型文化业态，形成文化产业集群。遵义中心城区位于贵阳与重庆之间，区位优势较好，适宜发展文化创意产业。而且，在遵义周边地区，一些文化要素也正期待遵义能有一个诸如文化产业园区之类的平台可以进入。此外，遵义以广播电视和报刊发行业为主的文化创意产业发展势头也较好。基于这样的市场条件，遵义市顺势而为，在过去几年中，其以优厚的园区政策吸引文化企业进驻发展，形成了文化产业集群，为遵义文化产业、文化事业的发展奠定了坚实基础。

### （二）对遵义模式的简要评价

文化建设的首要工作是充分发掘各地的特色文化资源，而非简简单单地进行文化基础设施建设。同样，文化建设需要的不是整齐划一、千篇一律，而是协调发展，各地根据自身实际情况，有效推动文化资源、文化事业与文化产业的良性互动，达到各美其美、美美与共的和谐境地。无疑，遵义市抓住了自身的文化资源特色，通过对红色文化资源的挖掘、整理，并使之与文化产业相结合，利用市场效应来放大其经济效益，再用从市场获取的经济效益来反哺文化事业的发展。这就是遵义模式的特色之处，更是遵义模式的成功之处。

## 三、项目制建设的文化发展模式[①]

自1994年实施"分税制"改革以来，伴随着国家财政的集权

---

① 该部分为我们的阶段性成果。陈水生：《项目制的执行过程与运作逻辑——对文化惠民工程的政策学考察》，《公共行政评论》2014年第3期，第133—156页。

化程度的不断提高，为使地方政府（尤其是县级以及县级以下的基层政府）在财政收入减少的情况下依然能够维持公共服务的供给，大量来自中央政府的专项资金以项目的形式下拨到各级地方政府（或者基层政府）。于是，通过这种项目化的运作机制，以财政为核心，中央与地方政府之间的关系得以被重新建构。① 在项目满天飞的今天，其对于中国政府的治理模式影响深远。② 对此，甚至有学者指出，项目制已经成为一种新的国家治理体制。③ 项目制与本书所关注的城乡文化建设有什么关系呢？渠敬东等人认为，"随着专项和项目资金的规模日益增大……（当下中国）几乎所有的建设和公共服务资金都'专项化'和'项目化'了。……公共服务实质上正在变成以项目评估和项目管理为中心的治理体制"。④ 毫无疑问，在现实操作层面，城乡文化建设及一体化建设等相关政策的实施都离不开各种文化项目的支持，更是以项目制的运作逻辑来改善城乡之间的各种不平衡。

结合中国的实际情况，我们认为我国的"项目制"存在两种表现方式，其区别在于是否有"自上而下"的市场竞争机制和"自上而下"的财政转移支付。按照存在竞争性与否，可以将我国现实中的"项目制"模式分为竞争性项目制形式和非竞争性项目制形式。

竞争性的项目制形式是中央政府对地方政府在某些特定领域和某些公共事项上，进行非科层的竞争性授权，而不采用行政指令性手段，以便在集权模式下让"自上而下"的市场化竞争机制发挥积极作用，形成一种新的国家治理结构，比如"国家公共文化服务体系示范区（项目）"。通常这种"项目制"中存在着类似"项目资

---

① 周飞舟：《分税制十年：制度及其影响》，《中国社会科学》2006年第6期，第100—115页。
② 陈家建：《项目制与基层政府动员——对社会管理项目化运作的社会学考察》，《中国社会科学》2013年第2期，第64—79页。
③ 渠敬东：《项目制：一种新的国家治理体制》，《中国社会科学》2012年第5期，第113—130+207页。
④ 渠敬东、周飞舟、应星：《从总体支配到技术治理——基于中国30年改革经验的社会学分析》，《中国社会科学》2009年第6期，第104—127页。

金申报指南"等相关政策文件,以便下级申报项目资金。这种竞争性的项目制模式意味着在纵向关系上,下级政府无法从上级获得资源分配的权力即自主权;在横向关系上,民众也没能获得自主参与的权力,也就不能有效评估政府绩效,更不可能监督政府行为。这种竞争机制的存在使得下级有可能"对既定的集权框架和科层制逻辑有所修改",[①] 即这种竞争性的争取过程使得"自上而下"的给予过程中有了"自下而上"的非正式运作的特质。

非竞争性的项目制模式即本书研究的内容,这种"项目制"更确切来说是一种政府主导的项目式公共服务供给。这种"项目制"也是在财政转移支付支持下的运作。但是,这种项目不需要通过"自上而下"的竞争进行分配,而是国家按照部门或地区统一专项拨款。这些项目的基本特点是资金投入多、规模大,覆盖面较广,并具有普适性,各地方对此有着强烈的需求。这种具有国家包揽、统筹意味的"项目制"需要通过行政组织层层推进,是一种专项任务的布置。

从以上分析我们发现,当前我国城乡文化一体化发展战略的推进过程中,以项目制为运作框架,利用项目制运作来达到特定的文化建设目标,越来越成为中央及地方各级政府探索推进城乡文化一体化发展模式的重要方向。

### (一)国家文化惠民工程中基层综合性文化站建设模式

本节以乡镇文化站为例,分析以文化项目形式推动城乡文化建设、实现城乡文化一体化发展的模式,是因为乡镇综合文化站是一个比较典型的文化项目制形式;它具有综合性功能,既能反映文化惠民工程侧重于农村文化建设、重点突破城乡文化建设中薄弱环节这一特点,又能够反映新时期文化生活的多样化。就农村地区的文化惠民工程项目而言,"五馆一站"免费开放时间尚短,无法获得

---

[①] 折晓叶、陈婴婴:《项目制的分级运作机制和治理逻辑——对"项目进村"案例的社会学分析》,《中国社会科学》2011年第4期,第126—148页。

更多有效的资料考察其运作过程与成果；另外，基层调研访谈发现，20世纪备受农民喜爱的广播电视"村村通"、农村电影放映"2131工程"等项目在数字时代已经无法满足人们的文化需求；而全国文化信息资源共享工程和农家书屋工程的功能在乡镇综合文化站内都能够得到体现。因此，选择乡镇综合文化站视角可以更好地考察文化惠民工程项目制在实践中的具体运作以及成效。

1. 乡镇综合文化站项目建设的要素体系

2007年，国家发展改革委、文化部根据《国民经济和社会发展第十一个五年规划纲要》以及《国家"十一五"时期文化发展规划纲要》制定了《"十一五"全国乡镇综合文化站建设规划》。该规划明确了乡镇综合文化站建设的原则、总体目标，以及文化站的功能、建设标准、投资安排、配套的政策和预期建设成效。这个规划标志着乡镇综合文化站的建设进入正式的组织和准备阶段。全国各地在此规划的指导下精心组织，妥善规划，促进了乡镇综合文化站的蓬勃发展。在项目组织阶段，政府的主导作用表现在：确定乡镇综合文化站项目建设的责任主体，确定乡镇综合文化站的建设目标和职能，确定乡镇综合文化站的项目建设原则和标准，确保乡镇综合文化站项目的资金来源。

（1）确定乡镇综合文化站项目建设的责任主体。项目制的推行首先需要确定明确的责任主体。我国乡镇综合文化站的建设涉及中央各部委之间的职责划分与界定，也涉及国家与地方之间的领导和协作。从中央主管部委看，国家发展改革委、文化部是乡镇综合文化站建设的主要负责部门。

在具体实施中，乡镇综合文化站项目的建设年度所需安排的具体项目和补助投资，需要由地方根据国家发展改革委和文化部所提出的具体安排先提出建议，然后经国家发展改革委和文化部审核平衡后，再编制年度项目和投资安排计划并按照规定下达；规划实施过程中，两部门将对各地的项目建设的情况进行抽查（包括建设用地、配套资金、工程质量、工程进度等方面），并要对全国规划实施情况进行评估；规划全部实施完成后，需由国家发展改革委和文化部负责组织总验收，并对整个规划实施进行评估和总结。

乡镇综合文化站的项目建设还涉及中央与地方的合作。中央要负责制定全国的总体规划，明确指导原则、支持的范围和重点，同时安排补助投资，负责对规划实施情况进行督导检查；地方要根据中央规划的相关要求，编制本地区乡镇综合文化站的建设规划，同时制定具体项目建设方案，并落实建设所需资金以及各项政策措施。

（2）确定乡镇综合文化站项目建设的目标和职能。中央给乡镇综合文化站项目确定的发展目标是：到2010年，全国所有的农村乡镇建立起具备综合服务功能的文化站，并打造具有较高专业素质的文化站工作队伍，使得农村乡镇文化管理体制更加合理有效，从而显著改善乡镇公共文化服务能力。[①]

乡镇综合文化站的发展目标，其预期效果将在三个方面得以体现：设施设备明显改善；服务能力明显提高；进一步促进农村文化建设，加强对农民自办文化的扶持和指导。"十一五"乡镇综合文化站规划完成后，全国将基本实现所有乡镇均有综合文化设施，并保证其占地面积，解决房屋破旧、设备短缺的问题，使得乡镇综合文化站具备开展公共文化服务的基本条件；通过乡镇综合文化站的公共文化生活基本空间的满足促进乡镇文化服务综合能力的提升，文化站还可以与全国文化信息资源共享工程等项目结合，成为公共文化服务的基层网点；以乡镇综合文化站为支点，推动农民自办文化，使农村文化建设有更大的发展。

乡镇综合文化站的发展还需要对其具体职能予以确定。乡镇综合文化站的职能主要体现文化站功能的综合性，具体职能包括：进行时政宣传和政策法制教育；组织开展文体娱乐活动（如电影、电视等活动）；利用全国信息资源共享工程开办各类文化艺术培训班、

---

① 《"十一五"全国乡镇综合文化站建设规划》（发改社会〔2007〕2427号），豆丁网，https://www.docin.com/p-2014979917.html，最后浏览日期：2018年12月10日。

科普讲座以及农技知识讲座等，辅导和培养文艺骨干；开办图书室；搜集和整理民族民间文化艺术遗产；指导和辅导文化室、俱乐部和农民文化户开展业务活动；做好文物的宣传保护工作。这么多的职能集中在乡镇综合文化站一身，其压力自然不小，而要实现这多重功能，对项目建设的要求也会更高。

（3）确定乡镇综合文化站项目建设的原则和标准。乡镇综合文化站项目的建设原则可以被概括为"央地合作""侧重中西部""避免浪费""配套改革""加强管理"。具体而言主要包括：a.乡镇综合文化站是一个全国性的普及项目，项目的制定权在中央政府，项目的具体执行需要依靠地方政府，所以要确保中央与地方政府在此过程中目标一致，共同行动；b.乡镇综合文化站项目的建设重点是中西部地区，中央财政补助主要向中西部地区倾斜，国家扶贫工作重点县、西部地区以及中部参照西部政策的县（市、区）是项目的重点开展区域；c.乡镇综合文化站的建设要充分利用现有的设施资源，填平补齐，避免重复建设；d.乡镇综合文化站是开展公共文化服务的一个固态载体，要提升农村公共文化服务水平还必须配套乡镇综合文化管理体制以及运行机制的改革，激发乡镇综合文化站的生机与活力；e.文化站的管理很重要，直接关系到文化站功能的发挥效果，所以必须加强管理，强化管理队伍的建设，不断丰富乡镇综合文化站的服务内容。

根据《"十一五"全国乡镇综合文化站建设规划》，乡镇综合文化站的规模标准不低于300平方米，超出300平方米部分中央不再补助投资，而需要地方予以投入。原则上乡镇综合文化站不应该建设在乡（镇）政府办公场所内。文化站的基本功能空间应包括书刊阅览室、多功能活动室、信息资源共享服务室、培训教室以及管理用房，有条件的地方还可以相应建设室外活动场地、黑板报、宣传栏等配套设施。

地方政府根据中央规划所确定的要求还可以对乡镇综合文化站的建设标准作出更为详细的规定。如《江西省乡镇综合文化站建设规划》中对乡镇综合文化站的选址标准、设计方案与基本设备配置标准进行了规定。乡镇综合文化站的选址应综合考虑方便群众就近、经常性参与,以及交通便利等因素。为确保文化站的安全,需要避开地震断裂带、滑坡地、沟口等自然灾害频发的地段,不应与生产贮藏易燃易爆物品的车间库房等危及人身安全的场所毗邻。此外,江西省还对乡镇综合文化站的设计方案提出要突出特色,力图将其建设成为地区的标识性建筑,并要求建筑物风格、标识、颜色要统一;在基本设备配置标准上,江西省规定乡镇综合文化站应配备影视灯光音响设备、文化信息资源共享工程设备、书刊资料、乐器、农村电影放映设备、体育活动健身器材等。

（4）确保乡镇综合文化站项目的资金来源。按照《"十一五"全国乡镇综合文化站建设规划》的规定,每个乡镇综合文化站的建设资金需要通过中央预算内资金、省级财政专项资金和基本建设资金以及地方自筹等多渠道解决。其中来自中央和省级的投入为主要资金来源,每个乡镇综合文化站的建设补助约 24 万元（总投资额不足 24 万元的按实际数补齐）。中央和地方政府的负担比例因其所处的地域和经济发展水平不同而不同（见表 5-2）。

表 5-2　乡镇综合文化站投资资助标准

| 类别 | 中央资助 | | 省级财政专项资金、省级基本建设资金资助 | |
| --- | --- | --- | --- | --- |
| | 资助金额（万元） | 占单个项目总投资比例（%） | 资助金额（万元） | 占单个项目总投资比例（%） |
| 国家级贫困县 | 20 | 83 | 4 | 17 |
| 西部非国家级贫困县及中部享受西部待遇的县 | 16 | 67 | 8 | 33 |
| 其他中部地区 | 12 | 50 | 12 | 50 |
| 东部地区 | — | — | 自筹 | 约 100 |
| 西藏自治区 | 24 | 100 | — | — |

数据来源：《"十一五"全国乡镇综合文化站建设规划》（发改社会〔2007〕2427号），豆丁网，https://www.docin.com/p-2014979917.html,最后浏览日期：2018 年 12 月 10 日。

按照这种投资标准，乡镇综合文化站项目预计需要中央补助394 543 万元，其中国家级贫困县共有项目 8 314 个，中央共需补助 166 280 万元；西部非国家级贫困县及中部六省比照西部县（市、区）的县共有项目 8 465 个，需中央补助 135 440 万元；中部一般地区县共有项目 7 049 个，中央补助投资为 84 588 万元；东部 12 个项目由中央按照中部地区标准投资资助的 12 个苏区县共有；西藏自治区共有建设项目 241 个，中央补助投资为 6 855 万元。[①] 中央补助不足部分由地方负责解决。可见，乡镇综合文化站的资金主要靠中央财政予以确保，地方财政作为补充。这就基本能够确保乡镇综合文化站的项目不会因为经费不足而导致项目建设的延误及受影响。

2. 乡镇综合文化站项目的运作过程

乡镇综合文化站的项目执行涉及具体的管理过程，这是整个项目建设中最为关键的环节，因为项目的执行情况关系到整个项目的成败。进入项目执行阶段，官员的作用和影响越来越重要，可以说基本都是由官员在掌控具体的运作流程，并影响项目的运作结果。

（1）制定乡镇综合文化站管理办法。2009 年 9 月，文化部颁布了《乡镇综合文化站管理办法》，对乡镇综合文化站的性质、职能与任务作出了明确规定，并在规划、选址、建设、人员与经费安排、设施设备更新维护等方面作出了具体规定。该管理办法将乡镇综合文化站定位为"由县级或乡镇人民政府设立的公益性文化机构"，其日常工作的管理由乡镇人民政府负责，县级文化行政部门承担对文化站进行监督和检查的任务，而县文化馆、图书馆等相关单位负责对文化站进行对口业务的指导和辅导。

《乡镇综合文化站管理办法》中对管理人员安排的规定较为详细，强调文化站应"配备专职人员"，人员编制数应根据所承担的

---

① 《"十一五"全国乡镇综合文化站建设规划》（2017 年 9 月 13 日），豆丁网，https://www.docin.com/p-2014979917.html，最后浏览日期：2018 年 12 月 10 日。

职能和任务以及"所服务的乡镇人口规模"予以确定。2010 年由多部门联合下发的《关于加强地方县级和城乡基层宣传文化队伍建设的通知》，还对乡镇综合文化站的人员编制进行了更为明确的规定，即"每个乡镇综合文化站至少应配备 1 至 2 个编制，比较大的乡镇可适当增加编制"。

文化站管理人员的业务素质直接影响文化站的管理效果。《乡镇综合文化站管理办法》中规定文化站的站长需要接受乡镇人民政府和县级文化行政部门的双重管理，其学历要求也有规定，要求"应具有大专以上学历或者具备相当于大专以上文化程度"。文化站站长的任命由乡镇人民政府负责，而对于一般文化站管理人员要求实行职业资格制度，"须通过文化行政部门或委托的有关部门组织的相关考试、考核"，文化行政部门还要对其"定期培训"。

《乡镇综合文化站管理办法》还设定了一定的激励机制，即文化行政部门要定期对文化站的各方面情况进行检查和考评，并将结果"纳入创建全国和地方性文化先进单位的考核指标体系"。对于"做出突出贡献"的文化站以及文化站的从业人员，县级以上人民政府或有关部门还将"给予奖励"。

（2）制定系列配套政策和经费保障机制。为了保证乡镇综合文化站的有效运行，还要设立乡镇综合文化站设备购置专项基金，并建立乡镇综合文化站的经费保障机制。财政部从 2008 年起，连续四年安排了 15.05 亿元作为乡镇文化站设备购置专项资金（见表 5-3），为建成并达标的乡镇综合文化站购置了电脑、服务器等信息资源共享工程设备以及桌椅、书架、音响等基本的业务设备，确保乡镇综合文化站有充足的硬件设施。

表 5-3　乡镇综合文化站设备购置专项资金下拨情况

| 年　份 | 补助数（个） | 资金总量（万元） |
| --- | --- | --- |
| 2008 | 3 586 | 25 967 |
| 2009 | 7 285 | 48 338 |

续　表

| 年　份 | 补助数（个） | 资金总量（万元） |
|---|---|---|
| 2010 | 6 356 | 41 920 |
| 2011 | 5 245 | 34 268 |
| 总　计 | 22 472 | 150 493 |

数据来源：《全国乡镇综合文化站建设和发展情况分析》（2013年1月10日），中华人民共和国文化部官方网站，http://www.ccnt.gov.cn/sjzz/sjzz_cws/whtj_cws/201211/t20121107_342370.htm，最后浏览日期：2015年7月10日。

为了落实乡镇综合文化站的经费保障，2011年，文化部与财政部联合印发了《关于全国美术馆、公共图书馆、文化馆（站）免费开放的工作意见》，其中规定，中央财政按照"每个乡镇综合文化站每年5万元"的标准，对中部地区、西部地区分别按50%、80%的比例予以补助。全国共下拨了8.93亿元专项资金，对全国的21 710个乡镇综合文化站给予了补助。这些补助弥补了乡镇综合文化站建设资金缺口，使得乡镇综合文化站的建设、管理与运营能够有序进行。

（3）加大中央预算内资金补助。2007年至2010年间，中央财政共分5批次安排了中央预算内投资39.21亿元，共补助了23 881个乡镇综合文化站建设项目，见表5-4。

表5-4　按年份乡镇综合文化站建设资金下拨情况

| 年份 | 项目个数 | 中央补助资金（万元） | 中央补助资金所占比重（%） |
|---|---|---|---|
| 2007 | 533 | 9 984 | 2.5 |
| 2008 | 1 250 | 20 000 | 5.1 |
| 2008年底 | 4 876 | 80 016 | 20.4 |
| 2009 | 6 035 | 100 032 | 25.5 |
| 2010 | 11 187 | 182 018 | 46.4 |
| 总　计 | 23 881 | 392 050 | 100 |

数据来源：《全国乡镇综合文化站建设和发展情况分析》（2013年1月10日），中华人民共和国文化部官方网站，http://www.ccnt.gov.cn/sjzz/sjzz_cws/whtj_cws/201211/t20121107_342370.htm，最后浏览日期：2015年7月10日。

2008年下发了两次补助资金,是因为2008年第四季度,乡镇综合文化站建设被列入了扩大内需促进经济增长的中央新增投资计划,并在新增的1 000亿元中央投资中安排了8亿元建设资金投入乡镇综合文化站建设,该阶段全国共落实建设项目4 876个。

(4) 确保地方资金配套。乡镇综合文化站的配套资金主要来自省级投资,以江西省为例,根据《江西省乡镇综合文化站建设规划》对资金的安排,该省乡镇综合文化站的建设资金中19 824万元来自中央预算资金,为此省级财政专项资金需要配套安排11 670万元(其中为国家规划项目安排配套10 869万元),省级基本建设资金安排1 088万元(其中为国家规划项目安排配套88万元),地方自筹4 756万元。对应国家对乡镇综合文化站建设的规划:国家级贫困县项目每个中央预算内资金补助20万元、省级资金补助4万元;西部政策县项目每个中央预算内资金补助16万元、省级资金补助8万元;其他县项目每个中央预算内资金补助12万元、省级资金补助12万元,未纳入国家规划的项目由省级资金共补助24万元。

3. 乡镇综合文化站项目建设模式的评述

政府主导的项目制的最大特征是虽然可能反映了公共利益,其所体现的仍然是权力的意志,与公民需求导向可能不十分贴切,这种传统的行政治理方式与现代社会管理和公共服务提供越来越不相适宜。从全球视角看,西方国家等级式政府管理的官僚制时代正面临着终结,取而代之的是一种完全不同的模式——网络化治理。网络化治理象征着世界上改变公共部门形态的四种有影响的发展趋势正在合流,即第三方政府、协同政府、数字化革命、消费者需求的合流。以乡镇综合文化站为典型代表的文化惠民工程的项目制应该从政府主导迈向公民需求导向,公民"不应该只是温顺地坐在等级式服务运行体系的底层,等着接受千篇一律的产品或服务,而是应该接受其责任,积极参与各种市场和社会活动。要想回应公民的这种选择需求就必须建立一种不同的政府模式。而多元化和用户需求导向在服务运行过程中越重要,服务的运行模式就越会倾向于网络化"。①

## (二)项目带动的上海模式

上海市虽是全国的经济中心,具有雄厚的经济实力,但其内部也依然存在着文化发展的不平衡,在区与区之间、区内部各街道之间、中心城区与郊区之间同样存在文化发展的差距,而生活于这一城区范围内的市民与外来务工人员在获取各种文化服务方面也存在着差异。如何有效推进区域之间文化的协调发展,有效满足广大市民群体以及众多外来务工人员日益多元、个性的文化需求,始终是上海市文化建设所需要面对的难题。自 2013 年以来,上海市通过全面梳理原来分散在各区县的文化活动资源,并进行整体"打包",重新设计活动运作体系(上收各区县、各系统对公共文化服务项目的决策权,统一由新组建的"市民文化节指导委员会"行使),形成一个巨大的文化项目群,再通过"竞标""发包"等过程把相应的项目任务落实到各责任单位(只有执行权、没有决策权),形成一个化零为整、自上而下的公共文化服务生产供给体系,推动公共文化服务的载体创新,从而整体提升了上海的公共文化服务能力,一定程度上有效满足了不同人群的公共文化服务需求。

1. 上海模式的主要做法和特点

(1)全面整合分散的文化资源,"打包"后以项目制方式运作,形成全市上下一盘棋格局。在以往的文化体制格局中,上海市各种公共文化服务资源不仅在行业之间存在分割,而且国家的五大文化惠民工程在上海层级也存在着严重的资源分割现象,形成"九龙治水"格局。正是由于分割化的资源配置结构,以及闭环型的业务管理流程,推动整个文化建设体系形成"以管理为中心"的价值面向。各类公共文化基础设施的配置和生产是以所在区域的行政级

---

① [美]斯蒂芬·戈德史密斯、威廉·D.埃格斯:《网络化治理——公共部门的新形态》,孙迎春译,北京大学出版社 2008 年版,第 17 页。

别、户籍人口、部门预算为客观依据的，遵循"量入为出"的原则。第一，在有限的投入和无限的需求双重约束条件下，任何公共文化服务的供给以优先满足"本地人"为原则。第二，在地域上，无论是财政资源的投入，还是文化产品的配给，都以优先满足核心城区、中心城区为原则，逐步扩大到郊区。对此，蒯大申教授就曾作过深刻的总结，他指出上海市文化资源的空间分布呈现出明显的"中心城区过于集中""郊区过于疏散"的现状。① 为有效破解这一难题，从2013年开始，上海市通过全面整合原本分散在各区县、各行业、各条线上的文化资源，并对这些资源进行分类整理，最终把这些资源"打包"成一个在全市范围内运行的公共文化服务项目群，即上海市民文化节，再通过"举手办节"和"牵手办节"的项目"分包机制"，让该项目成为全市所有文化单位、所有市民都能参与的文化平台，从而推动群众文化建设、公共文化服务生产供给形成一个整体联动效应，促使全市范围内每一个角落、每一个时间段、每一类人群都能享受文化"阳光"。

(2) 击穿科层链条、激活体制框架，充分动员各种社会力量的广泛参与。整体而言，自2013年以来举办的上海市民文化节实质上就是一个围绕着公共文化服务的生产和供给的政治动员过程。从效果上看，一方面，政治动员过程的展开，既能穿透现有的科层链条，全面动员文化系统内部各层级组织机构参与活动的积极性，又能全面打破各职能部门之间的边界意识，吸引文化系统之外的职能部门参与。另一方面，这种模式还把动员范围扩大到体制之外，用"保障权利"的话语逻辑来动员各种体制外力量的广泛参与，发挥用行政权力动员"权利"的功效，以此激活各类社会主体的"权利意识"，激发各种社会主体参与文化活动的自主性和积极性。

---

① 蒯大申:《上海文化发展空间配置研究》，载叶辛、蒯大申等主编:《2006—2007上海文化发展报告》，社会科学文献出版社2007年版，第74页。

就上海而言，文化系统内部的科层体系主要包括四个层级：①市文广局（内设的职能部门及其下属的事业单位，如上海市群众艺术馆、上海市图书馆等事业单位）—区文化局（内设的职能部门及其下属的事业单位）—街道宣传统战科（下属的社区文化服务中心）—社区层面。当《上海市民文化节实施方案》公布之后，相关任务指标便在这四个层级中被逐级分解、层层下达。首先，通过"举手办节"的机制，动员各行政区县、市级各文化事业单位结合各自的资源结构申报承办十大赛事中的某一项赛事。各区县在选定确定承办具体赛事的基础上，根据本行政区范围内的人口数量，设定举办活动的总场次及参与人数。其次，当某项赛事确定由某一区县承办以后，行政动员的重心又自动下移到区县层级。事实上，整个市民文化节期间的绝大多数活动，都是以区县为单位完成的。因而，纵向动员也主要集中在区县内部。不可否认的是，市级文化单位也承担了相应的工作任务，但在整个公共文化服务体系网络中，从完成任务的数量看，区县还是活动主体，而且越往基层，活动越密集。

（3）以制度化手段推进公共文化服务标准化、均等化。推进标准化、均等化，是构建现代公共文化服务体系的主攻方向。在中共十八届三中全会的报告全文中，有这样一个表述，即"构建现代公共文化服务体系。……促进基本公共文化服务标准化、均等化"。对此，我们作这样的解读，"标准化""均等化"是在全国公共文化服务体系基本建成和渐趋完善基础上，国家对公共文化服务体系以深化改革为核心动力的一次新的目标确定。在二者的关系上，"基本公共文化服务标准化与均等化是相辅相成的。标准化是内容，均

---

① 在官方的文本叙事中，上海市的文化系统层级一般称为三级网络，即市级—区县级—街道，但在具体实践中，还应增加社区（居委会）这一层级。很显然，在中国当前的行政层级设置中，虽然居委会从性质上属于居民的自治性组织，但在长期的发展实践中被逐步行政化，成为事实上的一级行政单位。因此，在研究中，尤其在上海市民文化节的具体推进过程中，我们有必要把居委会作为第四级行政层级加以考虑。

## 第五章　推进城乡文化一体化发展的模式探索

等化是手段,没有标准化,均等化便没了依据;没有均等化,标准化就基本失去了实践价值,成了理论上的摆设。不论是标准化还是均等化,其范围和水平抑或数量和质量,都应有明确要求"。① 而且,唯有推进公共文化服务的标准化,才能让公共服务有准可依。

从2007年开始,为进一步完善公共文化服务体系建设,促进公共文化事业的繁荣和发展,满足人民群众的基本文化需求,上海市依据《公共文化体育设施条例》《国家"十一五"时期文化发展规划纲要》《中共中央办公厅、国务院办公厅关于加强公共文化服务体系建设的若干意见》和《上海市人民政府关于完善社区服务促进社区建设的实施意见》,制定了《上海市社区文化活动中心管理暂行办法》(以下简称《办法》),用于对全市范围内的社区文化活动中心进行制度化管理。该《办法》明确了社区文化活动中心的管理主体,指出上海市文化广播影视管理局是本市社区文化中心的行业主管部门,负责组织制定本市社区文化中心的发展规划、建设标准、运行规范,组织对社区文化中心进行资质认证和评估,对社区文化中心实施监管。区县文化行政主管部门负责对本区县社区文化中心的日常监管工作。同时,该《办法》还对社区文化活动中心的基本任务、布局规划、使用面积要求、基本功能设施、实施使用规定、建设资金投入、开放时间等多方面进行了详细的说明和界定。

为进一步推动上海市公共文化服务的标准化建设,在筹备首届上海市民文化节期间,2012年11月21日第十三届上海市人民代表大会常务委员会第三十七次会议还通过了全国首部面向基层公共文化服务的地方立法《上海市社区公共文化服务规定》(以下简称《规定》),并从2013年4月1日起正式实施。针对此《规定》,在一次采访中,时任上海市文化广播影视管理局局长胡劲军解释说:"我们制定了服务标准、项目清单、评估考核办法、投诉处理规定

---

① 朱海闵:《基本公共文化服务标准化均等化研究》,《文化艺术研究》2014年第1期,第9—14页。

等一系列配套文件。今天，要做好公共文化服务内容建设，满足群众日益增长的个性、多元需求，仅靠传统方式是不行的。"①从《规定》内容看，该《规定》共三十三条，分别从责任主体、服务对象、服务内容、运作资金筹措方式、服务绩效评估等多方面多角度对社区公共文化服务给予全面的阐述，从而为社区公共文化服务的标准化生产和供给提供了重要的制度支撑。

为鼓励引导社会力量参与公共文化服务，扩大公共文化建设的影响力，提高公共财政资金的使用效益，提升公共文化服务效能，以多元化手段促进公共文化服务的均等化发展，上海市还在2014年市民文化节期间制定了《上海市公共文化优秀项目（群文活动奖励）专项资金使用管理办法（2014年版）》，该办法主要用于对在本市公共文化建设工作中产生积极影响、取得重点突破、实现良好效果的导向性、示范性、创新性、科学性项目予以奖励，并分列管理工作、文化活动、文化服务、人才培养和技术开发等五个项目类别，逐项设立评选标准。

（4）推动公共文化服务主体多元化进程。上海市公共文化服务模式创新实践，除了综合升级公共文化服务基础设施网络、以制度化手段推进公共文化服务的标准化均等化之外，还在服务主体方面进行了拓展，推进公共文化服务主体多元化的发展进程。把时间倒拨回2013年，我们会看到，农历新春的第一天，首届上海市民文化节筹备工作办公室就在上海市文化广播影视管理局的官方网站上广发"英雄帖"：《首届上海市民文化节举办主体征集令》（以下简称《征集令》），并先后在新民网、新浪网等媒体平台及《东方早报》《新民晚报》上刊登宣传。以此为起点，上海探索"政府主导、社会支持、各方参与、群众受益"的办节模式迈出了实质性的一步。实质上，以"征集令"的形式在全市征集运作主体和举办主

---

① 《让文化服务成为市民"家常菜"》（2014年10月14日），徐汇区政府网站，http://gov.eastday.com/shjs/node6/node31/u1a50770.html，最后浏览日期：2018年12月10日。

体,是上海市文化建设发展史上的一个创举,在全国更尚属首次,正是这一创举,成为凸显首届上海市民文化节特色与亮点的重要标志。该《征集令》开宗明义地指出,"遵循'政府主导、社会支持、各方参与、群众受益'的工作理念,首届上海市民文化节鼓励社会参与,各方举手,共同举办各项活动",并分别从征集内容、征集对象、征集办法、注意事项等四大方面进行介绍。

其中,征集内容明确了征集主体包括"全市性重大赛事运作主体"和"特色活动举办主体"两个类别,征集对象包括各区县(社区)、机关、企事业单位、社会组织、人民团体,征集办法依次是先由申请者提出申请,主办方对申请者进行综合考量和评审,并最终确定各项目举办主体。这就是首届上海市文化节首创的"举手办节"机制。在2013年3月5日的截止日期前,首届上海市民文化节的十大赛事全部"各有其主",最终形成了"首届上海市民文化节重要赛事推进表"。

除了广发"英雄帖"之外,首届上海市民文化节筹备工作办公室还在指导委员会的领导下,积极"借力"现有的各种文化资源品牌,推行"牵手办节"机制,把首届上海市民文化节与上海市内现有的各种文化活动、公共文化服务项目以及各种文化资源平台进行整合,统一纳入首届上海市民文化节的运作框架中,增强首届上海市民文化节内容的丰富性和吸引力,并希冀在资源共享、信息共享的发展进程中,促使各方公共文化服务能力得到全面提升。

(5)以保障公民文化权利为根本,推行"菜单式"服务,变政府的"有选择"为公民的"有选择"。传统公共文化服务模式的一个重要不足之处就在于,由政府提供的公共文化服务是有选择性的。这种"选择性"不仅体现在服务内容,还体现在服务对象上。服务内容的"有选择"主要是指在公众缺乏有效的需求表达机制情况下,政府有关公共文化服务的决策不是基于公众的真实意愿,而是基于政府自身的利益考量甚至领导个人的偏好,选择容易出成绩、见效快的公共服务内容进行供给。而且,当政府作为一个整体来面对具有千差万别的社会公众时，基于操作成本的考虑，政府所能提供的服务也多是一种形式整齐划一、内容高度同质的服务。不言而喻，这种政府的"有选择"行为，结果必然是公民的"无选择"。而服务对象上的"有选择"反映的是这样一个事实，即在一定历史发展阶段上，由于经济发展水平等条件的限制，由政府提供公共服务多是一个由"点"到"面"、逐步延展的过程。比如，先"城市"后"农村"、先"城区"后"郊区"，从而在客观上表现出服务对象的"有选择性"。因此，作为传统公共文化服务模式的主要标志或者说广受诟病的症结，"有选择"必然是进行模式创新探索需要直接面对和破解的问题。

回顾上海市2013年以来以市民文化节为抓手所进行的文化建设努力，可以发现上海模式在观念上首先摒弃了"选择性治理"的思维，《上海市民文化节实施方案》（2013年、2014年、2015年、2016年）在设计时就强调尽量把赛事内容设计得全面而具体，做到动静结合、雅俗共举、中西合璧、"传统"与"现代"齐头并进。于是，主题赛事中，不仅有"唱唱跳跳"等"老式"选项，还有"听说读写"等"新选择"；不仅有现代舞曲，更有传统戏剧；既提供迎合大多数群众的文化艺术活动项目，也提供能够满足少数群众需求的高雅艺术项目。

在做足服务内容的同时，上海市还在"提高市民对服务内容的可选择性"方面下足了功夫。一方面，为了让市民能够及时、便捷地了解各种文化活动信息，并根据个人兴趣有选择地参加各种文化活动，市文广局每月分别印刷发行3万册《首届上海市民文化节活动手册》和《上海城市文化艺术手册》，把整个市民文化节期间所要举办的每一场赛事的举办时间、地点以"菜单式"方式列出来，发放到市民手中。另一方面，各个区县文化部门在每月初都会把该区县范围内本月将要举办的所有文化活动，以"菜单式"方式刊登在该区县的文化报上（由各区县文化局主办，以月刊形式发行），并在各公共场所免费发放。

此外，从 2014 年开始，上海市把在首届市民文化节期间挖掘出来的所有文化资源纳入上海市公共文化资源库中，并按类别对这些文化资源进行编目，形成市、区（县）、街道三级配送目录（"菜单"）。在此基础上，通过两种方法把这些菜单式的文化资源手册递送到广大市民手中，让其免费"点单消费"。具体操作上，市、区（县）、街道三级文化主管单位先把已经编目好的文化服务项目上传到"东方配送"网络上（纸质版的《公共文化配送资源手册》同步印刷并发放），然后接受百姓"点单"，在接到群众的文化服务"菜单"后，由东方配送的总后台通知相应的服务资源（可能是一台文艺节目，也可能是一种文化作品），根据"点单者"的要求按时按量地"送达"，到此完成一次菜单式服务。

2. 对上海模式的简要评价

上海市以举办市民文化节的方式推动公共文化服务的有效生产和供给，确实取得了较好的成效，有效回应了公民多元化、个性化的文化服务需求，保障了公民"差异化的权利"，促成公共行动的再生产以及社群意识的形成，具有较好的独创性。但这种模式创新实践表现出强烈的群众文化运动特征，具有天生的不稳定性，对于广大民众来说，也更像是一场"被动员的公民文化权利实践行动"，存在内生动力不足的弊端。而且，这背后还隐含着这样一种逻辑，即由政府组织和安排的公共文化服务，本质上是一种以"思想"为对象和目标的精微权力规训行动，权利流变背后隐藏的是政府权力运行方式的流变过程：从身体规训到精神规训、从行政分权到行政集权、从公共事务治理权力的集权到权力共享。

# 第六章
# 城乡公共文化服务均等化的实证研究

## 一、包容性公民文化权利与公共文化服务均等化

社会主义和谐社会建设是一个集经济建设、政治建设、社会建设、生态文明建设与文化建设"五位一体"于一身且相互协调发展的社会建设过程。要实现建设社会主义和谐社会这一宏伟目标，就必须把科学发展观真正贯彻并落实到社会主义社会的政治、经济、社会、文化、生态等各个发展领域，在更高水平上推动经济社会的协调发展，不断改善和发展民生，不断繁荣和发展社会主义先进文化。改革开放以来，我国经济建设取得长足发展，政治建设稳步推进，社会建设亦得到有效开展，相比较而言，文化建设却未受到应有的重视。有鉴于此，中共十七届六中全会作出的《关于深化文化体制改革　推动社会主义文化大发展大繁荣若干重大问题的决定》提出："必须抓住和用好我国发展的重要战略机遇期，在坚持以经济建设为中心的同时，自觉把文化繁荣发展作为坚持发展是硬道理、发展是党执政兴国第一要务的重要内容，作为深入贯彻落实科学发展观的一个基本要求，进一步推动文化建设与经济建设、政治建设、社会建设以及生态文明建设协调发展，更好满足人民精神需求、丰富人民精神世界、增强人民精神力量，为继续解放思想、坚持改革开放、推动科学发展、促进社会和谐提供坚强思想保证、强大精神动力、有力舆论支持、良好文化条件。"

包容性发展是当今世界各国普遍追求稳步发展条件下促进社会协调可持续发展的一个重要理念与发展思路。胡锦涛同志曾提出，"中国强调推动科学发展，促进社会和谐，本身就具有包容性增长的涵义"。因此，包容性发展观本身就是一种和谐发展观。经济建设、政治建设、社会建设、生态文明建设与文化建设"五位一体"的中国发展战略布局，不仅要求文化建设与政治、经济、社会建设、生态文明建设之间协调发展，而且也强调各自内部的包容性发展。在新的时代语境下，和谐社会的全面建构要以"包容性价值"为引领，借助"包容性发展"的理念和思路，整体推进政治、经济、社会、文化与生态文明的全面繁荣和协调发展。其中，文化建设大发展大繁荣为践行公民文化权利提供重要的精神指引，公共文化服务则为公民基本文化权利实现搭建基础性制度平台，而包容性公民文化权利与公共文化服务均等化则为公民文化的建构提供基本的理念指导、权利基础、现实物质基础与制度保障，包容性公民文化权利、公共文化服务均等化、公民文化三者有机统一于社会主义文化建设大发展大繁荣的历史进程中。①

### （一）包容性公民文化权利与公共文化服务均等化：公民文化构建的权利基础

1. 包容性公民文化权利的内涵及发展特征

对公民文化权利的界定主要散见于联合国和一些专门机构的各种文件中。1966 年第 21 届联合国大会通过的《经济、社会、文化权利国际公约》与《公民权利与政治权利国际公约》，第一次在世界范围内把经济、社会和文化权利以法律形式加以确认，从此，公民文化权利作为一项基本人权，与公民权利、政治权利、经济权利和社会权利一起，被并列提出。但在中国语境下，由于一定历史文

---

① 唐亚林、朱春：《当代中国公共文化服务均等化的发展之道》，《学术界》2012 年第 5 期，第 24—39 页。

化的原因,公民文化权利常常被忽视,对公民文化权利的研究及政治关怀更是远远不够,而仅把其作为一种其他权利的派生权利,尤其在人民基本的温饱、工作的安全、生活的保障还得不到足够有效的满足时,似乎谈公民文化权利是一种奢侈,导致公民文化权利表达的集体缺失。

在这种情况下,是什么原因导致公民文化权利重新被提上议事日程,并得到党和政府乃至全社会的重视和广泛关注呢?首先,从理论关系看,得益于当今中国对文化与经济、政治之间关系的重新思考,表现在公民权利问题上,就是充分认识到经济权利是基础,政治权利是保证,文化权利是目标,即与经济权利、政治权利相比,文化权利是更高层次的权利;就它们之间的价值关系而言,由于文化本身具备强大的价值凝聚作用,它对经济、政治、社会具有巨大的整合性与协调性作用,尤其随着社会本身的知识化、信息化发展趋势的进一步凸显,作为人类文明集中化体现的各种文化形态所焕发的对社会经济、政治发展的巨大促进作用,更显得无与伦比。其次,从社会发展趋势看,尤其随着40多年的改革开放,我国经济结构发生了深刻的变化。1978年,农村家庭的恩格尔系数为67.7%,城市家庭为57.5%,而2009年,这一比例已经降低至41.0%和36.5%。[①]城镇居民与农村家庭的恩格尔系数随着人均可支配收入的上升而不断下降,2016年系数分别为29.3%与32.2%。[②]逐渐富裕起来的中国老百姓,越来越注重生活的质量和品位,因此精神文化的消费也越来越成为日常生活的重要组成部分。这就要求政府调用各种资源、调动各种社会力量来促进文化事业、文化产业的繁荣发展和公民文化权利的实现。加之随着中国现代化

---

① 根据《国家统计年鉴2010》表10-2"城乡居民家庭人均收入及恩格尔系数"计算所得,国家统计局网站,http://www.stats.gov.cn/tjsj/ndsj/2010/indexch.htm,最后浏览日期:2018年12月10日。

② 《2017年中国居民人均可支配收入、家庭恩格尔系数及人均消费支出统计分析》(2018年1月13日),中国产业信息网,http://www.chyxx.com/industry/201801/605503.html,最后浏览日期:2018年12月10日。

建设向新的阶段迈进,促进人的全面发展,造就一批适应和推动社会进步的合格的现代公民,日益成为中国社会实现现代化的坚实基础。换言之,社会的现代化呼唤着人的现代化,而人的现代化又要求文化的现代化,这一链条环环相扣。最后,作为一种时代共识性表达,"包容性发展"的理念要求"让各地人民共享繁荣之道",即让不同民族、不同阶层、不同地域的所有公民在文化权利方面实现共同发展、平等参与、成果共享。而在范畴上,包容性发展"至少应该包括经济包容、社会包容、政治包容、文化包容和环境包容等方面",[①] 所以,"公民文化权利"自然而然地成为和谐社会建设的题中之义,"包容性的公民文化权利"自然而然地成为公民权利有效建构的基本理念与关键组成部分。

然而,对公民文化权利的理论认识,其价值意义在于唤起公民的文化权利"觉醒",而要促成真正的公民文化权利"自觉"和"自为",则需要依赖于与现实的"对抗性力量"——权利的不平等——的反向对抗性力量的成长来体现公民文化权利的"自主性"和"自为性",即现实的公民文化权利的实现条件与实现机制的非理想状态恰恰构成了促使公民进行文化权利抗争的深刻的历史大背景,如公民文化权利城乡严重不平等、城市社会中居民与外来务工者权利不平等、各阶层公共文化服务分配不平等、公民文化权利的愿望与表达严重不对称,以及公共文化服务建设中只注重物质基础设施建设而忽视精神价值塑造等公民文化权利不平等的现实,虽然阻碍了公民基本文化权益的有效实现,但也从深层次上为推动公民对自身文化权利的"自觉"争取和"自为"实现提供了根本动力。换言之,强调和谐社会建设的价值理念,不仅要求对公民进行文化权利的"启蒙",而且要为公民文化权利的实现创造条件,体现国家在承担公共文化服务方面的"自觉"责任担当,即通过公共文化

---

① 黄祖辉:《包容性发展与中国转型》,《人民论坛》2011年第12期,第60—61页。

服务的均衡性供给,为公民进行文化权利的"自为"提供制度与物质平台。也就是说,公民文化权利的时代表达不仅需要张扬公民文化权利的基本权利保障性,更需要张扬公民文化权利的全面发展性,即建构包容性的公民文化权利的理论与实践基础。

鉴于公民文化权利在形式和内容规范上的不同,可以从应然权利、法定权利、实然权利这三种形态对其基本特征作进一步的理解。

其一,作为人权形态特征的公民文化权利,[1] 它关注公民个体选择的机会和能力,外在化为公民在社会文化生活中应该享有的不容侵犯的各种自由和利益的资格或权能。[2] 它由道德而不是法律来支持,权利本身不依赖法律而存在,具有一定的独立性,它与道义上人的全面发展紧密联系。在此特征下,文化人权并不直接规定人们对具体的事物或利益的享有,而是规定了个人生活空间,在此空间下,人们可以通过自己的努力来获得更好的发展。

其二,作为法定形态特征的公民文化权利表现为公民基本文化权利,即由宪法和法律确认和规定并由国家强制力保障实施的个人在文化方面的最基本、最普遍的权利,包括四个基本方面的内容:享受文化成果的权利(比如图书馆、博物馆以及各种文化主题公园)、参与文化活动的权利、进行文化创造的权利以及对个人进行文化艺术创作所产生的精神上和物质上的利益享受保护的权利等。[3]

其三,作为实然形态特征的公民文化权利,直接表现为公民文化服务的需求与供给。然而,"相对于其他类型的人权,比如公民权、政治权、经济和社会权利而言,文化权利在范围、法律内涵和

---

[1] 我国学者夏勇教授对人权的性质有过深入的研究分析,将人权视为一种道德权利、普遍权利和反抗权利,并在《人权概念起源——权利的历史哲学》一书中作过相关论述。

[2] 孙岳兵:《公民文化权初探》,湖南师范大学宪法学与行政法学专业硕士学位论文,2008年,第8页。

[3] 艺衡、任珺、杨立青等:《文化权利:回溯与解读》,社会科学文献出版社2004年版,序言第12页。

可执行性上（呈现出）最不成熟"的特征状态。① 就我国目前公民文化权利的现实而言，由于表征公民文化权利实然状态的文化服务呈现非均等化发展状况，导致我国公民文化权利在城乡居民之间、地域之间、城市居民与外来务工人员之间以及社会各阶层之间出现了程度不一的不平等现实。同时，也由于特殊历史条件的限制，目前的公共文化服务建设往往注重物质基础设施建设而忽视精神价值塑造，强调行政供给而忽视公民自主参与和资源选择之倾向，使得公民文化权利的实现存在着道义上的个人空间缺失、法律上的强制性不足等不和谐因素，而这种状况在公共文化服务领域表现得尤为突出。

2. 公共文化服务的内涵

任何权利主张的提出，既取决于权利主体所处的客观外在条件，如上文所说的理论认识和时代共识，又需要权利主体具备主张权利的相应能力和条件，即公民文化权利的实现还需要依靠一定的媒介或工具来为公民的权利主张创造机会潜能和可能性。也就是说，公民文化权利的实现，从最低层次上要有能满足公民最基本文化需求的公共文化服务供给。

于是，作为践行公民权利的现实制度性安排，"公共服务"将构成社会推进全面协调发展的"良策"。为保障公民发展的基本权利实现，为公民进行权利主张提供条件和可能，以服务公众为目的的政府部门，必须借助公共财政，秉承公平公正的服务理念，向社会提供包括教育、医疗、文化、体育以及卫生等在内的多维基本公共服务，为公民的基本权利实现创造均等的条件和基础。具体体现在"文化"这一维度下，构成公共服务体系的公共文化服务必然践行包容性发展的时代表达。包容性语境下的公共文化服务致力于实现人作为社会之"人"的基本文化权利，让公民的文化权利与政治

---

① 艺衡、任珺、杨立青等：《文化权利：回溯与解读》，社会科学文献出版社2004年版，第2页。

权利以及经济权利一道受到应有的关注；同时，它强调社会公民享有公正、平等的文化权利，让各地人民在文化发展方面获得机会的均等、获得文化公共物品和服务的均等以及社会文化权利保障等其他方面的均等，让文化公平与经济公平以及政治公平一样实现协调与包容共进。

由于公共文化需求本身的复杂性与多样化，一直以来对于公共文化服务内涵的理解见仁见智，诸多学者都从各自视角对其作过界定。本书以"服务"本身的范畴为标杆，把相关学者对公共文化服务的界定概括为广义和狭义两种解释。就广义而言，"公共文化服务简单地讲就是为满足社会的公共文化需求，由公共组织机构使用公共权力与公共资源，向公民提供公共文化产品的服务行为及其相关制度与系统的总体，它是公共服务体系的有机组成部分"。[①] 即它是由公共文化基础设施、公共文化产品、文化法律法规、文化市场监管行为等共同组成的一个动态系统，我们可把这种定义所界定的公共文化服务称之为公共文化服务体系即"大服务"。狭义上的公共文化服务就是指"区别于以一般市场手段提供的文化商品（产品即服务）的文化类公共物品和服务"，[②] 有学者把此种范畴下所界定的公共文化服务大约分为13个类别，具体是："公立博物馆、艺术馆；公立图书馆；公共文化信息服务（如文化网站、咨询电话、公益性广告等）；重要的高雅艺术场馆（著名的剧场、音乐厅等）；重要艺术团体；重要艺术展览；重要艺术节庆；重要对外文化交流；传统艺术；文物古迹等文化遗产；传统节庆；中小学艺术教育；专业艺术教育。"[③] 由此可见，狭义上的"服务"是一种静态的服务，主要是一些为实现公民文化权利而提供的物态层面的文化产品及其

---

① 李景源、陈威等主编：《中国公共文化服务发展报告（2009）》，社会科学文献出版社2009年版，第50页。
② 张晓明、李河：《公共文化服务：理论和实践含义的探索》，《出版发行研究》2008年第3期，第5—8页。
③ 李景源、陈威等主编：《中国公共文化服务发展报告（2007）》，社会科学文献出版社2007年版，第117页。

相关附属设施，体现为"小服务"概念，而本书采用的正是此种界定。

3. 公民文化的内涵及其实现保障

美国学者阿尔蒙德曾对公民文化作了经典释义，他在《公民文化——五个国家的政治态度和民主制》一书中，按照社会成员对政治体系、政治输入输出以及成员自身所持态度的不同，将政治文化分为村落（村民）地域型、臣民依附型和积极参与型，并在此基础上提出公民文化的概念，他指出"公民文化是一种建立在沟通和说服基础上的多元文化……是一致性和多样性共存的文化……是一种混合文化……是一种平衡文化……是一种参与者文化"。① 由此可知，公民文化是以上三种文化的混合体，它强调公民的参与、摒弃等级权威以及公民的自由。循此逻辑作进一步延伸理解，公民文化是一种建立在市场经济和民主政治基础上的现代文化，它标志着人由自在自发的自然状态走向自由自觉的主体存在状态，它的特点是主张自由选择、自主创造和自我负责，力求以理性自律取代外在强制。因此，当代语境下，作为与市场经济相适应的文化形态，公民文化是构建社会政治文明的文化支撑。它的发展和建设，对于正处于转型变革时期的中国来说，既是社会主义和谐社会建设的内在诉求，更是实现政治文明的重要途径。

要积极建构公民文化，不但要在观念上给予其应有的认识和把握，还要在制度建设上给予其保障。具体而言，一方面通过对公民文化权利的积极宣誓来为公民文化的建构提供权利基础；另一方面，又要为公民文化权利的真正落实提供坚实的物质基础和精神食粮，从而间接为公民文化的建构提供制度支撑。因为，既然公民文化是一种摒弃等级、追求平等的参与型、平衡性文化，作为公民权利组成部分的公民文化权利就必然包含在公民文化建构之中，与政

---

① ［美］加布里埃尔·A.阿尔蒙德、小G.宾厄姆·鲍威尔：《比较政治学：体系、过程和政策》，曹沛霖等译，东方出版社2007年版，第7页。

治、经济等方面的权利平衡发展，并且还应该让所有公民，不论民族、地区、群体、阶层等差异，毫无歧视地享受。同时，公民文化的建构并非虚无缥缈的"美好幻想"，也不是可望不可即的"海市蜃楼"。相反，公民文化的建构是建立在一系列可控且可实施的物质基础上的，即通过为社会大众提供高水平、高质量的公共文化服务和产品，进而培育出有理想、有道德、有文化、有纪律的社会主义公民，为公民文化的繁荣发展提供合格的"公民"这一前置性要件。

### （二）公共文化服务均等化：公民文化建构的制度基础

#### 1. 公共文化服务均等化的内涵

包容性发展的时代语境下，公共文化服务只是要求作为包容性公共服务的文化之维，从包括教育、医疗、体育、文化以及卫生等构成的基本公共服务系统中取得一个与其他几项公共服务的平等地位，如若在公共文化服务这一子系统内部未能实现包容性的发展，就公民基本文化权利的实现程度而言，这种权利依然是一种"权利的贫困"，[①]即存在着公民文化权利的被排斥与"被"剥夺。被排斥表现为被赋予的"基本文化权利"未能得到实现，之所以被排斥主要在于公共文化服务非均等化发展；而"被"剥夺则表现为主动获取更高层次权利的能力的缺失，之所以"被"剥夺，是因为公民"基本文化权利"被排斥而未能通过体格锻造与精神价值塑造来培养其获取更高权利的能力。

包容性公共文化服务的发展逻辑必然要求实现公共文化服务的均等化发展，即"在公平原则和社会文化平均水平的前提下，在尊重文化自由选择权的基础上，对所有公民的文化需求提供均等的产品与服务"。[②] 其内涵至少包括两个方面：第一，均等并非绝对相等

---

[①] 张等文、陈佳：《城乡二元结构下农民的权利贫困及其救济策略》，《东北师大学报》（哲学社会科学版）2014年第3期，第47—51页。

[②] 边继云：《河北省城乡公共文化均等化存在问题及产生原因》，《河北科技师范学院学报》（社会科学版）2009年第4期，第58—61页。

和简单平均的概念,而更多地表现为每个社会成员都享有大体均衡的外部条件和平等的机会与权利。① 进一步解释就是,均等化不是指绝对的平均主义和单纯的等额分配,而是在强调城乡、区域、居民之间对公共文化产品具有均等的享有机会的前提下,通过有效的制度安排,实现各地人民享有公共文化的基本权利和公共文化服务的"帕累托改进"。第二,均等化并不是抹杀人们的需求偏好,强制性地让人们接受相同而等量的公共文化产品,而是在尊重人们自由选择权和需求差异的基础上,满足人们的多种文化需求。

作为包容性公共文化服务的发展逻辑,公共文化服务均等化显示的是一种结果,"均等化"与"包容性"相对应。就实际情况而言,受具体环境的影响和约束,公共文化服务均等化呈现出一体两面的发展逻辑。一方面,公共文化服务以"均等化"为结果导向,期望最终达到"帕累托最优"的状态;另一方面,公共文化服务以"均等化"为过程取向,反映的是一个"帕累托改进"的动态过程。要实现包容性的公共文化服务,就必须实现公共文化服务"均等化"的过程与结果的统一。

**2. 公共文化服务均等化的制度安排**

(1) 推行公共文化服务优先的财政支出政策。在推进公共文化服务均等化的过程中,调整中央和地方政府财政支出结构是最为重要的手段,在当代中国,没有财政的支撑,公共文化服务均等化就只是一句空话。2007年《中共中央办公厅国务院办公厅关于进一步加强公共文化服务体系建设的若干意见》(中办发〔2007〕21号)就明确提出"中央和省级财政每年对文化建设的投入增幅不低于同级财政经常性收入的增幅""从城市住房开发投资中提取1%用于社区公共文化设施建设"等政策要求,并力争到2015年,文化投入占国家财政总支出的比重比2010年翻一番。中共十七届六中

---

① 朱海闵:《基本公共文化服务标准化均等化研究》,《文化艺术研究》2014年第1期,第9—14页。

全会作出的《关于深化文化体制改革　推动社会主义文化大发展大繁荣若干重大问题的决定》，提出"保证公共财政对文化建设投入的增长幅度高于财政经常性收入增长幅度，提高文化支出占财政支出比例；扩大公共财政覆盖范围，完善投入方式，加强资金管理，提高资金使用效益，保障公共文化服务体系建设和运行；落实和完善文化经济政策，支持社会组织、机构、个人捐赠和兴办公益性文化事业，引导文化非营利机构提供公共文化产品和服务"等政策安排。

（2）健全财力与事权相匹配的、中央和地方相协调的财税体制。推行公共文化服务均等化必须依法规范中央和地方的职能和权限，科学界定各级政府的基本公共服务支出责任，即划分中央和地方的事权范围，确实属于中央财政应该负担的，一定要落实到位，属于地方财政应该负担的地方要予以落实，从而形成事权和财权相称、中央和地方合理分权的权能匹配体系。

（3）通过转移支付制度促进地区间基本公共文化服务均等化。受地理、历史、区位、体制、政策等方面的影响，我国出现了区域经济与社会发展严重不平衡状况，需要完善和规范中央财政对地方的转移支付制度以及区域间转移支付制度，以推进区域间公共文化服务的资源互补与财力互助进程。

（4）通过发展社会组织补充政府公共文化服务的不足。建构政府与社会组织的战略伙伴关系，充分发挥社会组织的"自我决定，自我负责，自由选择，团结和参与"的优势，把"政府突出的征税能力和民主的决策程序，与志愿部门的更小规模、更个人化的服务提供能力结合起来"，引导社会资金投入公共文化服务，以补充政府公共文化服务的不足。

（5）转变政府职能，建构服务型政府的国家宏观发展战略。转变政府职能、建设服务型政府已成为我国近年来的政府改革重要主题以及国家宏观发展战略的重要内容。致力于打造一个全心全意为人民谋福利、谋发展的服务型政府与责任政府，其根本内容之一就是不断满足民众日益增长的公共文化服务需求，提升政府公共文化服务的品质和能力，这是当今中国社会转型的一大战略主题。

## 二、当代中国城乡公共文化服务均等化的发展现状及基本格局

城乡公共文化服务均等化构成包容性公共文化服务的发展逻辑，通过均等化的过程改进来实现均等化的结果状态，是推进城乡公共文化服务均等化的有效途径。因此，在政府公共服务领域，"均等化"概念的提出既是与"包容性"这一发展主题相对应的时代表达，又是一种对客观现实深刻反省后的政府责任担当。

新时代背景下，"文化"渐渐成为一国经济再发展的新动力，成为一国国民精神重塑的核心支柱，其对经济、社会和人文发展的带动和辐射作用正日益显现。文化越来越成为民族凝聚力和创造力的重要源泉，越来越成为综合国力竞争的重要因素，越来越成为经济社会发展的重要支撑，丰富精神文化生活越来越成为我国人民的热切愿望。

### （一）城乡公共文化服务均等化的发展现状及特征

在我国，政府把公共文化服务体系建设正式纳入政府工作议程，并自觉、自为地承担公共文化服务职能是在 2000 年以后，以"十五"规划为起点。因此，自"十五"规划以来，在党中央、国务院的重视下，在各级党委、政府的支持下，公共文化服务体系建设呈现基层文化设施网络发展加快、服务手段日益多样化、服务水平逐步提高、队伍建设有很大进步的局面，进入了快速、稳定的重要发展期，并日趋表现出蓬勃发展、整体推进、重点突破的良好势头。尤其是中共十六大以来，在党中央的坚强领导下，各地各有关部门按照公益性、基本性、均等性和便利性的原则要求，坚持以政

府为主导、以公共财政为支撑、以基层特别是农村为重点，大力发展公益性文化事业，极大地提高了公共文化服务建设的整体水平和质量。

截至2013年底，全国共有公共图书馆3 112个，文化馆（含群众艺术馆）44 260个，其中乡镇（街道）文化站40 945个，村文化室20余万个，基本实现了公共文化服务体系全覆盖。同时，全国广播电视村村通工程已覆盖全部通电行政村和20户以上自然村。在文化信息资源共享工程建设方面，截至2011年底，已建成1个国家中心，33个省级分中心（覆盖率达100%），2 840个县级支中心（覆盖率达99%），28 595个乡镇基层服务点（覆盖率达83%），60.2万个行政村基层服务点（覆盖率达99%），部分省（区、市）村级覆盖范围已经延伸到自然村，文化共享工程已初步构建了层次分明、互联互通、多种方式并用的国家、省、市、县、乡镇（街道）、村（社区）等6级数字文化服务网络。2017年11月29日，国家公共文化云正式开通，整合了全国公共数字文化资源和服务，老百姓通过电脑、手机客户端实现文化类活动的共享直播、资源点播、活动预约等，更加便捷地享受公共文化服务。此外全国已有1 804家公共博物馆、纪念馆、爱国主义教育示范基地向社会免费开放，广大群众看书难、看电影难、收听收看广播电视难的问题得到明显改善。① 以下以"十五"以来群众文化事业②建设为例来说明公共文化服务的发展现状及特征。③

---

① 根据《2014年中国统计年鉴》表23-21"全国主要文化机构情况"、文化部2011年9月25日发布的《党的十六大以来我国公共文化服务体系建设综述》，以及《2012年文化共享工程发展概况》和《2017年文化共享工程发展概况》等公开资料计算整理而得。

② 群众文化机构是专门从事组织、辅导、研究群众文化的公益性文化单位，是公共文化服务体系的重要组成部分。其主要职能是通过开展群众文化工作对社会进行审美教育和群众文化的艺术普及，提高公民素质，促进社会的全面进步和发展。在我国，群众文化机构一般是按照政府行政层级分级设置的，即省市设群众艺术馆，县设文化馆，县以下的农村乡镇和城市街道设文化站。

③ 《"十五"以来全国群众文化业发展情况分析》（2011年8月23日），豆丁网，https://www.docin.com/p-264447865.html，最后浏览日期：2018年12月10日。

1.机构数量先降后升,出现明显转折

"十五"以来,全国群众文化机构数量先降后升。大体上,"十一五"期间减少,"十二五""十三五"期间逐步增加。分年度看,2000年底共有机构数45 321个;到2006年底,减少到10年间最少的40 088个;之后开始回升,到2016年底逐步增加到44 497个。见图6-1。

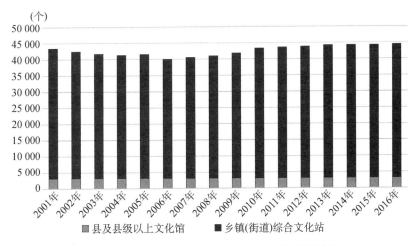

**图6-1　2001—2016年全国群众文化机构数量情况**

数据来源:根据相关年份《中国统计年鉴》的资料计算所得,国家统计局网站,http://www.stats.gov.cn/tjsj/ndsj/2017/indexch.htm,最后浏览日期:2020年6月30日。

群众文化机构数量大幅波动,与乡镇文化站的数量变化高度相关。在群众文化机构中,乡镇文化站的数量大致占到总数的80%左右。乡镇文化站的数量变化,主要受两方面影响:一是受全国乡镇级行政区划数量变化影响。2000年,全国共有乡镇级行政区划49 668个,由于撤乡并镇,到2016年底,减少到39 862个。受其影响,全国乡镇文化站数量由2000年的39 348个减少到2006年的32 706个。二是受"十一五"乡镇综合文化站建设规划的影响。2007年,为改变基层文化阵地逐年萎缩的状况,国家开始大力实施"十一五"乡镇综合文化站建设规划,对全国2.67万个面积低于50平方米的乡镇文化站进行规划建设,此后,乡镇文化站数量逐步回升。

**2. 从业人员总量增加,结构显著优化**

"十五"以来,全国群众文化机构从业人员数量稳中有升。2017年底,共有从业人员180 911人,比2000年增加52 491人,增长41%。以2017年数据为例,平均看,每个群众艺术馆有从业人员4.06人。从人员结构看,中高级职称人员占从业人员总数的比重逐年提高,人员结构不断优化。2010年,全国群众文化机构从业人员中,有中级职称者25 048人,高级职称者6 240人,分别比2001年增加11 460人和3 163人,分别增长84.34%和102.79%。中级职称人员比重为17.76%,高级职称人员比重为4.43%,分别比2001年提高6.45和1.87个百分点。至2017年末,群众文化机构中具有高级职称的人员为6 386人,占总从业人员数的3.4%;具有中级职称的人员17 245人,占9.3%(见表6-1)。

表6-1 2011—2017年全国群众文化机构从业人员结构情况

| 年份 | 从业人员总数(人) | 高级职称(人) | 中级职称(人) |
| --- | --- | --- | --- |
| 2011 | 147 732 | 6 208 | 24 023 |
| 2012 | 156 228 | 6 289 | 24 834 |
| 2013 | 164 355 | 5 472 | 16 348 |
| 2014 | 170 299 | 5 633 | 16 605 |
| 2015 | 173 499 | 5 893 | 16 898 |
| 2016 | 182 030 | 6 026 | 17 133 |
| 2017 | 185 637 | 6 386 | 17 245 |

数据来源:根据《中国文化文物统计年鉴》第一部分"全国文化文物机构数和从业人员数(按管理部门分)"综合2011—2017年相关数据计算所得,中国知网,http://data.cnki.net/area/Yearbook/Single/N2019010261?z=D15,最后浏览日期:2020年6月13日。

**3. 财政投入快速增长,并逐步向基层倾斜**

"十五"以来,全国各级财政对群众文化机构的财政拨款快速增长，总量大幅增加。2016 年，全国各级财政对群众文化机构的财政拨款达到 208.7 亿元，比 2000 年增加 196.8 亿元，增长 1 661.9%，年均增长 103.8%。各级财政对群众文化机构的投入占全国文化事业总投入的 24.9%，比 2000 年提高 9.8 个百分点。见表 6-2。

表 6-2　2000—2016 年全国各级财政对群众文化事业财政拨款情况

| 年份 | 2000 | 2005 | 2010 | 2014 | 2015 | 2016 |
| --- | --- | --- | --- | --- | --- | --- |
| 财政拨款（万元） | 118 430 | 279 033 | 803 918 | 1 623 756 | 1 856 374 | 2 086 646 |

数据来源：根据《中国文化文物统计年鉴 2017》第三部分"群众文化业-按年份各地区群众文化机构财政拨款"计算所得，中国知网，http://data.cnki.net/area/Yearbook/Single/N2018060240?z=D15，最后浏览日期：2020 年 6 月 13 日。

分结构看，投入逐步向基层倾斜。2010 年，各级财政对群众艺术馆财政拨款 12.18 亿元，比 2000 年增加 9.83 亿元，增长 418.30%，占群众文化机构总投入的 15.15%。对文化馆财政拨款 27.33 亿元，比 2000 年增加 21.88 亿元，增长 401.47%，占群众文化机构总投入的 33.99%。对文化站财政拨款 40.88 亿元，比 2000 年增加 36.84 亿元，增长 91.88%，占群众文化机构总投入的 50.85%（见图 6-2）。

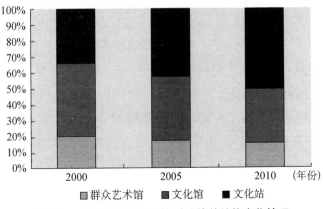

图 6-2　全国群众文化机构财政拨款结构变化情况

### 4. 文化设施建筑面积增长较快，设施条件得到改善

"十五"以来，国家通过实施县级图书馆和文化馆建设、乡镇综合文化站建设等重大文化工程，群众文化设施状况得到极大改善。2016年，全国群众文化机构实际使用房屋建筑面积3 991.0万平方米，比2000年增加2 761.1万平方米，增长224.5%。2016年，全国每万人拥有群众文化设施建筑面积288.6平方米，比2000年增长191.4平方米，年均增长12.3%。其中，乡镇文化站的实际使用建筑面积到2016年达到2 978.45万平方米，其中文化活动用房面积为2 222.79万平方米，社区文化活动室建筑面积达到5 448.96万平方米。平均每个文化站面积由2000年的175.5平方米，增加到2016年的435.7平方米，增幅149.3%。同样，从群众文化设施建筑面积看，2000年时，每万人拥有的群众文化设施建筑面积约为97.2平方米，到2010年增长到188.6平方米，而到了2016年，这一数值增长到288.6平方米（见表6-3）。

表6-3　2000—2016年每万人拥有群众文化设施建筑面积情况

| 年份 | 2000 | 2005 | 2010 | 2014 | 2015 | 2016 |
| --- | --- | --- | --- | --- | --- | --- |
| 面积（平方米） | 97.2 | 115.3 | 188.6 | 269.5 | 280.0 | 288.6 |

数据来源：根据《中国文化文物统计年鉴2017》第三部分"群众文化业-按年份各地区每万人拥有群众文化设施建筑面积"计算所得，中国知网，http://data.cnki.net/area/Yearbook/Single/N2018060240?z=D15，最后浏览日期：2020年6月13日。

### 5. 服务资源更加丰富，服务能力进一步提高

随着投入的增加，群众文化服务资源更加丰富，藏书数量、计算机数量都有较快增长。2016年，全国群众文化机构藏书达到27 380.03万册，而2000年此数据则为8 198.8万册，增长了19 181.23万册。其中文化馆（省、市、县级）藏书729.18万册，乡镇文化站藏书20 205.04万册。[①] 见图6-3。

---

①　数据来源于中华人民共和国文化部：《中国文化文物统计年鉴2017》，国家图书馆出版社2017年版。

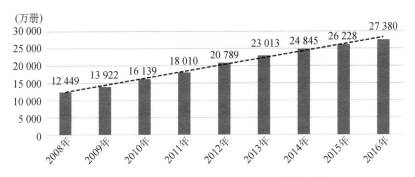

**图 6-3　2008—2016 年全国群众文化机构藏书情况**

数据来源：根据相关年份《中国文化文物统计年鉴》中关于群众文化机构藏书统计数据整理而成，中国知网，http://data.cnki.net/area/Yearbook/Single/N2018060240?z=D15，最后浏览日期：2020 年 6 月 13 日。

2016 年，全国群众文化机构共有计算机 377 254 台，2010 年为 115 269 台，2005 年只有 4 348 台。增幅最快的是 2009 年和 2010 年，主要原因是，中央从 2009 年开始实施乡镇综合文化站设备购置专项计划，支持文化站购置文化信息资源共享设备。见图 6-4。

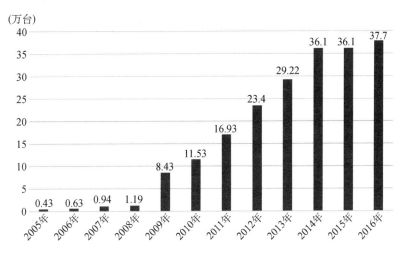

**图 6-4　2005—2016 年全国群众文化机构计算机数量情况**

数据来源：根据相关年份《中国文化文物统计年鉴》中关于群众文化机构计算机数量统计数据整理而成，中国知网，http://data.cnki.net/area/Yearbook/Single/N2018060240?z=D15，最后浏览日期：2020 年 6 月 13 日。

### 6. 群众文化活动日益丰富，社会效益更加显著

随着服务条件的改善，群众文化活动开展日益丰富，组织文艺活动次数、举办训练班班次及举办展览个数都明显增加，社会效益更加显著。2016年，全国群众文化机构共组织文艺活动106.5万次，此数据是2010年的近2倍，是2000年的近5倍。举办训练班59.1万次，比2010年增加24万人次，比2000年增加45万次。举办展览15.01万个，比2010年增加3.25万个，比2000年增加5.83万个。仅2016年一年，培训班人次就达到4 250.08万人次，其中文化馆（省、市、县级）培训1 262.21万人次，乡镇文化站培训1 955.63万人次。①

从结构看，乡镇文化站组织开展群众文化活动日趋活跃，在丰富群众文化生活、满足群众基本文化权益、促进文化均等化方面的作用比较突出。2016年，乡镇文化站共组织文艺活动55.4万次，举办训练班24.2万次，举办展览9.6万个；2010年则分别为30.5万次、15.3万次、7.6万个。两者相比较，增长明显。② 见表6-4。

表6-4　2006年以来全国乡镇综合文化站活动情况

| 年份 | 举办展览 | | 组织文艺活动次数 | | 举办训练班 | |
| --- | --- | --- | --- | --- | --- | --- |
| | 总量（万个） | 占群众文化总体比重（%） | 总量（万次） | 占群众文化总体比重（%） | 总量（万次） | 占群众文化总体比重（%） |
| 2006 | 9.2 | 65.2 | 27.2 | 54.6 | 11.9 | 54.3 |
| 2007 | 5.8 | 63.7 | 30.0 | 55.0 | 10.8 | 44.6 |
| 2008 | 6.5 | 64.4 | 27.9 | 58.9 | 15.3 | 51.0 |
| 2009 | 7.1 | 64.5 | 30.0 | 54.1 | 15.5 | 50.9 |
| 2010 | 7.6 | 65.0 | 30.5 | 52.9 | 15.3 | 42.6 |
| 2011 | 6.7 | 62.0 | 32.63 | 52.6 | 15.04 | 44.3 |

---

① 数据来源于中华人民共和国文化部：《中国文化文物统计年鉴2017》，国家图书馆出版社2017年版。
② 同上。

续　表

| 年份 | 举办展览 | | 组织文艺活动次数 | | 举办训练班 | |
|---|---|---|---|---|---|---|
| | 总量（万个） | 占群众文化总体比重（%） | 总量（万次） | 占群众文化总体比重（%） | 总量（万次） | 占群众文化总体比重（%） |
| 2012 | 7.04 | 61.3 | 37.19 | 54.0 | 16.57 | 42.8 |
| 2013 | 8.6 | 64.0 | 39.84 | 53.8 | 17.97 | 46.0 |
| 2014 | 8.3 | 62.7 | 45.7 | 54.0 | 20.0 | 42.6 |
| 2015 | 8.3 | 63.2 | 51.4 | 53.6 | 22.7 | 42.3 |
| 2016 | 9.6 | 63.8 | 55.4 | 52.0 | 24.2 | 41.0 |

数据来源：根据相关年份《中国文化文物统计年鉴》关于各地区文化站基本情况相关统计数据计算而得，中国知网，http://data.cnki.net/area/Yearbook/Single/N2018060240?z=D15，最后浏览日期：2020年6月13日。

就目前我国公共文化服务发展的整体状况而言，我国的公共文化服务呈现出重"硬件"轻"软件"、重"数量"轻"质量"、强调"小服务"忽视"大服务"的发展逻辑，并表现为如下三方面的路径依赖惯性：

第一，在以经济建设为中心的发展思路导向下，"GDP绩效观"成为我国目前公共文化服务建设的指导思想，于是，全国一些地方在经济建设"锦标赛"的竞争格局中，公共文化服务的发展落入"文化形象工程"的误区，各级政府以各种设施建设"基数"为目标，大兴土木，竞相建设各种文化基础设施，从而形成一批批华而不实的"形象工程"，使公共文化服务发展走向单纯追求文化基础设施建设的极端。

第二，城乡公共文化服务发展过程中，受"文化形象工程"的逻辑驱使，各类公共文化服务单纯追求服务数量，而忽视服务质量，出现公共文化服务走向片面发展的极端。图书馆强调总藏书量而忽视藏书本身的大众需求程度，艺术馆强调开放的次数而忽视展览内容本身的丰富性，艺术团队强调文化演出的场次而忽视演出本身的价值性和多样化程度等。以乡镇文化站为例，2007年，河北省共有乡镇文化站1 858个，占到了乡镇总数的

94%，但在这些文化站中，有固定场所且能发挥一定职能的只有200余家，仅占乡镇总数的10.2%。有半数以上的乡镇文化站保留有牌子，但职能却划入了社会事务办公室，文化干部专职不专干成为普遍现象。①

第三，由于以上表现，公共文化服务呈现出关注"小服务"即文化服务的物质建设取向，单纯满足于实现公民体格锻造的文化权利实践，而忽略公共文化服务体系这一"大服务"系统的精神价值塑造，最终也忽视公共文化服务体系对社会公民权利的价值形塑实践意义，使公共文化服务发展呈现"物质文明"与"精神文明"的畸形发展。

事实上，公民文化权利的实践不仅体现在公民通过公共文化服务设施进行体格锻造，更核心的实践在于通过各种文化服务设施以及公共产品和服务得到精神方面的塑造和重构，这也正是国家精神文明建设的宗旨所在。公共文化基础设施作为满足公共文化服务需求的硬件准备，本身只构成公共文化服务体系的一个基础要求，并不能代表公共文化服务本身，也不构成衡量公共文化服务质量与效率的核心标准。如前面所言，广义上的公共文化服务是由包括公共文化基础设施、公共文化产品、文化法律法规、文化市场监管行为等要件构成的完整系统。换言之，完整的公民文化权利的实现一方面要以公共文化物质基础设施为物质依托，另一方面还要以相应的文化精神体系建设为根本，即公共文化服务体系建设不仅需要文化产品或服务（比如图书馆的藏书量、各种博物馆的开放场次、乡镇文化站和农村文化活动室的活动内容与形式等）来对其内容进行充实和丰富，还应该有配套的公共文化服务法律法规对其进行统一规范和制度安排，以及有效的文化服务绩效评估机制对其进行绩效评估以促使其持续改进等。

---

① 《河北经济年鉴2008》，中国统计出版社2008年版，第488—491页。

## (二) 城乡公共文化服务均等化的基本格局

相比较而言，我国文化建设领域已经开展了一系列的体制机制改革创新，并取得了巨大的成就，为推动文化大发展大繁荣创造了许多有利条件，但同时也面临一系列新情况新问题。我国目前的文化发展同经济社会发展和人民日益增长的精神文化需求还不完全适应，尤其体现在保障公民基本文化权利的公共文化服务均等化建设方面存在突出的矛盾和问题。这些问题不仅体现在以上发展现状中所呈现的，即在服务供给结构上，重文化服务基础设施等"硬指标"建设而轻文化服务内容等"软指标"建设的总体性结构缺陷，而且，已有的公共文化服务供给本身也存在着各种非均等化现实：城乡、区域文化发展不平衡，群体间、阶层间文化供给不平等。同时，在有限的服务内容上也表现出各种"非对称性"和"非自主性"问题。具体而言，我国目前的公共文化服务非均等化可以概括为以下几点。

1. 公共文化服务发展的区域间"鸿沟"

由于我国地域宽广，加之自然条件差异和历史原因，各地区的社会经济发展程度不同，文化环境差异很大，特别是东部地区与西部地区、发达地区与不发达地区存在较大的文化差异。[①] 比较而言，东部地区由于经济实力雄厚、财政经费充足、文化设施完备且覆盖面广，为当地居民的文化娱乐活动提供了较好的物质保障；而西部地区，由于经济发展滞后、资金短缺，致使文化娱乐设施落后，难以满足本地居民的正常需要，在规模和数量上也难以与前者相提并论。[②] 2005年，东部地区城镇居民家庭平均每人教育文化娱乐服务支出为1 438.92元，而西部地区仅为960.92元，为东部地区的66.7%左右。同时，2005年北京市城镇居民家庭平均每人文化娱乐

---

[①] 曹爱军：《基层公共文化服务均等化：制度变迁与协同》，《天府新论》2009年第4期，第103—108页。

[②] 同上。

服务支出为584.43元,而新疆为102.33元,仅为北京的17.51%左右。再以2016年全国六大区域公共文化图书馆为例,在每百万人所占有公共图书馆方面,华中、华东地区由于人口稠密,每百万人口所拥有的公共图书馆个数均为1.8个,低于全国平均水平2.28个,西北地区由于人口数量少而出现每百万人占有公共图书馆3.91个,比华中、华东地区超出一倍多;而在人均拥有图书册数方面,华东地区则居全国之首,远超全国平均水平,达到0.85册,反超西南地区近一倍。见表6-5。

表6-5　2016年全国各省市公共图书馆基本配置情况

| 区域 | 总人口（万人） | 公共图书馆（个） | 总藏量（万册件） | 人均拥有公共图书馆藏量（册） | 阅览室座席数（个） | 每万人拥有公共图书馆建筑面积（平方米） |
|---|---|---|---|---|---|---|
| 华北 | 17 407 | 471 | 10 171 | 0.58 | 130 579 | 128.52 |
| 东北 | 10 910 | 304 | 7 717 | 0.71 | 82 055 | 102.63 |
| 华东 | 40 618 | 720 | 34 727 | 0.85 | 305 633 | 124.11 |
| 华中 | 38 993 | 686 | 19 875 | 0.51 | 227 095 | 89.17 |
| 西南 | 19 967 | 576 | 8 486 | 0.43 | 126 324 | 95.74 |
| 西北 | 10 089 | 395 | 5 576 | 0.55 | 78 979 | 114.06 |

数据来源:根据相关年份《中国统计年鉴》中的资料计算而得,国家统计局网站,http://www.stats.gov.cn/tjsj/ndsj/2017/indexch.htm,最后浏览日期:2020年6月13日。

另一方面,作为衡量文化资源占有量重要标志的高等学府,包括各类公办、民办本科院校、高职专科以及成人高校在内,2015年的分布状况如下:华北、东北、华东、华中、西南和西北地区高等院校总数分别为396所、255所、781所、606所、304所和211所,其中以华东地区最多,占全国高校总数的31%,是西南、西北和东北的总和,总体呈现出区域间巨大的文化资源配置"鸿沟",使西部文化设施建设长期滞后,不仅损害了文化公平,也构成了当前我国现代化建设的深层次制约因素。见图6-5、图6-6。

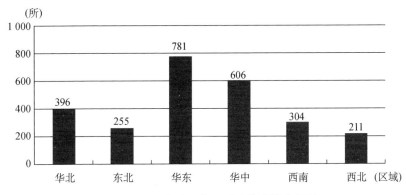

图6-5　2015年全国各区域高等院校分布图

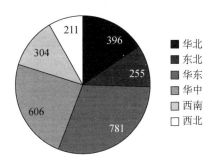

图6-6　2015年全国各区域高等院校分布图

数据来源：《教育部公布2015年最新版全国高校名单》（2015年5月21日），教育部网站，http://www.moe.gov.cn/srcsite/A03/moe_634/201505/t20150521_189479.html，最后浏览日期：2020年1月29日。

2.公共文化服务发展的城乡"二元结构"

"城乡二元结构"已经严重阻碍我国经济社会发展，这是学界的共识。这种社会结构反映在文化资源分配方面，呈现出两种不同的配置制度。就公共文化服务而言，文化服务的城乡"二元结构"主要表现在财政投入以及最终形成的公共文化服务设施的覆盖面和人均资源占有量方面。就城乡投入而言，我国财政对农村文化事业的投入一直处于低位运行状态，虽然从人口数量上说，农村人口是城镇人口的近两倍，但农村文化事业投入却远远低于城镇文化事业投入。"十一五"期间，我国财政对农村文化事业的投入基本维持在城镇投入的40%。

就地方而言，全国各地方在公共文化服务的投入方面也呈现出明显的城乡"二元结构"特征。以四川省为例，有报道指出，"四川省2003年对农村文化事业的投入总额只占全省文化财政补助收入的29.9%；城市文化投入则高达70.1%"。① 2005年，从投入看，四川省农村文化事业投入0.95亿元，仅占全省文化事业费的22.6%，低于对城市文化经费投入近55个百分点；从设施看，全省城市人均占有公益文化设施0.02平方米，农村人均仅占0.005平方米，城乡差距为0.015平方米；从服务队伍看，全省城市每万人拥有公共文化服务人员3人，农村每万人公共文化服务人员仅1人。② 这种不平衡还表现在：广大农村地区形式多样、健康向上的文化活动不足，艺术团体到农村演出的场次偏少甚至没有；农村文化市场发育不全，文化产业较落后；在某些地区，农村精神文明领域出现了"断层"，赌博、封建迷信等有泛起趋势。

3. 公共文化服务发展的本地人与外来者的"差别对待"

公共文化服务本身具有一定的地域特征和准公共产品属性。以农民工群体为代表的外来人员，其在户籍所在地的文化服务设施及文化服务产品并不随其迁移而移动，而在迁入地其所能享受的文化服务又因经济、地域和文化差异的不同而受到不同程度的限制。根据国家统计局公布的数据，2017年中国农民工总量达到2.87亿人，比2016年增加481万人，增长1.7%，增速比上年提高0.2个百分点。③ 农民工主要集中在城市，占城镇常住人口的1/3左右。对于这一庞大的群体而言，在享受公共文化服务方面，一方面，由于农民工群体整体受教育程度不高、收入偏低、生存压力大等因素，加上流入地在管理和服务上存在的责任缺失，这一群体呈现出公民文

---

① 张贺：《农村文化建设亟需"输血"》，《人民日报》，2004年11月3日，第9版。
② 转引自胡税根、宋先龙：《我国西部地区基本公共文化服务均等化问题研究》，《天津行政学院学报》2011年第1期，第62—67页。
③ 《2017年农民工监测调查报告》（2018年4月27日），国家统计局网站，http://www.stats.gov.cn/tjsj/zxfb/201804/t20180427_1596389.html，最后浏览日期：2020年6月5日。

化权利意识淡薄、文化消费能力不足、文化生活总体上比较匮乏等特点。同时,这一外来者群体处于"农民"向"市民"的过渡中,工作、生活空间与城市居民相对隔离,文化习惯与城市居民差异较大,对所在城市没有归属感,与所在城市的其他居民在文化上缺乏交流,造成公民文化权利实际上的被边缘化。另一方面,由于我国城乡二元结构的僵化和一些地区根深蒂固的地方保护主义,地方政府对外来务工人员采取区别对待的方式,将农民工排斥在公共文化服务体系之外,形成了针对农民工的事实上的文化屏障,政府针对农民工所进行的公共文化服务供给能力十分薄弱。近年来,虽然一些地方政府提出了各种各样的口号,也确实做了一些工作,但因为对农民工的文化资本的投入欠账太多,仅有的文化服务供给显得杯水车薪。

4. 公共文化服务发展的阶层间"序差结构"

"社会分层,是指人们在社会分工的基础上,依据社会关系在不同层面上的同一性而形成的社会层次结构,由社会分工而造成的阶层差别是客观存在的。"[①] 经济基础决定上层建筑,根据经济地位划分的各社会阶层,随着经济发展所导致的贫富差距不断扩大,社会也会呈现出文化的贫富分化。公民权利的践行是客观经济实力与主观期望共同作用的结果,表现在公民文化权利方面,这种文化贫富分化的现实必将导致两种倾向:一种是所谓的"皮格马利翁"效应,即较为富裕的群体中,因为其具有较高的经济实力,既能选择优质的文化资源,又具有较高的文化价值期望,更能充分有效地表达这种期望,从而形成良性循环;相反,对于经济的弱势群体来说,他们不仅难以获得优质的文化资源,而且文化价值期望常受经济困境所累,导致文化消费激情受挫,从而产生文化贫穷的恶性循环。另一种倾向是贫者愈贫、富者愈富的"马太效应"逻辑,即出现社会的极少部分人占有社会的绝大部分文化资源,而剩下的绝大

---

① 曹爱军、杨平:《公共文化服务的理论与实践》,科学出版社2011年版,第80页。

部分人只占有极少部分的文化资源。

以高考为例,由于城乡经济差异的影响,城乡孩子在高中以前的教育过程中所享受的文化教育资源的差距,导致城乡孩子在接受教育过程中形成事实上与形式上的不平等,直至社会上有人发出"寒门再难出贵子"的悲凉感慨。根据央视报道:中国农业大学2011年第一次出现农村生源低于30%的现象;清华大学,新生来自1200所中学,其中县级及以下的中学约三百所,在3300名本科新生中,农村生源仅占1/7;北京大学20世纪80年代中期到1995年,农村学生的比例在30%左右,20世纪90年代中期开始下滑,2000年至今,考上北大的农村子弟只占一成左右。[①] 更有数据显示,从20世纪90年代开始,在中国重点大学当中,农村的生源一直在呈现下降的趋势。就2008年全国城镇家庭人均年教育文化娱乐服务和产品支出而言,文化娱乐用品支出最高的高收入家庭人均为1310元,是低收入家庭350元的3.74倍;文化娱乐服务支出最高与最低相差1167元,最高支出是最低支出的5.52倍;相对而言,教育支出差距不是非常显著,高收入家庭人均支出只比低收入家庭人均支出多出366元,是低收入家庭人均的1.53倍。见表6-6、表6-7。

表6-6 2008年五等份划分城镇居民家庭人均年教育文化娱乐产品及服务支出 (单位:元)

|  | 平均水平 | 低收入 | 中低收入 | 中等收入 | 中高收入 | 高收入 |
|---|---|---|---|---|---|---|
| 文化娱乐用品 | 789 | 350 | 560 | 790 | 1 003 | 1 310 |
| 文化娱乐服务 | 718 | 258 | 430 | 680 | 879 | 1 425 |
| 教育 | 877 | 687 | 899 | 825 | 942 | 1 053 |

---

① 刘勇:《超级中学让高考竞争提前 农村学子难跳"农门"》(2011年8月25日),中国新闻网,http://www.chinanews.com/edu/2011/08-25/3282469_2.shtml,最后浏览日期:2018年12月10日。

表6-7 2008年五等份划分农村居民家庭人均年
教育文化娱乐产品及服务支出 （单位：元）

| | 平均水平 | 低收入 | 中低收入 | 中等收入 | 中高收入 | 高收入 |
|---|---|---|---|---|---|---|
| 文教娱乐用品及服务 | 332.86 | 147.00 | 194.58 | 277.07 | 383.47 | 662.17 |

数据来源：根据相关年份《中国统计年鉴》中的资料计算而得，国家统计局网站，http://www.stats.gov.cn/tjsj/ndsj/2009/indexch.htm，最后浏览日期：2020年6月13日。

5.公共文化服务发展的供求结构呈现"非对称性矛盾"

市场经济改革打破了计划经济时代的大锅饭格局，社会结构迅速变迁，人民群众的需求开始得到释放。文化领域，人民群众的文化权利意识开始觉醒，并随着社会经济的迅速发展，对公共文化服务产生强烈的期望，已不再满足于单纯的文化意识形态灌输，而需要多元性和个性化的文化服务供给。但长期以来，我国公共文化设施及服务水平与经济社会发展存在结构性矛盾，文化设施短缺，文化供给水平低下，从而出现文化服务领域的供给与需求非对称性表现。以农村公共文化服务供需为例，中国人民大学农村文化研究课题组通过对河南嵩县的实证研究表明，农村公共文化服务的供需脱节率为66.7%。研究指出，农民最需要的前三个公共文化设施为体育健身场地/器材、电影放映室或电影院和图书室；而农村公共文化设施供给最多的却是有线广播/大喇叭、体育健身场地/器材和寺庙。该课题组认为，供需之间的失衡表明了农民消费偏好和消费之间存在着深刻的矛盾，很显然，这样的公共文化设施供给不可能显著改善农民的文化福利状况。但是即使对供需一致的公共文化设施而言，也可能因为供给的内容、方式等原因而导致无效供给，最终也不能得到农民的好评、增加农民福利。[①]

在我们的调研中，也有基层文化工作人员反映："现在农村放

---

[①] 阮荣平、郑风田、刘力：《中国当前农村公共文化设施供给：问题识别及原因分析——基于河南嵩县的实证调查》，《当代经济科学》2011年第1期，第47—55页。

电影肯定没有 20 世纪 70、80 年代火爆。农村已经发生根本变化，在 20 世纪 60、70 年代，农村的文化室、图书室，老百姓很愿意去借书。现在家里面的中年人、妇女、儿童比较多，他们对文化的需求已经发生了变化。此外，电视得到了普及，改变了农民文化生活方式。百姓更多的是看电视，不再去图书室、文化馆。去的都是有一定需求目的的，比如我对养殖有需求，我就去查查资料。还有，电视上能够看电影，大家对电影的追捧就没有过去那么火爆。以前放个电影，十里八乡都来看，少的是上千人，多的是上万人，因为那个时候文化生活比较单一。现在人民文化生活的需求已经发生变化。因此，若不从这些变化出发来针对性地提供公共文化服务，不能真正从老百姓身边的实际需求出发，那么，我们现在所做的都是无用功，包括你刚才提到的农家书屋都将不能有效发挥作用，文化站、村村通工程、图书室、文化室就会形同虚设。"①

6. 公共文化服务发展的"非自主性参与"

受计划经济体制的影响，一直以来，我国文化体制和机制长期秉承着国家办文化的传统，文化产品的供给如同经济产品的生产一样，主要体现出"国家意志"。于是，文化产品的供需关系不是由需求来调节生产，而由生产来决定消费，由国家战略规划来统筹，这种"生产决定消费"的生产方式，久而久之造成两个文化产品生产的障碍。一个是体制性的，维护着"非经营性"的文化生产方式；另一个是观念性的，主要是许多生产者认为在这种生产方式中生产的产品正体现出"文化产品的规律"——既包括构成规律也包括接受规律，② 以至于我们在许多时候漠视民众当下的文化需求，忽略公民的文化权利中的参与权利。由于公民的"主观意志"常常被裹挟进"国家意志"里，公民的真实需求无法得到真实、有效表达，在整个公共文化服务供给过程中，公民扮演着一个被动接受的

---

① 调研人员 2012 年 7 月 22 日在遵义市文广新局对基层工作人员的访谈记录。
② 于平：《当前包容性增长理念中的文化建设》，《艺术百家》2012 年第 2 期，第 1—3 页。

角色，人民群众仅仅是文化的享有者而难以同时成为文化的创造者和参与者，表现出"非自主性参与"的权利不对称现实，更与文化"大繁荣大发展"所要求的大众积极参与这一基础性前提背道而驰。

## 三、城乡公共文化服务非均等化困境的原因分析

公共文化服务非均等化现实反映的是一种结果状态。追本溯源，我国公共文化服务的各种非均等化现实，深刻反映出我国公共文化服务发展过程中的各种非包容性理念和实践。就目前我国公共文化服务的整体发展而言，导致非均等化困境的原因可以从以下几个方面来理解。

### （一）包容性公民文化权利的理念缺失

#### 1. 包容性发展中的文化建设缺位

包容性发展既要求经济增长，也要体现社会综合平衡发展。社会要进步，经济是物质基础，政治是保障，文化则是价值支撑。文化建设是中国特色社会主义事业总体布局的重要组成部分。没有文化的积极引领，没有人民精神世界的极大丰富，没有全民族精神力量的充分发挥，一个国家、一个民族不可能屹立于世界民族之林。物质贫乏不是社会主义，精神空虚也不是社会主义。没有社会主义文化繁荣发展，就没有社会主义现代化。但新中国成立到改革开放之前，尤其是十年"文革"中，"以阶级斗争为纲"的国家战略使得政府无暇顾及国家文化产业与文化事业的发展，造成文化的历史欠债；改革开放之后到2005年公共文化服务概念被提出期间，"以经济建设为中心"的国家发展战略使整个建设的重心比较偏向经济领域，而文化建设成为社会发展"五位一体"最后一个被提及和认可的战略。虽然国家2000年就已把"文化产业"发展纳入国家重大发展规划，到2011年文化产业成为国民经济发展的第二大支撑

产业，党的十七届六中全会及其通过的《关于深化文化体制改革推动社会主义文化大发展大繁荣若干重大问题的决定》把"文化建设"作为主题，但相较其他领域全国上下一盘棋并长达几十年的全力以赴，对"文化建设"的重视仍然显得有点姗姗来迟。

2．城乡公共文化服务的选择性理解与执行

在一些地方，文化建设不仅长时间得不到应有的重视，而且，在文化建设成为政策议题之后，一些地方和单位对文化建设的必要性、紧迫性认识也不够，从而出现在贯彻推进文化建设、文化大发展大繁荣等各项政策时，对政策进行选择性理解和执行等问题。对公共文化服务政策采取选择性理解与执行，是指在全国没有统一的服务标准情况下，各责任主体根据自身发展偏好，对公共文化服务进行偏狭性的发展。现实中公共文化服务所表现的只注重公共文化服务基础设施建设就是一种典型的选择性执行，他们狭隘地把公共文化服务理解为建设有多少图书馆、博物馆、文化活动站、文化活动室等基础设施，而忽视对这些基础设施的内容进行充实和有效管理，使公共文化服务体系建设本身就出现非包容性的发展状况。另外，这种选择性执行还把公共文化服务看成是政府对社会民众的一种恩惠，社会民众并不具有选择的主动权，从而事实上造成对公民文化权利的曲解，使作为公民文化权利主体的社会大众失去文化表达、文化创造的权利，造成公民文化权利系统的非包容性发展趋向。

### （二）公共文化服务均等化的体制性障碍

宏观发展理念对文化建设的冷落，必然反映在各种体制设计上。文化服务领域是公共服务的组成部分，随着公共服务概念兴起而进入人们视野的公共文化服务，同样也是一种制度安排，更受制度制约。

1．服务供给主体单一

代表公共利益的政府成为公共文化服务建设的当然主体，责无旁贷，但对公共文化服务的偏狭理解，使政府包揽一切并成为事实上公共文化服务的唯一供给主体，在社会力量难以进入的情况下，容易导致政府的主导作用变为政府的垄断作用。现代市场经济条件下，作为一个市场经济主体，在提供公共文化服务方面，政府也会出现"失灵"。一方面，因为政府投入文化事业的资金有限，加上公民在公共文化服务供给过程中的"非自主性参与"，其不能真实有效表达自我偏好，致使最终的公共文化服务不能满足社会民众对符合社会经济状况和自身经济地位的公共文化服务的期望，造成公民的"文化饥渴"现实；另一方面，政府作为单一的公共文化服务供给主体，因其提供的产品或服务的单一化而无法满足社会民众对公共文化多元性与个性化的服务需求，引起公民的文化"营养不良"或"文化贫血"现象，最终造成公共文化服务在服务类别上的非包容性发展，出现公共文化服务在公民个体上的非均等化享有。

2. 财政投入结构失衡

财政投入对于公共文化服务发展至关重要，是评价公共文化服务发展水平的一个重要指标，尤其对于文化基础设施的建设更是如此。形成公共文化服务非均等化现状的一个很重要的原因就是服务总量的不足，而服务总量供给的不足又直接源于公共财政对公共文化服务的投入不足。在以政府为主导的公共文化服务供给体制下，明确各级政府的文化财政责任、加大文化财政的投入力度、落实文化财政投入资金成为保证公共文化服务有效供给的重要保障，更成为实现公共文化服务均等化的重要前提。就目前我国公共文化服务的非均等化现实，表现在文化财政投入方面的根源主要有以下不足之处。

（1）政府财政责任划分不明确与转移支付不合理。在我国，中央与地方共同发展公共文化事业，但就公共文化产品或服务本身而言，其准公共属性和地域性决定落实公共文化服务供给的主要责任在地方政府，因此对大多数公共文化服务的投入主要来源于地方财政。但在分税制体制下，政府内部不仅存在财权与事权相分离的问题，还存在着各级政府间事权"上下不清"的问题。因此，一方面，地方政府在承担服务供给责任时没有相应的财力作为保障，另一方面，各级政府之间还出现相互推诿的现象。据统计，税制改革前的1991年，中央政府与地方政府财政收入比为29.8%∶70.2%，支出比为32.2%∶67.8%；而2009年中央与地方财政收入比重接近，即54.1%∶45.9%，但同年中央与地方支出比重则为20%∶80%；到2013年，收入比则变为46.59%∶53.41%，支出比变为14.6%∶85.4%（详细情况见表6-8及图6-7）。以义务教育为例，据国务院发展研究中心统计，我国拥有占全国人口70%以上的县乡财政组织的收入仅占全国财政收入的20%左右，而我国的义务教育经费则78%由乡镇负担，9%左右由县财政负担，省负担11%，中央财政负担不足2%。在欧洲多数国家，中央政府负担基础教育经费的比例一般为50%以上，有的高达92%以上，即使在美国这样高度分权的国家比例也达到了71%，而我国中央财政负担的比例不足2%。[①] 换言之，中央和省级政府掌握了主要财力，却没有承担起负担义务教育经费的主要责任。

表6-8 中央与地方政府财政收支情况（1991—2016年）

| 年份 | 一般公共预算收入总和（亿元） | 中央（亿元） | 地方（亿元） | 一般公共预算支出总和（亿元） | 中央（亿元） | 地方（亿元） | 一般公共预算收入增长速度（%） | 一般公共预算支出增长速度（%） |
|---|---|---|---|---|---|---|---|---|
| 1991 | 3 149.48 | 938.25 | 2 211.23 | 3 386.62 | 1 090.81 | 2 295.81 | 7.2 | 9.8 |
| 1993 | 4 348.95 | 957.51 | 3 391.44 | 4 642.30 | 1 312.06 | 3 330.24 | 24.8 | 24.1 |
| 1995 | 6 242.20 | 3 256.62 | 2 985.58 | 6 823.72 | 1 995.39 | 4 828.33 | 19.6 | 17.8 |
| 1997 | 8 651.14 | 4 226.92 | 4 424.22 | 9 233.56 | 2 532.50 | 6 701.06 | 16.8 | 16.3 |
| 1999 | 11 444.08 | 5 849.21 | 5 594.87 | 13 187.67 | 4 152.33 | 9 035.34 | 15.9 | 22.1 |

---

① 安体富：《完善公共财政制度，逐步实现公共服务均等化》，《财经问题研究》2007年第7期，第88—93页。

续 表

| 年份 | 一般公共预算收入总和（亿元） | 中央（亿元） | 地方（亿元） | 一般公共预算支出总和（亿元） | 中央（亿元） | 地方（亿元） | 一般公共预算收入增长速度（%） | 一般公共预算支出增长速度（%） |
|---|---|---|---|---|---|---|---|---|
| 2000 | 13 395.23 | 6 989.17 | 6 406.06 | 15 886.50 | 5 519.85 | 10 366.65 | 17.0 | 20.5 |
| 2001 | 16 386.04 | 8 582.74 | 7 803.30 | 18 902.58 | 5 768.02 | 13 134.56 | 22.3 | 19.0 |
| 2003 | 21 715.25 | 11 865.27 | 9 849.98 | 24 649.95 | 7 420.10 | 17 229.85 | 14.9 | 11.8 |
| 2005 | 31 649.29 | 16 548.53 | 15 100.76 | 33 930.28 | 8 775.97 | 25 154.31 | 19.9 | 19.1 |
| 2007 | 51 321.78 | 27 749.16 | 23 572.62 | 49 781.35 | 11 442.06 | 38 339.29 | 32.4 | 23.2 |
| 2009 | 68 518.30 | 35 915.71 | 32 602.59 | 76 299.93 | 15 255.79 | 61 044.14 | 11.7 | 21.9 |
| 2011 | 103 874.43 | 51 327.32 | 52 547.11 | 109 247.79 | 16 514.11 | 92 733.68 | 25.0 | 21.6 |
| 2013 | 129 209.64 | 60 198.48 | 69 011.16 | 140 212.10 | 20 471.76 | 119 740.34 | 10.2 | 11.3 |
| 2015 | 152 269.23 | 69 267.19 | 83 002.04 | 175 877.77 | 22 570.15 | 150 335.62 | 5.8 | 13.2 |
| 2016 | 159 604.97 | 72 365.62 | 87 239.35 | 187 755.21 | 27 403.85 | 160 351.36 | 5.4 | 6.3 |

数据来源：根据相关年份《中国统计年鉴》中的资料计算而得，国家统计局网站，http://www.stats.gov.cn/tjsj/ndsj/2017/indexch.htm，最后浏览日期：2020年6月13日。

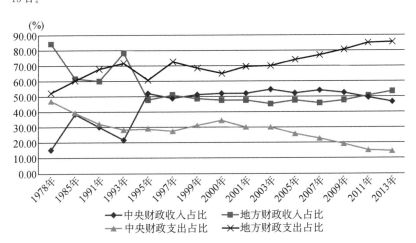

**图 6-7 中央与地方政府财政收支情况占比（1978—2013 年）**

数据来源：根据相关年份《中国统计年鉴》中的资料计算而得，国家统计局网站，http://www.stats.gov.cn/tjsj/ndsj/2014/indexch.htm，最后浏览日期：2020年6月13日。

财政转移支付制度的最基本目标是缩小地区之间公共服务水平差异,从而间接为缩小地区间经济发展水平差距创造条件。目前我国地区间经济发展水平和公共文化服务水平差距并没有因财政转移支付的实施而有所缩小,差距依然很大。就全国水平而言,我国2014—2016年全国人均文化事业费财政投入经费逐年增加,但是各地人均文化事业费差别很大。2014—2016年人均文化事业费最高的地区为西藏,2016年达到了220.01元,该年份最低的为河南省,仅为23.37元,两者相差近10倍。人均文化事业费较高的省份多为东部和西部地区。东部地区人均文化事业费较高,主要是由于其自身经济水平较高,财力相对比较雄厚;部分西部地区人均文化事业费用较高,主要是由于中央财政转移支付较多。见表6-9。

表6-9　2014—2016年全国各省份人均文化事业费

| 地区 | 2014年 | | 2015年 | | 2016年 | |
| --- | --- | --- | --- | --- | --- | --- |
| | 人均经费（元） | 位次 | 人均经费（元） | 位次 | 人均经费（元） | 位次 |
| 全国 | 42.65 | | 49.68 | | 55.74 | |
| 北京 | 115.91 | 3 | 127.08 | 3 | 162.36 | 3 |
| 天津 | 80.87 | 5 | 99.39 | 5 | 101.18 | 6 |
| 河北 | 19.47 | 30 | 24.96 | 29 | 24.76 | 30 |
| 山西 | 38.63 | 19 | 49.67 | 16 | 53.73 | 18 |
| 内蒙古 | 75.72 | 6 | 91.16 | 6 | 103.00 | 5 |
| 辽宁 | 33.72 | 21 | 37.74 | 23 | 44.36 | 23 |
| 吉林 | 49.42 | 12 | 56.81 | 11 | 58.52 | 14 |
| 黑龙江 | 32.63 | 22 | 40.03 | 22 | 46.19 | 21 |
| 上海 | 137.13 | 2 | 151.34 | 2 | 174.44 | 2 |
| 江苏 | 43.21 | 14 | 50.58 | 14 | 58.86 | 13 |
| 浙江 | 68.84 | 8 | 88.14 | 7 | 97.41 | 8 |
| 安徽 | 19.72 | 29 | 23.81 | 30 | 28.34 | 28 |
| 福建 | 38.92 | 18 | 48.85 | 17 | 55.70 | 16 |
| 江西 | 22.83 | 28 | 27.84 | 28 | 28.08 | 29 |

续 表

| 地区 | 2014年 | | 2015年 | | 2016年 | |
|---|---|---|---|---|---|---|
| | 人均经费（元） | 位次 | 人均经费（元） | 位次 | 人均经费（元） | 位次 |
| 山东 | 25.90 | 26 | 30.44 | 26 | 32.27 | 27 |
| 河南 | 18.43 | 31 | 21.73 | 31 | 23.37 | 31 |
| 湖北 | 28.89 | 25 | 40.27 | 21 | 49.35 | 19 |
| 湖南 | 24.14 | 27 | 28.57 | 27 | 35.46 | 26 |
| 广东 | 42.17 | 17 | 49.71 | 15 | 59.73 | 12 |
| 广西 | 30.39 | 23 | 35.91 | 24 | 41.20 | 25 |
| 海南 | 67.09 | 9 | 63.14 | 10 | 76.56 | 9 |
| 重庆 | 44.56 | 13 | 56.27 | 12 | 67.20 | 11 |
| 四川 | 42.89 | 15 | 48.24 | 18 | 48.86 | 20 |
| 贵州 | 30.19 | 24 | 33.98 | 25 | 42.51 | 24 |
| 云南 | 37.09 | 20 | 40.32 | 20 | 45.85 | 22 |
| 西藏 | 160.06 | 1 | 178.46 | 1 | 220.01 | 1 |
| 陕西 | 51.18 | 11 | 54.09 | 13 | 56.83 | 15 |
| 甘肃 | 42.73 | 16 | 43.78 | 19 | 54.85 | 17 |
| 青海 | 109.33 | 4 | 111.13 | 4 | 132.32 | 4 |
| 宁夏 | 70.55 | 7 | 87.76 | 8 | 100.27 | 7 |
| 新疆 | 64.81 | 10 | 67.84 | 9 | 69.04 | 10 |

数据来源：根据《中国文化文物统计年鉴2017年》第一部分"综合-按年份各地区人均文化事业费及位次"计算而得，中国知网，http://data.cnki.net/area/Yearbook/Single/N2018060240?z=D15，最后浏览日期：2020年6月13日。

实际上，由于目前中央财政转移支付的总规模是根据当年中央预算执行情况确定的，随意性较大，数额不确定，且在次年办理决算时才补给地方，致使地方财政部门在年初编制预算时，无法将上级的财政转移支付资金纳入当年地方预算，无法统筹安排。而且，由于我国各地经济实力的差异，中央政府通过转移支付方式弥补各地方对文化事业发展投入的不足，但中央政府对地方的转移支付没有统一的标准，更没有严格的制度规范，使得中央对地方政府的转移支付随意性较大、约束性不足。另外，中央政府转移支付的专项资金项目及配套比例不确定，地方财政在编制预算时，不知道会有哪些专项资金项目，要配套资金的合理比例是多少，所以资金配套这一块也不能编进预算，从而直接影响了地方政府在进行公共文化服务预算时的整体安排。

（2）财政投入的总量与各部分投入量结构失衡。公共文化服务非均等化的现实，不仅与财政资金对公共文化服务的投入总量有关，还与财政投入在公共文化服务各部分投入量上的结构失衡有关。

在全国范围内，近十年国家财政收入以平均每年20%的速度增长，但是，我国对文化事业的投入比重一直保持在国家财政比重的0.39%至0.40%之间（有专家指出：发达国家和地区通常大约将公共支出1%的比例用于公共文化投入[①]）。文化事业基础建设投入总额占国家基础建设投资的比重则更少，近5年维持在平均0.05%的水平，还有不断减少的趋势。见表6-10。

表6-10　1995—2016年文化事业费占国家财政支出比重

| 年份 | 文化事业费（亿元） | 国家财政总支出（亿元） | 文化事业费总支出占国家财政比重（%） |
| --- | --- | --- | --- |
| 十五时期 | 496.13 | 128 022.85 | 0.39 |
| 2001 | 70.99 | 18 902.58 | 0.38 |
| 2002 | 83.66 | 22 053.15 | 0.38 |
| 2003 | 94.03 | 24 649.95 | 0.38 |
| 2004 | 113.63 | 28 486.89 | 0.40 |
| 2005 | 133.82 | 33 930.28 | 0.39 |
| 十一五时期 | 1 220.40 | 318 970.83 | 0.38 |
| 2006 | 158.03 | 40 422.73 | 0.39 |
| 2007 | 198.96 | 49 781.35 | 0.40 |
| 2008 | 248.04 | 62 592.66 | 0.40 |

---

① 毛少莹：《论公共文化服务中的"共同治理结构"》，《2008年深圳文化蓝皮书》，中国社会科学出版社2008年版，第140页。

续 表

| 年份 | 文化事业费（亿元） | 国家财政总支出（亿元） | 文化事业费总支出占国家财政比重（%） |
|---|---|---|---|
| 2009 | 292.31 | 76 299.93 | 0.38 |
| 2010 | 323.06 | 89 874.16 | 0.36 |
| 十二五时期 | 2 669.62 | 703 076.19 | 0.38 |
| 2011 | 392.62 | 109 247.79 | 0.36 |
| 2012 | 480.10 | 125 952.97 | 0.38 |
| 2013 | 530.49 | 140 212.10 | 0.38 |
| 2014 | 583.44 | 151 785.56 | 0.38 |
| 2015 | 682.97 | 175 877.77 | 0.39 |
| 2016 | 770.69 | 187 755.21 | 0.41 |

数据来源：根据《中国文化文物统计年鉴 2017 年》第一部分"综合-按年份各地区文化事业费占财政支出比重"计算而得，中国知网，http://data.cnki.net/area/Yearbook/Single/N2018060240?z=D15，最后浏览日期：2020 年 6 月 13 日。

投入总量既定的情况下，在公共文化服务分项之间，国家财政投入同样存在着结构不平衡的问题，表现为财政资金投入在不同种类的社会性公共服务之间的失衡。就全国文化事业费总支出构成情况看，总支出中用于培养文化人才，进行人力资源培养的经费严重不足。同时，文化行政费用耗损过大，占整个文化事业经费的30%—40%不等，且有不断扩大的趋势。2006 年到 2009 年四年间用于人力资源开发与培训的费用长期处于 0.1% 以下的低位运行状态，而包括行政经费在内的其他项目占总费用之比分别为 30.5%、40.3%、44.9%、45.0%，而且如艺术表演团队和艺术表演场所都是具备一定的盈利能力的，但是对这两项的投入却占据了总投入的很大比例，虽然所占比例从 1981 年的 56.18% 下降到 2009 年的25.59%，但是仍然占总开支的 1/4 以上。①

---

① 数据来源：根据《中国文化文物统计年鉴 2010》"全国文化部门艺术表演团体演出及收支情况"计算而得，中国知网，http://data.cnki.net/area/Yearbook/Single/N2010100016?z=D15，最后浏览日期：2020 年 6 月 13 日。

（3）资金筹措机制单一。受计划经济影响以及主观意识误导，一些人认为政府是公共文化服务理所当然的唯一供给主体。公共财政在公共文化服务投入的总量中占了绝大部分，公共文化服务的发展遵循"等、靠、要"的资金筹措机制，而且在政府主导文化的发展逻辑下，社会力量进入门槛高，极大地抑制了社会力量在公共文化服务发展中的作用。这样既限制了公共文化服务投入总量的发展空间，也一定程度上扼杀了社会力量在公共文化服务供给过程中的创造性作用。

3. 管理体制无法有效回应现实需求

在我国，政府主导的管理体制在公共文化服务领域的表现之一就是，公共文化服务像其他的行政事务一样，是自上而下贯彻落实到基层政府头上，并最终由基层政府直接提供给民众。基层政府往往把公共文化服务视为一种行政任务，而不是属于自身的一项公共服务职能，出现公共文化服务的"价值逆向性选择"，[①] 即在现行公共文化服务供给运作上，服务使命由对下负责变成对上负责，基层文化行政部门的公共服务意识及责任明显低于对上级执行使命的承诺。另外，出于上级绩效考核的压力，基层政府应以社会大众的服务需求为导向的"服务逻辑"，只能让位于压力型体制下的"行政逻辑"，这使得许多地方政府所提供的公共文化服务脱离民众的需要，造成文化服务与实际需要的错位乃至脱节。

在一些地方，对于压力型体制下的各级官员而言，政绩攸关其命运，在上级掌握考核话语权的情况下，如何提升文化业绩、最大化显现其政绩便成为这些官员行为的主要逻辑。为了最大化显现官员的政绩，各种可见、可闻并能有效展示政绩的"文化形象工程"拔地而起，导致"政绩逻辑"替代"服务逻辑"。在一些地方的新农村建设中，兴建了高标准或豪华的村级图书室或文化活动中心，

---

① 王列生、郭全中、肖庆：《国家公共文化服务体系论》，文化艺术出版社2009年版，第52页。

然而这些图书室、文化活动中心却极少对农民开放，往往是上级来检查的时候才开门，找几个农民表演给人看。这就使得公共文化服务的实施效果发生了偏离，既偏离国家设定的初始目标，也偏离民众的文化需求目标，无法起到服务于民众、满足民众基本文化需求、实现公民基本文化权利的目的。陈楚洁、袁梦倩在江苏J市的调查恰好印证了这样的政绩显现逻辑："在压力型体制下，农村文化建设的资源分配依据并非农民使用的满意度，而是在上级检查和下级迎检之间契合的程度。所以，公共文化设施的建设是一回事，而其使用则是另一回事。"①

### (三) 公共文化服务发展机制导向上的偏差

1. 城市偏向型的公共文化供给制度造成城乡公共文化服务投入不均等

长期以来，我国在公共服务供给上采取的是城市偏向型的供给制度，公共财政对于农村的投入比例一直较低，用于农村公共文化服务的财政支出比例则更低。近年来，此种情况虽有好转，但仍不能弥补多年来农村公共文化投入欠缺所累积的欠账。以"十一五"时期我国城市和农村的财政投入为例，我国对城乡文化事业费投入比重分别为2006年的71.8%∶28.2%，2007年的71.8%∶28.2%，2008年的73.2%∶26.8%，2009年的70.6%∶29.4%，2010年的68.8%∶31.2%。简而言之，占全国人口一半多②的乡村却只享有国家文化事业投入的1/3不到，结果公共文化服务在城乡之间必然出现"二元结构"的非均等化状态。见表6-11。

---

① 陈楚洁、袁梦倩：《传播的断裂：压力型体制下的乡村文化建设——以江苏省J市农村为例》，《理论观察》2010年第4期，第103—106页。
② 2010年第六次人口普查数据显示，截至2010年底，我国城乡人口总数接近持平，居住在城镇的人口为66 557万人，占总人口的49.68%。

表 6-11 "十一五"期间农村和城市文化事业费投入情况

| 年份 | 2006 | 2007 | 2008 | 2009 | 2010 |
|---|---|---|---|---|---|
| 全国（亿元） | 158.03 | 198.96 | 248.04 | 292.32 | 323.06 |
| 农村投入（亿元） | 44.60 | 56.13 | 66.59 | 86.03 | 100.79 |
| 城市投入（亿元） | 113.43 | 142.83 | 182.45 | 206.29 | 222.27 |
| 农村投入（%） | 28.2 | 28.2 | 26.8 | 29.4 | 31.2 |
| 城市投入（%） | 71.8 | 71.8 | 73.2 | 70.6 | 68.8 |

数据来源：文化部：《"十一五"以来我国文化事业费投入情况分析》（2011 年 1 月 5 日），文化和旅游部网站，https://www.mct.gov.cn/whzx/bnsj/cws/201111/t20111128_827873.htm，最后浏览日期：2020 年 6 月 14 日。

2.输入偏好型的公共文化扶持制度造成社会公共文化服务"供血"不足

存在偏向的文化发展战略，一方面磨灭了公共文化服务领域社会民间力量的成长，导致社会自身公共文化服务能力的动力机制缺乏；另一方面还导致公共文化服务领域政府作用的势单力薄。城乡公共文化服务的不均等现实，除去投入不均等的原因外，政府主导下的"输入偏好型"文化扶持制度也是造成我国公共文化服务特别是农村公共文化生产不足、城乡公共文化服务非均等化加剧的重要原因。所谓"输入偏好型"的公共文化扶持制度，是指对于公共文化的支持走的是一条只"送"不"种"的路子，注重的是"输送"而不是"培育"。[①] 事实上，"输送"对于文化基础设施、图书资料等一些硬件设施的建设来说，是一条很好的途径，但是对于人才、文化意识、文化观念等软件的培育来讲，则收效甚微。结果，长期的"输入"制度，造成社会自身对公共文化的创新性不足、创造激情不高。一旦来自政府的财政支出撤出文化服务领域，结果是公共文化服务供血不足，真正扎根在农村、服务农民的文化人才就会因失去物质基础支撑而渐渐萎缩直至消失。

---

① 边继云：《河北省城乡公共文化均等化存在问题及产生原因》，《河北科技师范学院学报》（社会科学版）2009 年第 4 期，第 58—61 页。

### 3.偏好型的公共文化运作制度造成公益性文化事业发展滞后

对于受经济增长理性主导的某些地方政府而言,它们的核心关切往往是地方经济的增长,尤其是 GDP 的增长和地方财政收入的增加,而不是所谓的文化发展和文化建设。与公共文化服务投资长、见效慢、收益难以量化的发展特征相比,文化产业的发展则具有立竿见影的效果。因此,受财政效益的驱动,政府用于文化发展与建设的资金安排,更偏好于文化产业而非公共文化服务的发展,使得原本就已很少的公共文化服务资金更显得捉襟见肘。

事实上,"文化产业也如一柄双刃剑,会形成新的文化'压迫机制'。这种'压迫机制'借助经济全球化的影响,使文化面临某种同质化、单一化、贫困化的危机,影响着人类文化多样性的保持,造成了当代文化发展的困境和迷思,使公民文化权利的实现陷入一种前所未有的复杂历史境地"。[①]

---

① 艺衡、任珺、杨立青等:《文化权利:回溯与解读》,社会科学文献出版社 2004 年版,第 329 页。

# 第七章

# 推进城乡文化一体化发展的战略选择

## 一、基本前提：深刻认识政府在城乡文化一体化发展中的作用

就我们调查所涉及的区域看，一个普遍存在的问题是国家投入的资金（专项资金、来自上级拨付的资金、本级政府预算投入的资金）严重不足，但又有一个与之相关的现实，就是各级政府投入各个层次的资金绝大部分都被相关部门投入到各种文化基础设施的建设之中。因此，这就产生一个疑问：在推进城乡文化一体化发展的实际过程中，对文化基础设施的大力投入是否是实现城乡文化一体化发展所必然要走的第一阶段？还是这个过程本身就被曲解，从而出现对文化服务发展所投入的资金最终被畸形地投向了文化基础设施建设？如此的结果就是，在一些地方城乡文化一体化发展徒有其表（高度同质化的城乡之间的公共文化基础设施）而无其实（城乡居民在文化上、心理上、生活方式上的高度自觉、自信）。

在新时代背景下，推动城乡文化一体化发展，不仅需要政府有效认清当前的客观形势，更需要从战略层面构建一整套有效的发展规划。

政府在推进城乡文化一体化发展中应发挥什么样的作用，或者说应该进行什么样的功能定位，这是推进城乡文化一体化发展战略首先要面对的问题。宏观层面上，新中国成立之后，由于客观形势

的需要，政府始终是社会发展的关键性力量，扮演着重要角色。而改革开放以来，随着国家把重心从"以阶级斗争为纲"转移到"以经济建设为中心"，由于历史惯性，政府依然成为促进经济发展的核心力量，过度关注经济建设，同时扮演着"运动员"和"裁判员"的角色。可以说，改革开放四十多年的历程所造就的政府是一个"发展型政府"①"经济建设型政府"。这就表明，在相当长一段时间内，经济建设成为主战场，其他建设都只能退居其次，这便逐步形成了一个重经济轻文化的建设局面。这就导致整个社会将大部分资源投入到经济建设之中，而对文化建设的投入较少。不言而喻，在城乡二元分离的体制下，由于资源禀赋、地理区位条件等方面的差异，城乡之间的经济发展水平和发展速度自然逐步拉大。然而，GDP 的高速增长并不能解决所有问题，发展的不平衡引起各种社会矛盾日益暴露，经济领域如此，文化建设领域更是如此。

从中观层面讲，近年来虽然自中央到地方各层级政府都提出了一系列文化大发展大繁荣的政策措施，各级政府开始越来越重视文化建设，重视公共文化服务的供给，但是由于文化建设的周期长、见效慢，不易在短期内取得较好政绩，轻视文化建设的现象仍然普遍存在，导致一些基层政府对农村公共文化服务的投入力度小，提供农村公共文化服务多是走走形式，主要以完成上级任务和追求政绩为主要目的，而不是以满足农民基本文化需求为目的，服务内容单调贫乏，有意或无意地忽视农民群体对文化的所需所想。

---

① 发展型政府的概念最早是由约翰逊提出的。在 1982 年出版的《通产省与日本奇迹》一书中，约翰逊用日本的"资本主义发展型政府"（capitalist developmental state，后简称 developmental state，即"发展型政府"）模式区别于苏联的中央计划型模式和美国的自由市场模式。他认为，日本的模式介于苏、美模式之间，政府在经济发展中起主导作用，市场是发展型政府推动发展的重要工具。约翰逊的研究表明，发展型政府主要依靠有选择的产业政策来推动经济的发展，政府有选择地对经济进行微观干预，经济的发展和赶超是通过政府支持战略性产业（strategic industries）而完成的。受到这一概念的启发，国内很多学者也利用这一概念来描述改革开放以来中国政府在经济社会发展中的作用和特征。关于"发展型政府"的概念界定，可参见朱天飚：《比较政治经济学》，北京大学出版社 2006 年版，第 215 页。其他文献还可参见郁建兴、徐越倩：《从发展型政府到公共服务型政府——以浙江省为个案》，《马克思主义与现实》2004 年第 5 期，第 65—74 页。

### 文化治理的逻辑：城乡文化一体化发展的理论与实践

旧有的城乡文化建设格局之下，政府的角色定位在微观上也存在错位。美国著名的公共管理学者萨瓦斯认为公共服务具有三个基本的参与者：生产者、提供者、消费者。[①] 人们对文化建设的认识存在误区：一方面，是把文化建设简单理解为提供文化基础设施或者文化服务项目；另一方面，即使围绕公共文化服务提供，也存在认识上的误区，即各级地方政府及其公职人员往往把公共服务的"提供者"角色和"生产者"角色等同起来，分不清公共文化服务中生产者和供给者的关系，于是将"提供公共服务"看成是"直接生产公共服务"。在这种认识误区主导下，就存在对公共文化服务内容体系进行简单化处理的逻辑，把公共文化服务体系的内容缩略为只是由政府出资建造一系列包括"馆、站、场、室"在内的硬件方面的文化服务基础设施；或者把公共文化服务的内涵缩略为看得见、摸得着，可以被量化、被测量的各种"文化工程""文化项目"。同样，由于混淆了生产者和提供者的角色定位，政府成为各种文化服务的事实上的垄断者，导致政府对各种文化服务供给的低效甚至无效。

城乡一体化既是重大的经济问题，也是复杂的政治和社会问题。因而，对政府在推进城乡文化一体化发展建设中的角色定位是十分重要也是十分必要的。其实，新时代背景下，在推进城乡一体化建设过程中，政府在城乡文化建设中的主导作用是毋庸置疑的。但是，政府并不应该成为这个领域的唯一力量，也不应该用国家办文化的简单逻辑代替需要全民参与文化建设的本质逻辑。"中国的城乡一体化建设不仅要依靠以市场为导向、以工业化为基础的社会互动机制，而且必须建立以政府为主导、以政策制度为手段的统筹协调机制。"[②] 单从政府的角度来说，在推进城乡文化一体化发展过程中，政府的角色应该定位为以下几个方面。

---

[①] ［美］E. S. 萨瓦斯：《民营化与公私部门的伙伴关系》，周志忍等译，中国人民大学出版社2001年版，第67页。

[②] 李彦垒：《中国城乡一体化建设进程中的政府角色研究》，华东师范大学政治学理论专业硕士学位论文，2010年，第24页。

### (一) 政府是城乡文化一体化发展的引领者

政府在城乡文化建设中的主导作用是毋庸置疑的，但是，政府并不应该成为这个领域的唯一力量，也不应该用国家办文化的简单逻辑代替需要全民参与文化建设的本质逻辑。事实上，只有社会多元力量的积极参与并发挥创造性作用，才能使城乡文化建设形成持久的驱动力。

如何体现政府的这种引领者作用呢？通过研究，我们发现，引领者作用的发挥大体可以通过两个方面来实现。第一，政府积极承担起城乡文化一体化发展战略的制定者责任；第二，积极承担城乡文化一体化建设政策的供给者角色。

在四川成都调研的座谈会上，一位文化部门工作人员指出，"我们文化部门的职能一是引领，二是服务，引领这方面是提供先进文化，服务这方面就是提供公共服务"。直观理解，政府的作用首先应当限定在服务的提供上，包括直接服务（直接在"一线"为公民提供文化产品或文化服务）和间接服务（在"后台"为文化产业的繁荣发展营造良好的环境）。其次，政府的作用还要体现在意识形态产出方面（先进文化代表），即通过营造各种公共交往空间、创造各种公共活动，以期让公民从私人生活中走出来积极参与公共生活，从而培养公民的公共精神和良善的公民文化。

然而，在履行文化服务职能过程中，政府也应该明确界定政府与市场的边界、政府与社会组织的边界，毕竟政府提供的公共文化产品或服务并不一定完全要由政府所生产。相反，绝大部分文化产品是由文化产业链上的营利性组织、非营利性组织或者个人所提供的。一方面，为保证政府在提供公共文化服务时有丰富的、多样的文化产品（资源）可选择，政府应该致力于为文化产业的繁荣发展提供一切可能的条件；另一方面，政府应该放弃大包大揽的传统做法，为社会组织的成长预留充足的发展空间，让其在公共文化服务领域发挥一定的作用。

## （二）政府是推进城乡文化一体化发展过程中市场失灵的弥补者

虽然经过改革开放以来的多年发展，我国的市场经济体制依然不够完善，市场在不少领域中的资源配置作用是失灵的。文化领域由于其特殊性，往往成为市场很难发挥作用的领域，在市场条件下资本进入文化产业的意愿不强，这个时候就需要政府发挥其弥补市场失灵的作用，通过宏观调控出台一系列的政策措施，鼓励支持文化产业的发展。需要政府发挥作用并不意味着政府的角色定位一直不用发生变化。一般来说，在文化产业的起步阶段，政府通过各种优惠政策和引导政策，培育文化产业发展成熟。当文化产业经过一段时间的发展进入相对较为稳定的阶段后，政府就应该减少对文化产业的直接干预，而是更多地依靠市场竞争的力量，推动各市场主体不断创新文化产品和服务，为人民群众提供更多更好的文化产品。

## （三）政府是建设城乡文化一体化新格局长效机制的建构者

在推进城乡文化一体化建设过程中，政府起着主导作用，政府不仅在关键时期能够发挥引导和控制作用，而且最为重要的是，政府也是城乡文化一体化建设长效机制的构建者和战略引领者，其通过系统配套的相关措施与有效的投入、监督与评估机制建设，确保城乡文化一体化新格局的实现。也就是说，只有政府才有可能让城乡文化发展进入既定的制度框架下良好运行。

# 二、战略目标：建立多元互动、城乡融合的新型城乡文化关系

"一体化"本身就是城乡文化关系发展的目标体系，但应该说明的是，这里的"一体化"描述的既是一种结果也是一个过程。作为结果属性，"一体化"展示的是各种文化要素在城乡之间实现了

联动发展的结果。作为过程,"一体化"展示的则是城乡文化发展的路径,即各种文化要素突破既有的城乡二元格局,利用特定的体制机制设计,在城乡之间实现有效融合、有机互动、共同发展、各美其美。由于城乡文化一体化发展是一项系统工程,涉及政治、经济、文化、社会的方方面面,需要明确的目标导向。因而,探索城乡文化一体化发展,既应该以一种动态的方式来研究分析,更应该有明确的目标导向作为指引。而在建设新型城镇化发展战略下,形成"多元互动、城乡融合"的新型城乡文化关系,必将成为推进城乡文化一体化发展的总体目标。围绕这一总体目标,在推进城乡文化一体化发展的具体战略时,需要关注以下几点。

第一,打破"城乡分治"的思维模式,转变观念,推进城乡文化一体化发展规划。要彻底改变重视城市文化建设、轻视农村文化建设的观念,充分认识文化的以文化人和精神塑造功能。牢固树立文化也是生产力和城乡文化发展"一盘棋"的思想,统筹规划城乡文化发展战略,积极推进城乡文化发展规划一体化。

第二,强化政府的职责和主导作用。正如前文所言,新时代背景下,政府需要完成角色的转换,从文化建设的直接参与者转向间接参与者,从战略高度、顶层设计者角度承担起文化一体化建设的引领者(或者掌舵者)、市场失灵的弥补者以及文化一体化发展长效机制的提供者的职能职责。在具体领域,如在公共文化服务领域,通过制度设计、体制机制创新,引入多元社会力量参与,或者通过合同购买、委托提供等渠道,形成一个多元互动、平等协作的多元文化供给网络体系,实现政府从公共文化服务的直接生产者向服务的提供者和安排者转换。在现代社会,保证公民文化权利实现、提供公共文化服务是政府应承担的基本职能,也是政府职责所在。在推动城乡文化一体化过程中,政府应该强化其主导作用,做好统筹规划,加大对文化的支持力度,加大对农村等落后地区的物力、财力和人才支持。同时,借助社会力量、市场力量来有效弥补政府自身资源的不足。

第三，强化制度保证，尊重文化建设规律，提高科学化管理水平。统筹城乡公共文化发展要有制度保证，要把中央的精神和政策落到实处，加快出台系统完备、整体联动的制度体系。要加强组织领导体系的建设，完善考核评价体系，推动建立多元互动、多方参与、共同致力城乡文化一体化发展的工作机制。另外，还要提高城乡文化一体化建设的科学化管理水平，尊重客观规律，学习借鉴其他国家和地区的成功经验，把社会效益放在首位，注重社会效益和经济效益的统一。

第四，重视农村和中西部地区文化建设，更好地实施各项惠民工程。事实上，在2015年底，文化部、国家发展改革委和国务院扶贫办等部门已经联合制定并印发《"十三五"时期贫困地区公共文化服务体系建设规划纲要》，对贫困地区尤其是中西部地区公共文化服务体系建设作出安排。此外，2017年5月，《国家"十三五"时期文化发展改革规划纲要》也进一步明确要"坚持缺什么补什么，注重有用、适用、综合、配套，统筹建设、使用与管理，加快构建普惠性、保基本、均等化、可持续的现代公共文化服务体系"。

## 三、战略进程：实施城乡文化一体化发展的梯度战略

### （一）我国城乡一体化的三种模式

任何一个区域的城乡一体化发展实践，往往都会受到特定历史文化、地理环境、资源禀赋等各种因素的影响，并不一定遵循某种固定模式，而会表现出"因地制宜"的特征。但为了便于理解和认识，我们有必要对丰富多样的实践进行总结提炼，将其概念化、理论化，并抽象为相应的模式。对此，有学者曾指出，发展模式是进入21世纪以来城乡一体化研究的核心。①

---

① 刘玲、彭海英、童绍玉：《中国城乡一体化研究综述》，《农村经济与科技》2015年第11期，第177—179页。

## 第七章　推进城乡文化一体化发展的战略选择

我国城乡一体化的发展模式有哪些？近年来，我国学者对城乡一体化模式做了大量研究，而在分类上也大多以地域为标准，比如，珠江三角洲"以城带乡"模式、上海的"城乡统筹规划"模式、浙江城乡一体化模式以及成都市"以城带乡、城乡互动"模式。很显然，这种以某一个具体城市或者某一个特定区域为标准的分类，形式上容易理解，但在理论解释力上有所欠缺，尤其随着实践的不断丰富，这种概括方法更显得不尽完善合理。

而区域经济学的"圈层结构理论"为我们研究城乡一体化模式提供了理论指导。圈层结构理论认为，城市在区域经济发展中起主导作用，城市对区域经济的促进作用与空间距离成反比，区域经济的发展应以城市为中心，以圈层状的空间分布为特点逐步向外发展，最终由内到外逐步形成内圈层、中圈层和外圈层三个结构。[①] 对照该理论，可以发现，我国城乡一体化改革发展的典型区域，大多是根据"圈层结构"的发展模式来构建城乡一体化发展路径的。[②]

事实上，从政策设计者角度出发，在确定城乡一体化改革试验区时，出于改革成本和改革成效的考量，往往也会选择在城市"外圈层"，即城市影响区或城市延绵区内开展，因为这些区域与内圈层里的核心城市联系紧密，核心城市发展出的"外溢效应"比较显著，加之这些城市影响区或绵延区都有一定的产业发展基础，有利于实施各种推进城乡一体化的改革政策。比如，江苏省苏南地区，不仅有经济核心城市南京市，更有发达的城市延绵区"苏锡常"，即苏州、无锡、常州，同时还有更外围的昆山、太仓、常熟、张家港等经济重镇。可以说，苏南城乡一体化实践，遵循的就是圈层结构理论。再一个例子，就是作为统筹城乡综合配套改革试验先行区

---

[①] 圈层结构理论由德国经济地理学和农业地理学的创始人冯·杜能提出。参见[德]约翰·冯·杜能：《孤立国同农业和国民经济的关系》，吴衡康译，商务印书馆2011年版，第20—22页。

[②] 胡小武：《城市社会学的想象力》，东南大学出版社2012年版，第138页。

的成都市双流区,紧邻成都市核心主城区,是典型的城市边缘区,即属于圈层结构理论中的"中圈层",既有大城市的某些特征,又保留着乡村社会的某些景观,呈半城市、半农村状态,以第二产业为主,并积极发展城郊农业,因而其城乡统筹改革、城乡一体化发展基础明显优于其他地区。目前,双流区已经成为成都双流国际机场所在地。基于此,在经过"三个集中"(工业向集中发展区集中、农民向城镇和新型社区集中、土地向适度规模经营集中)的初步实践和"六个一体化"(城乡规划、城乡产业发展、城乡市场体制、城乡基础设施、城乡公共服务、城乡管理体制一体化)的全面推进两大工程之后,双流区城乡一体化改革取得了显著成绩,成为人们所熟知的"双流模式""双流实践"。①

因此,我们比较赞同胡小武教授依据圈层结构理论,从空间上对我国城乡一体化模式所作的分类和分析。

1. 中心发散型城乡一体化模式

顾名思义,中心发散型,就是城乡一体化发展中,一个城市(尤其是大都市型城市)作为中心,以其强烈的经济社会发展"外溢效应",对周边郊区起到辐射作用,并带动周边地区同步发展,最终逐步打破城乡界限,实现城乡之间在基础设施、公共服务、生活方式方面的一体化(见图7-1)。可以说,这是当前"最为典型的城乡一体化模式"。② 前面介绍的成都市双流区城乡一体化发展实践,就是这种模式的典型代表。

图 7-1 中心发散型

资料来源:图形转引自胡小武:《城市社会学的想象力》,东南大学出版社 2012 年版,第 138 页。

2. 区域集中型城乡一体化模式

在这种模式下,没有一个中心城市在区域城乡一体化发展中起

---

① 《统筹城乡发展的双流模式》(2009 年 12 月 14 日),金融界网,https://finance.jrj.com.cn/2009/12/1423596637518-3.shtml,最后浏览日期:2020 年 8 月 7 日。

② 胡小武:《城市社会学的想象力》,东南大学出版社 2012 年版,第 138 页。

主导作用，而是具有各自相对优势的城市主体之间，相互依存、相互借鉴、相互促进，形成区域内城乡一体化发展的内聚力，而正是这种内聚力，最终推动一定区域内城乡一体化目标得以实现（见图 7-2）。前面介绍的苏南地区的苏南模式，尤其是包括苏州、无锡、常州区域内的城乡一体化模式，就是这种模式的典型代表。

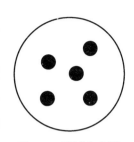

图 7-2　区域集中型

资料来源：图形转引自胡小武：《城市社会学的想象力》，东南大学出版社 2012 年版，第 138 页。

3. 点轴联系型城乡一体化模式

用圈层结构理论来解释这种模式，就是内圈层、中圈层和外圈层中，三个圈层上的中心城市与腹地或周边城市之间，通过互联互通的交通网络和方便快捷的信息通信网络连接起来，在交通流、信息流、资金流、人才流的相互流通与推动作用下，最终带动城乡之间实现一体化（见图 7-3）。虽然这种模式在以往的实践中表现不明显，但随着我国道路交通和通信网络等基础设施建设的逐步完备，其将得到进一步推广。①

图 7-3　点轴联系型

资料来源：图形转引自胡小武：《城市社会学的想象力》，东南大学出版社 2012 年版，第 138 页。

## （二）我国推进城乡文化一体化发展的三个梯度

根据经济发展理论中的梯度发展模式以及产业转移理论的启示，结合中国实际，推进城乡文化一体化发展同样可以遵循"梯度发展模式"。事实上，梯度发展模式既可指在全国范围内东、中、西部地区的城乡一体化模式的梯度发展，也可指某一个地区由于地理、经济因素等的影响，导致不同的发展速度而采取的梯度化城乡

---

① 胡小武：《城市社会学的想象力》，东南大学出版社 2012 年版，第 138 页。

一体化模式。因此，可以将城乡一体化的"梯度发展模式"战略，描述为城市支持农村阶段、城乡统筹阶段、城乡一体化阶段（见图7-4）。相应地，城乡文化一体化发展格局在不同的发展阶段就表现为不同的内容与形态建设。

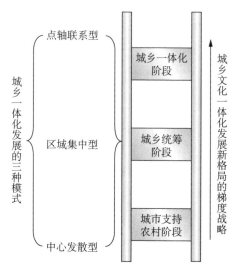

图7-4 城乡文化一体化的"梯度发展模式"战略

1. 城市支持农村阶段

城市是人类社会文明进步的先进标志，城市在发展的过程中最能彰显先进文化的辐射力和影响力。因此，要在城乡文化一体化发展进程中，尤其在城乡文化一体化发展的前期，充分发挥城市的带动作用，利用城市各种丰富的人力、物力和财力支持农村文化建设。第一，城市要以优秀的产业文化来发挥带动作用。城市文化要立足于丰富独特的文化资源，重点抓好旅游业、新闻出版业、广播影视业等产业，带动农村文化资源产业的发展。第二，城市要充分利用各种发达的信息通信技术带动城乡文化产业的快速发展。统筹城乡文化发展就要加大县、乡、村三级信息化网络的改造力度，完善农村文化信息资源系统，实现城乡文化信息资源共享。第三，城市要以自身所具备的各种科技能力带动乡村文化的发展。在城乡文化发展中要广泛运用现代科学技术开发各类文化资源,不断改造和提升传统文化产业,培育新型文化产业。第四,城市社会还需以各种丰富多样的文化活动带动乡村社会文化活动的蓬勃兴起。

由此可见,城市支持农村阶段是城乡文化一体化发展中极为重要的发展阶段,或者说是城乡一体化进程中最为重要的进程,也可以说这就是初级阶段的城乡文化一体化。只有经历了这个阶段之后,才能为实现发展规划的城乡一体化、基础设施的城乡一体化等打下坚实的物质基础。

2. 城乡统筹阶段

经过城市支持农村文化建设阶段,在农村社会与城市社会具有大致均衡的文化基础设施之后,城乡文化一体化发展需要步入第二阶段,即城乡统筹阶段,或者说改进型城乡一体化的发展阶段。在这一阶段,各区域内部不仅要实现文化基础条件的城乡一体化,而且还要实现公共文化服务的城乡一体化。

3. 城乡一体化阶段

高级城乡一体化是整个城乡一体化所要达到的最终目标。在这个阶段,除了要实现基础条件城乡一体化、公共服务城乡一体化外,最重要的是进行文化建设以及实现居民素质转变,最终实现完全的城乡一体化,达到没有城乡二元的经济结构、没有城乡二元的制度模式、没有城乡二元的文化环境、没有城乡二元的生活方式的目标。需要强调的是,这种最高阶段的城乡一体化,是一种"双向的一体化":[1] 城乡一体化是一种双向的转化,并不是将乡村转化成城市的传统城镇化模式,而是在资源、文化、经济结构、生态环境上的一种城乡互补,从而实现城乡协调、可持续发展。[2]

---

[1] 罗来军、罗雨泽、罗涛:《中国双向城乡一体化验证性研究:基于北京市怀柔区的调查数据》,《管理世界》2014年第11期,第60—69页。
[2] 白嘉苑:《以新型城镇化推进城乡一体化建设》,《中国农村科技》2015年第2期,第68—69页。

## 四、着力点：有效推进城乡公共文化服务标准化、均等化

中共十七届六中全会审议通过的《中共中央关于深化文化体制改革推动社会主义文化大发展大繁荣若干重大问题的决定》明确提出，增加农村文化服务总量，缩小城乡文化发展差距，对推进社会主义新农村建设、形成城乡经济社会发展一体化新格局具有重大意义。如何衡量这里的总量？差距缩小到什么程度才称得上是一体化呢？毫无疑问，"标准化、均等化"始终是指导公共文化服务建设的重要原则。中共十八届三中全会的决议进一步提出"构建现代公共文化服务体系，要促进基本公共文化服务标准化、均等化"，由此可知，"标准化、均等化"不仅已经成为构建现代公共文化服务体系的主攻方向，也必将是有效推进城乡文化一体化发展的关键着力点。

我们认为，"标准化、均等化"是在全国公共文化服务体系基本建成和渐趋完善基础上，国家对公共文化服务体系以深化改革为核心动力的一次新的目标确定。在二者的关系上，"基本公共文化服务标准化与均等化是相辅相成的。标准化是内容，均等化是手段，没有标准化，均等化便没了依据；没有均等化，标准化就基本失去了实践价值，成了理论上的摆设。不论是标准化还是均等化，其范围和水平抑或数量和质量，都应有明确要求"。[①] 由此可见，唯有推进公共文化服务的标准化，才能让公共服务有标准可依。

针对标准化，国家公共文化服务体系专家委员会副主任、北京大学李国新教授曾做过一个较为权威的解释，他认为"公共文化服务标准化的目标，是构建包括法规政策、业务规范、技术标准、工作准则等在内的标准规范体系，它包括三个方面：体现各级政府责

---

① 朱海闵：《基本公共文化服务标准化均等化研究》，《文化艺术研究》2014年第1期，第9—14页。

任、义务'底线标准'的保障标准;有关公共文化设施建设、业务管理、技术应用等方面的业务和技术标准;针对各级政府、公共文化服务机构、项目、活动的评价标准"。①

同样,针对均等化,需要明确的是,公共文化服务均等化绝不是一个抽象的标准和概念,也不是简单的平均主义,而是与一定社会经济基础相联系的动态的具体过程。首先,公共文化服务均等化是基本公共服务的均等化,而不是所有公共文化服务的均等化,均等化服务的内容和范围会随着经济社会发展而不断变化与扩展;其次,公共文化服务均等化在不同空间和区域有不同的具体内涵,均等化是效果的大体均等,而不是内容的完全均一;最后,公共文化服务均等化的目标是要消除社会经济发展和个人天赋对社会成员享有基本生存和发展权利方面的影响和制约,而不是彻底抹杀社会的差异和不同。基于这样的认识,无论是公共文化服务的标准化还是均等化建设,在新时代条件下,都不仅应该融入文化体制改革的具体实践中,更应该纳入公共文化服务建设的制度化保障轨道,并使之成为推动城乡文化一体化发展的战略着力点。

## 五、现实支点:大力发展县域文化

把推进公共文化服务标准化、均等化作为推进城乡文化一体化发展的着力点后,我们还需要找到一个支点,才能有效地撬动当前横亘在城乡之间的二元体制。回顾几千年中国县域社会的发展历程,我们会发现,在中国自上而下与自下而上的权力结构体系中,县域社会始终在其中发挥着连接上下的作用,甚至有"郡县安,天下安"的说法。因而,我们认为,推进城乡文化一体化发展,破解城乡二元文化体制机制,缩小城乡文化差距,通过大力发展县域社

---

① 转引自刘婵:《公共文化标准化:让文化服务有准可依》,《中国文化报》,2014年4月21日,第3版。

会的文化、推动县域社会的文化大发展大繁荣无疑将发挥重要的支点作用。对此，时任国家文化部部长蔡武在全国县级公共文化服务体系建设现场经验交流会上就深刻指出："县级公共文化服务体系是公共文化建设的基础和重要组成部分，是实现文化建设面向农村、面向基层的关键环节。……县级公共文化服务体系是国家公共文化服务体系城乡统筹的结合部，承上启下的关键环节，涵盖县（区）、乡镇（街道）、村（社区），'麻雀虽小、五脏俱全'，具有系统性和完整性，地位举足轻重。"①

事实上，2012年7月，我们到江西、湖南、贵州、重庆、四川等地调研时发现，全国各地所进行的城乡文化一体化发展的政策规划或政策落实，都在一定程度上自觉不自觉地把重心移向县域。换言之，正在进行或者今后将要进行的城乡发展，县城将会是一个"主战场"。

第一，在现有的社会发展条件下，以非农产业为发展支撑的市级城市，不仅有相对完善的公共服务基础设施网络，而且还因为"近水楼台先得月"而具有国家相关民生政策的优先启动优势，从而，无论在经济建设还是在社会建设方面，它们都领先于以农业发展为主的县域。相反，以农业为发展支柱的县域及其所统辖的乡镇和村庄则并没有那么多先天的发展优势。正因为如此，遵循由点及面、全面铺开的原则，未来在弥合城乡文化发展鸿沟、推进城乡文化一体化发展实践方面，无论软件投入（政策、制度、人才投入等）还是硬件投入（各类文化基础设施），都应该把重点下移到县城。

第二，就目前我国国情而言，虽然在数字上城镇人口已经超过农村人口，但实际上仍有超过一半的人口生活在农村，而且统计数据中生活在城市的很大一部分农村人口，也仍将随着经济发展形势

---

① 《国家文化部部长蔡武在全国县级公共文化服务体系建设现场经验交流会上的讲话》（2013年3月21日），国家数字文化网，http://www.ndcnc.gov.cn/yuelanshi/dongtai/201302/t20130221_567171.htm，最后浏览日期：2020年6月5日。

第七章　推进城乡文化一体化发展的战略选择

的起伏跌宕而在城市和农村之间"来回穿梭",如果这一部分人的公共文化需求得不到满足,所谓的城乡文化一体化也终将是虚有其表。

可以想见,生活在农村的绝大多数人口,从市场距离来说,离他们最近的所谓的"现代文明"代表就是县城,而县城又与大城市紧密联系。因此,能够以最低经济成本切身体验"现代文明"生活方式,以最低摩擦成本接受"现代文明"并融入其中的界域就是县城。在此种现实国情之下,城乡文化一体化发展,必将倚重县城,让其发挥领头羊的作用。

另外,从中国当下的纵向行政权力结构关系看,县级政府是负责具体落实来自上级的行政任务、从事实际管理的一级政府,相比其他层级政府,它权能完整,是具有资源经营权、开发权和相对独立治理权的一级政府。也就是说,相比它的上级政府,比如地市级政府、省级政府或国家职能部门,其自主性方面显得比较突出。同时,近年来随着县域社会经济实力的不断加强,基于现实需要,县域改革中相继提出的"扩权强县""县改市""省管县"等改革措施,也为县域社会积累了大量主动推动城市化的制度和政策支持资源。

折晓叶认为,"从城乡统筹治理的角度看,县(市)较上级的省市和其下的乡镇都更具有稳定性和可操作性。可以说,城镇化、城乡统筹和一体化战略赋予县(市)级政府前所未有的独特权能和运作空间,如同乡镇企业发展时期上级政府赋予乡镇政府比其他层级政府更大的运作空间一样"。[1] 就中国2 851个县而言,[2] 它们之间的差异不仅表现在经济样态上,还表现在它们所拥有的地域资

---

[1] 折晓叶:《县域政府治理模式的新变化》,《中国社会科学》2014年第1期,第121—139+207页。

[2] 数据来源:《中国统计年鉴2017》表1-1"全国行政区划(2016年底)",国家统计局网站,http://www.stats.gov.cn/tjsj/ndsj/2017/indexch.htm,最后浏览日期:2020年6月14日。

源、人文资源和地方文化特色资源等深层结构上，正因为这种多元化差异，使得它们相对于上级政府更能与基层社会保持直接和密切的联系，更能灵活地借用制度安排的多样性来适应各区域之间的差异。而这些正是省、地市级政府在治理上难以做到的，毕竟它们主要定位在宏观层面的管理上。在另一个层面上，与其下辖的乡镇一级政府相比较，县级政府在行政上表现为结构更完整、管辖权限更大，从而在处理县域社会公共事务时，可以完成乡镇不可能承接和完成的统合治理任务。正因为如此，在新时代背景下，推进城乡文化一体化发展，就必须以推动县域社会的文化大发展大繁荣为基础，并以此为支点，撬动城乡二元文化体制变革，逐步缩小城乡文化差距。

事实上，大量工作在基层一线的文化工作者也对此深有体会。在调研中，一位基层文化工作者强调："城乡文化一体化发展的模式，我认为首先要加大对县一级的文化建设的投入，特别是县级文化馆的投入，使其成为城乡文化一体化建设中的领头组织。我觉得县一级的文化站应该是领头人，一方面可以与城市紧密连接，另一方面它们能与农村紧密连接。"①

## 六、战略实施主体：建立政府-市场-社会-公民多元行动者网络

日本学者田原史起在研究中国农村精英治理时，把一个社会所存在的治理资源分为三个领域："公""共"和"私"。其中，"公"代表由政府按照"再分配原则"提供的无差别、任何公民都应该均等享受的社会资源；"共"代表在特定地域范围（比如一个社区）之内，由其内部的所有人按照"互惠原则"所生产和共享的社会资源；"私"则代表由公民个体，以及由市场企业组织按照"交

---

① 调研人员 2012 年 7 月 13 日在南昌市西湖社区对基层工作者的访谈记录。

换原则"所生产和提供的各类资源。因此,他认为,针对农村社会中的公共事务,其治理绩效如何,就依赖于这三类社会资源的互动程度,尤其在"公"的社会资源有限的前提下,就直接决定于对"共"的社会资源和"私"的社会资源的动员程度。[①] 事实上,自改革开放以来,一方面,随着公民意识的不断觉醒,旨在实现"自我管理、自我服务、自我发展",或者旨在促进社会整体福利提升的各类社会组织不断涌现,它们不仅拥有大量的社会资源,掌握着大量的专业性人才,而且在公共服务领域发挥着越来越重要的作用。另一方面,经济生活的极大改善让很多人从以往繁重的劳动中解放出来,使其在有闲暇时间参与各种公共文化生活的同时,成长为在某一方面具有特长,且能够愉悦身边人群的文化能人或者文化艺人。

对照田原史起关于治理资源的三大领域分类,若把当前由政府通过公共财政投入所形成的各类文化基础设施视为"公"领域的文化资源,把由各类社会组织,尤其那些具有文化属性的社会组织所生产和创造的文化产品和文化服务视为"共"领域的文化资源,把成长于社会各个层面的文化能人、艺人,以及由企业组织所生产和创造的文化产品、文化服务视为"私"领域的文化资源,那么,面对当前城乡文化发展建设中各种状况和现实问题,推进城乡文化一体化发展,势必要强调多个行动主体的参与,强调多元主体之间的协作互动、资源共享。

对于"合作""互动"等治理机制在推进城乡文化一体化新格局建设中的意义,我们还可以从弗雷德里克森对"公共"的理解中找到强有力的支撑。他认为"公共既是一种理念也是一种能力。如果我们把公共等同于政府,我们事实上限制了人们参与公共事务的能力。作为一种理念,公共意味着合作,所有的人为了公共的利

---

[①] [日]田原史起:《日本视野中的中国农村精英:关系、团结、三农政治》,山东人民出版社2012年版,第6—16页。

益，而不是出于个人的或者家庭的目的才走到一起来。作为一种能力，公共意味着为了公共的利益而在一起工作的积极的、获取充分信息的能力"。① 基于文化的治理属性和治理功能，我们知道，由政府主导的城乡文化建设，其在实践着"保障公民文化权益，不断满足人民群众日益增长的精神文化需求"的同时，也是在建立一个和谐融洽的人类社会心灵秩序。

因此，以公共文化服务供给为着力点的城乡文化一体化新格局建设，首先，它应该关注公共文化服务在城乡之间供给的普惠性与均等性；其次，它是"公共文化"的服务，而非"私性文化"的服务，强调公共文化服务以塑造公民的共享价值为根本，引导社会中出现的多元文化走向积极健康；最后，它是一种由政府、社会组织、市场企业、公民个体所组成的"公共"的行动能力，强调多元主体围绕文化公共事务的合作、协调、沟通能力。这就强调要通过多元主体的合作参与，在切实保障人民最基本的文化权益的同时，运用市场的力量，凭借市场的创造性，使之成为满足人们日益个性化、多样化的精神文化消费需求的重要渠道，以及以公共文化服务社会化的发展方式，实现公共文化服务过程的整体治理能力的提升。

---

① ［美］乔治·弗雷德里克森：《公共行政的精神》，张成福等译，中国人民大学出版社 2003 年版，第 18 页。

# 第八章

# 推进城乡文化一体化发展的制度设计

## 一、宏观层面上的制度理念设计

在现阶段体制构架下,制度体系通过各种政策的制定和实施,对经济社会生活发挥重要的塑造与调节作用。我国目前所呈现出来的城乡二元文化结构,主要是由一系列制度所塑造的,想要改变这一现状,必须从深层次体制变革入手,通过改革的办法,深化制度改革,破除统筹城乡文化发展的制度障碍,建立有利于统筹城乡文化发展的制度体系。

建设城乡文化一体化发展的新格局,必须构建统筹城乡文化发展的新机制,实现制度创新,逐步破除传统二元经济体制下的经济社会运行机制。总体看,围绕城乡文化一体化发展的战略构想,在具体实践中,推进城乡文化一体化发展需要从城乡实际情况出发,以统筹安排、促进城乡经济社会协调发展为指导思想,着眼城乡文化一体化建设中的突出困难,建立健全相应的制度体系、政策方针。

我们知道,建设城乡文化一体化新格局,就要按照公共财政原则,遵循城乡公共文化服务供给的科学运行机制,给城市和农村提供大致均等的公共文化服务及产品。然而,城乡公共文化服务供给是一项复杂的制度,除了在宏观上要求供给必须遵循的指导思想、基本原则和基本制度等基本要求外,还要建立健全中观层面上的体制机制,更要在微观层面上对与城乡文化建设相关的体制机制进行及时调整和不断修正,从而为推进城乡文化一体化发展提供更具针对性和操作性的优化方案。

## (一)建构包容性公民文化权利的新型理念

公共文化服务存在的道德逻辑在于公民文化权利的生而有之,实现公共文化服务均等化以对公民文化权利的普遍认同为前提。公民文化权利是公民与生俱来的,作为社会公民,其有权平等地享有一切与公民文化权利的实现有关的服务,任何对这种相关权利的偏见和歧视都是一种对包容性公民文化权利的侵犯和剥夺。均等化的公共文化服务就在于践行公民平等的文化权利,它为公民享受文化权利提供平等、自由、无障碍的发展平台,为公民进行体格锻造、精神价值形塑提供物质条件和技术基础,为公民实现个人的全面发展创造条件。"国家公共文化服务体系能否在中国文化发展战略的总体框架下得以有效建立,取决于我们在认识上是否把国民的文化权益当作其基本权益,亦即是否从意义和价值的本质上将其列入国民待遇的意义要素……"① 因此,树立包容性的公民文化权利观,不仅是进行公共文化服务的价值支撑,更是发展均等化的公共文化服务的道德基础和力量之源。

受历史文化传统的影响,加上客观条件的限制,一直以来,我们在总体上对公民权利的"主动认可"存在着一些问题,对公民权利体系的认识也是支离破碎的。对公民权利体系中的"公民文化权利"认识长期处于"缺位"状态,使得在国家所欲建构的"五位一体"发展战略中,"文化建设"作为最后一块才被构建起来。因为历史欠账太多,相对于其他四项战略,"文化建设"处于整体落后状态。另一方面,一些人对公民文化权利的认识还存在着"偏见"和"歧视",从而出现前文所述的各种公共文化服务非均等化现象,其中以某些城

---

① 王列生、郭全中、肖庆:《国家公共文化服务体系论》,文化艺术出版社 2009 年版,第 50 页。

市人群对进城务工的农民工的"文化歧视"最为典型。如此，公共文化服务均等化的实现，必然要以对公民文化权利的包容性理解和认识为前提。

### （二）建设以回应需求为主要特征的服务型政府

公共文化服务之所以出现非均等化的现实，过于看重经济发展的逻辑是一个客观原因，但是一些地方政府自身的主观原因也起到推波助澜的作用。受计划经济的影响，政府对文化事业的发展仍然遵循"文化管理""文化行政"的逻辑。因此，在公共文化服务过程中政府垄断供给，"一厢情愿"地根据政府自身的意愿为公民提供文化产品或服务，忽略公民对公共文化服务的真实需求。同样，政府的"统制型"特征，使政府对公民的判断依然停留在服务接受者的角色，是"被统制者"的身份，从而忽略公民文化权利中的公共事务参与权，缺乏对公民的价值认同，没有服务意识。因此构建公共文化服务的均等化首先必须转变政府职能，建设服务型政府，从理念上扭转政府的公共文化服务发展观，培养"顾客"意识，以服务为导向。只有这样才能在政府的服务供给中做到"以顾客为中心"，以民众需求为导向，真正体现民众意志，牢固树立以人民为中心的发展思想，加强和改善政府的公共文化服务职能，以积极的精神姿态推进公共文化资源的创新和保护，更充分地满足人民群众的精神文化需求，实现公共文化权益。

### （三）创设推进城乡文化建设公私合作的发展环境

转变政府职能、建设服务型政府，不仅要求政府具有服务意识，还要有"合作"意识。转变政府职能重点在于重新厘清政府与市场、政府与社会以及政府与企业的关系，并明确自身的职责范围。服务型政府建设是在对政府自身职能进行清晰界定基础上所进行的体系重塑，要求秉承服务理念，为"顾客"提供高效、优质、均等化程度高、包容性强的公共服务。但在现代市场经济条件下，政府同样面临和市场一样的困境,即"失灵"现象。因此,在自身人力、物力有限的条件下,政府应当大胆创新,积极寻求与外部力量的合作来保障公共文化服务的有效供给。如前所述,部分公共文化服务本身的生产与供给的"可分割性",为政府选择与社会力量、私人力量进行合作提供了契机和突破口,政府可以采取服务购买、委托生产以及服务外包等方式展开公私合作来提供公共文化服务。所以,一些习惯于"大包大揽",并且喜欢"一言堂"作风的地方政府公共部门,首先应该主动亲近市场,积极寻求与市场私人部门合作的机会,同时更应该为公私合作搭建各种平台,创设各种条件,以便形成一个自由、平等、开放的合作环境。

### (四) 建构确保公民参与城乡公共文化服务的法治基础

"人权的法定化是人权存在的有效方式,也是实现人权的权威依据。尽管人权的法定化并不必定等于人权的实有化,但一般来说,人权的实有化以人权的法定化为基础;换言之,应然权利向实然权利转化主要是以法律规范作为中介的。应然权利往往首先转变为法定权利,通过法律的确认获得法的强制性,从而为最终转化为实然权利提供了可能性。"① 公民参与公共文化事务作为公民文化权利的重要组成部分自然应受到法律的保护。但长期以来,由于一些地方的政府职能部门对公民文化权利的不重视,公民参与公共文化事务的权利被他们遗忘或忽视。为实现公民权利的包容性发展,不仅要把公民文化权利,尤其是公民对公共文化服务的参与权吸纳进公民权利的包容性发展中,还要以法律的形式赋予公民参与公共文化服务权利的权威性和合法性。

事实上,仅仅有规定公民参与文化服务的法律条文或法律文本,并不足以保证公民能确实参与到公共文化服务的实际过程中,

---

① 孙岳兵:《公共文化权初探》,湖南师范大学宪法学与行政法学专业硕士学位论文,2008年,第25页。

公民参与公共文化服务真正需要的是一种法治环境,一种以人为本的发展环境,一切以人为重,也就是说,以法律规范作为文化建设的基本依据,公民参与公共文化服务的权利或权益,不会随政府领导人或领导人的关注度的变化而出现变数。因此,政府也应致力于为公民参与公共文化服务创造一个开明、公平、公正的法治环境,为公共文化事业的可持续发展创建包容性的发展平台。

## (五)创造基于个人选择与发展多样性的公共文化服务发展空间

公共文化服务的公共性,既体现在其服务目标的社会公益性方面,也体现在其所欲形塑的文化生活发展空间方面,而这一点构成公民文化生活的公共领域。公共领域作为社会生活的一个领域,不仅向所有公民开放,而且让公民在非强制性情况下,在处理领域问题时,可以自由地集合和组合,可以自由地表达和公开他们的意见,并以群体的行为以及对话的方式来达成公共意见。对于公共文化发展空间的塑造,首先以国家为社会全体公民提供的公共文化产品或服务为物质基础,但仍要以社会文化生活的价值主体——公民个人的自由选择为前提,尊重社会主体的多样性以及文化权益表达的多元化,否则公共文化服务所构造的空间仍将是缺乏活力、缺乏创新性的呆滞空间,难以具备包容性和持续性,更难以实现文化事业的大发展大繁荣。具有开放性、创造力的文化生活空间,必须由政府与社会共同努力,是政府"赋权于民"的过程,即这个过程的实现需要政府主观上努力,如具备建设服务型政府的发展理念,更需要政府对文化生活的体制环境做出相应的调整:通过开放性的新体制框架来制度性地吸纳公民,使其主动、积极地参与公共文化生活;通过新体制的内在规律性来"规约"与"塑造"被吸纳进来的社会公民的"文化生活"潜意识;通过互动、协商与对话的机制来实现公共文化生活领域的均等化发展,形成包容的文化生活发展空间。

以农民工文化服务为例,以往一些地方的城市文化服务体制,往往对农民工这一"外来者"群体抱有文化权利上的偏见和歧视，漠视农民工的文化生活权利。实际上，"文化是农民工融入城市的桥梁，对增强农民工的归属感、尊严感和幸福感具有重要作用。因此，进行体制的重新设计与规划，这是加强农民工文化工作，建设农民工精神家园，保障农民工享有与城市居民同等的文化权益，从而提升农民工文化素质和道德素养、实现农民工融入城市的必然要求"。① 而这对于构建包容性的文化发展空间、提升城镇化水平和质量、统筹城乡发展、维护社会公平正义、促进社会和谐稳定，都具有重要意义。

### （六）逐步培育城乡文化建设的"五个统筹"思想

统筹城乡文化建设涉及方方面面，除却宏观和中观上的制度背景，在具体、可操作的制度选择过程中，城乡文化一体化建设，首先应该关注"五个统筹"关系。

#### 1. 统筹城乡文化建设发展规划

在城乡文化建设中，在制定文化发展规划、确定国民收入分配格局、研究重大文化产业政策时，我们不能单纯就农村中的文化问题来谈论农村文化，而是要确立统筹城乡协调发展的思路，从城乡各自的不足和各自的优势中制定文化产业政策，使文化建设在走向城乡一体化的大循环、大系统中实现大发展。要围绕促进文化发展的目标，对文化资源的基本状况、分布地点、主要特点等进行全面普查，并在此基础上对城乡文化基础设施建设及文化生产力进行科学谋划、合理布局，开创可持续发展的城乡文化一体化建设道路。

#### 2. 统筹城乡文化基础设施建设

要以保护和实现人民群众的根本文化利益为宗旨，以提高群众文化生活质量和培养高尚的道德素养为出发点，统筹城乡文化基础

---

① 徐学庆：《推动我国城乡文化发展一体化研究》，《学习论坛》2013 年第 1 期，第 62—66 页。

## 第八章　推进城乡文化一体化发展的制度设计

设施建设。具体操作方面，在城市的规划发展中首先要以完善城市文化发展功能、提升城市文化水平为切入点，建设能够体现时代气息和民族特色的标志性文化设施。要以信息化为重点，健全公益性文化网络设施，使广大市民可以充分享受高质量的文化设施。在广大农村，要以小城镇文化建设为中心，加大文化网络建设，加大图书馆、文化馆、博物馆、活动中心等基础设施建设的力度，让城镇文化、村落文化、家庭文化相互辐射并各显其长，形成城乡一体、百花齐放的文化发展格局。

统筹城乡文化基础设施建设是从"增量"角度来说的，从"存量"的角度又该如何进行制度选择呢？毫无疑问，自新中国成立以来，经过长期的积累，我国广大农村地区已经建成了一个相对完善的文化基础设施网络。从国家统计局公布数据可知，到2016年年底，全国39 862个乡镇共建立了41 175个乡镇综合文化站。但正如一些研究者所指出的，"乡镇文化站设备场所方面存在的困境，目前最让人担忧的是'阵地犹在'，但'名存实亡'，有的地方甚至连基本阵地都消失了。……同时，各种'空壳'现象、'不务正业'现象突出"。① 因此，推进城乡文化一体化建设，在均等化供给文化增量的基础上，更要在优化"存量"上下功夫。针对现有乡镇综合文化站功能难以发挥，成为一种"空壳"的状态，要成立和完善乡镇公益性宣传文化服务中心，合并乡镇文化站和广播电视站，提倡"一站（室）多用""一人多能"的文化机制。有研究进一步指出，乡镇公益性宣传文化服务中心人员可以向社会公开招聘，服务合同由县文体主管部门与乡镇文化站签订，落实情况由乡镇政府与县文体主管部门联合考核，经费由县财政或乡财政预算列支直达，把乡村文化站（室）建设成为农村文化工作的主阵地。②

---

① 谭敏芬：《乡镇综合文化站发展困境与路径选择研究》，华中师范大学行政管理专业硕士学位论文，2009年，第35页。
② 新疆新农村文化发展调研组：《新疆城乡一体化文化建设面临的问题与出路》，《新疆师范大学学报》（哲学社会科学版）2009年第4期，第28—32页。

在盘活"存量"资源方面，要积极鼓励农民自办文化大院、文化中心户、文化室等，支持农民群众兴办农民书社、电影放映队，充分调动农民开展文化活动满足自己精神文化需求的积极性。另外，可以建设一批极具特色的农民文化活动示范基地，通过典型带动的方式，由点及面，边总结边推广，把农村开展文化建设的有益做法和经验及时推广。同时还可以利用重大节假日和重要传统集市，深入开展科技、文化下乡，开展老百姓喜闻乐见的各类文艺演出，以及各种内容健康、特色鲜明的文化活动，寓教于乐，推动文化进村进户，深入人心。

3. 统筹城乡文化人才开发

统筹城乡文化发展，需要高素质的文化人才，特别是乡村文化发展人才。当前，我国广大农村地区在文化建设方面存在的突出问题是人才匮乏。随着大量劳动力外流，开展文化活动的专业人才不足、专业性下降，相关机构已经无力为广大农民提供文化产品和服务。统筹城乡文化建设的首要工作在于人才培育：一方面，要积极加强城市和农村的文化交流，通过建立健全政策体系，积极引导城市优秀文化人才向农村转移，为农民提供文化产品；另一方面，要加强农村本土文化人才的培养。比如，通过各类文化艺术学校、文化局、文化站举办各种类型文化人才培训班，重点培养一批乡村文化带头人，挖掘传统优秀文化，创造符合时代特征、人民群众喜闻乐见的优秀现代文化形式，推动农村文化大发展大繁荣，实现城乡文化的一体化发展。

人是一切工作的关键，在文化建设领域，队伍建设就是文化建设的"牛鼻子"。抓住这个"牛鼻子"，充分发挥文化工作者在城乡文化建设活动中的关键作用，是统筹城乡文化人才队伍建设的重要方向。在具体实践中，文化事业的人才建设内容方面，应该以文化队伍的编制问题为突破口，通过解决编制来稳定文化人才，激励他们积极提供更多更好的优秀作品。与此同时，基层文化工作人员也应积极加强自身能力建设，通过各种方式加强学习和训练，提高自身业务水平。

## 第八章　推进城乡文化一体化发展的制度设计

**4. 统筹发展城乡文化市场与文化产业**

在一份有关文化发展对中国经济增长影响的研究中，学者张卉基对1997—2012年的省级面板数据分析得出结论："城乡居民文化消费、政府和企业文化投资不仅与人均收入的增长存在长期协整关系，也是人均收入增长的关键原因，尤其是城乡居民文化消费能够显著拉动经济长期增长。"① 由此可见，繁荣城乡文化市场、发展城乡文化产业，不仅能够有效提升城乡的文化消费水平，更能在进行经济结构转型的当下，有效拉动经济的持续增长。可以明显看到的是，在当前的城乡文化市场、文化产业发展环境中，由于受到投资规模等因素的限制，城乡文化产业投资和政府文化支出的增长效应并没有得到有效发挥，这就决定了统筹城乡文化市场建设，提高企业和政府对城乡文化市场、文化产业的投资规模，鼓励城乡居民文化消费，将是促进我国经济长期增长的目标顺利实现的重要方面。

在具体制度设计方面，为有效统筹城乡文化市场建设，首先要加快地区之间、城乡之间的市场对接。在具体路径方面，可以通过现代流通手段帮助农民把农村文化资源与城市文化市场紧密联系起来，提高农村文化资源商品化程度，为农村文化产业进入城市文化市场提供更加畅通便捷的渠道。值得关注的是，城市文化的产业发展则要注意为农村市场服务，研究农村农民的需求，根据农村市场的短缺创造有利于农村健康发展的文化有效供给，并采取连锁经营等现代营销方式，建立文化产品经销网络，把真正符合农民消费需求的各种文化产品、文化服务及时送到农民身边，形成产业间优势互补、相互需求的发展格局。

**5. 统筹城乡文化教育事业发展**

统筹城乡文化发展的一个基本要求就是让农民突破传统的旧

---

① 张卉：《文化发展对中国经济增长影响的长期动态研究——基于1997—2012年省级面板数据》，《商业经济研究》2015年第5期，第130—132页。

观念，具备现代化的科学文化素质和开放的思维意识以及市场化竞争的观念，实现从传统农民向现代农民、从传统乡村社会向现代文明社会的转变。现阶段我国农村人口不但占全国人口的40%左右，而且近6亿农村人口的科技、文化等素质都相对较低，市场化观念更是有待强化。[①] 因而，要整合教育资源、深化教育改革、拓展办学功能、提高城乡文化教育质量，切实提高农村人口的文化素质。

## 二、中观层面上的体制调整

### （一）改革户籍制度，逐步消除城乡居民身份差别

1958年1月，全国人大常委会第91次会议讨论通过《中华人民共和国户口登记条例》。该条例作为我国人口管理的基本制度，将全国人口划分为两大类，即农业人口和非农业人口，农业人口是农村集体经济组织的成员，以农业为主要职业。通过严格限制人口流动和农转非，户口成为决定人的身份和相关待遇的标准，属于农业户口并以土地为基本生产资料，从事农业生产的农民，只能通过招工或者考学等少数方式改变身份，成为市民。成为市民之后，作为非农业户口就能够享受与农业户口完全不同的待遇。

随着我国经济社会的快速发展，特别是近年来城市化进程的加速，旧有的城乡二元结构的人口管理制度弊病凸显，已经成为各个领域建设的重要阻碍。对于文化建设来说，这种阻碍具体体现为三个方面：其一，阻碍农民通过非农方式向城市流动，以改变自身的生存状态。解决农村所面临的一些问题，关键在于城市的发展，通

---

① 国家统计局发布的2014年度经济数据显示，2014年末，中国总人口（包括31个省、自治区、直辖市和中国人民解放军现役军人，不包括香港、澳门特别行政区和台湾省以及海外华侨人数）为136782万人，按照常住人口统计，我国2014年的城镇化率为54.8%。按照户籍人口统计，我国2014年的城镇化率是35.9%。换言之，到2014年年底，全国的农村人口（户籍）仍占全国总人口的64.1%，总数约为8.7亿。

## 第八章 推进城乡文化一体化发展的制度设计

过将大量农民城市化，实现农民生活品质的提升。农民实现城市化的关键就在于市民身份，亦即获得非农户口，而这必须使农民转换身份的渠道畅通。然而，在既有制度约束下，农民只有通过考学、当兵、招工三种渠道才有机会实现身份的转换。市场化背景下，大量进城务工的农民工由于相关制度和政策的影响，以及自身条件的限制，大部分是无力在城市立足的，他们也不愿意放弃在农村的土地承包经营权。于是，大量进城务工的农民依然难以实现身份转化，农村滞留了大量人口，也阻碍了城市化进程。其二，阻碍城镇人口自由流向农村。当前多元价值的社会中，并非所有人都愿意在快节奏的城市生活，部分城市人口是愿意到相对安稳的农村生活的，部分高素质的城镇人口流向农村发展，是改善农村人口结构、促进城乡融合的重要渠道。但是，当前的农业户口某种程度上是相对封闭的，农村的集体成员权是无法轻易被城市户口获取的，城市人口在农村买地置业都是不被允许的，在客观上也阻碍了相当一部分的城市资源流向农村，滞后了农村发展的步伐。其三，阻碍农村各方面改革的制度性因素一时难以被破解。包括文化建设在内的农村改革往往由于这种城乡二元分割的户籍管理制度的阻碍而陷入困境，使得农村发展累积了大量无法有效解决的深层次矛盾。

英国著名文化社会学家布莱恩·特纳曾指出，"公民身份是现代国家的一种新型伙伴关系。在这种视角下，文化公民身份构成为那些使一个有能力的公民能够充分参与国家文化的社会实践。……如果我们把现代公民身份看作一种基于社会权利的普遍标准的社会地位，那么一种文化参与的平等模式必然是现代公民身份的一个因素。"[①] 毫无疑问，站在公民的角度看推进城乡文化一体化发展，关键在于推动生活在城乡之间的不同公民群体实现身份的平等以及各

---

① ［英］巴特·范·斯廷博根：《公民身份的条件》，郭台辉译，吉林出版集团有限责任公司 2007 年版，第 181 页。

种国民待遇的平等，从而达到从文化的层面消解城乡差距的目的。因而，推进城乡文化一体化建设，必须制定新的对全体公民平等对待、无身份歧视的人口管理办法与制度。

具体来说，以推进城乡统筹为整体目标，以实现城乡文化一体化发展为具体目标，在进行制度选择时，针对户籍管理制度，新的管理法规的制定应着眼于人口管理的信息化和统计需要，突出三个方面的主要内容。① 第一，以居留地地址为户口登记的依据。以居住地为标准，将全部人口划分为城镇居民和乡村居民，这种居民身份只表明居住区域，不会因身份而产生待遇差别，新的户口只是一种合法身份的证明，或者废除户口而代之以改进的居民身份证，其作用主要是为计生、治安和就业等工作提供基础依据和身份证明。第二，变静态管理为动态管理，对居留地人员实行统一的登记管理制度，定期复核，及时更新有关数据，并实行出生证、身份证和死亡证等涉及人口管理数据的统一联网，通过网络及时对人员出生、流动和死亡等情况进行管理和统计。第三，以城市的居民委员会和农村的村委会为人口管理基层主体，负责人口数据和基本情况的调查、统计和申报工作。以公安部门为联网管理主体，对居委会、村委会上报的人员情况进行网上对比、跟踪。在此基础上，明确人口管理的责任主体，强化辖区责任和动态报告制度。改革户口管理制度，不是简单地废除农业户口和非农业户口，而是从市场经济发展的需要出发，革除阻碍农村发展和形成城乡隔离的根本制度障碍，这是城乡管理体制创新的重要内容。②

### （二）调整管理权限，进一步转变政府文化职能

在调研过程中，尤其是通过与多位文化部门相关工作人员的交

---

① 孙加秀：《统筹城乡经济社会一体化发展研究》，电子科技大学出版社2008年版，第211页。
② 孙成军：《转型期的中国城乡统筹发展战略与新农村建设研究》，东北师范大学中共党史专业博士学位论文，2006年，第71页。

## 第八章　推进城乡文化一体化发展的制度设计

流,我们发现,所谓的城乡文化一体化,并不是要最终达到文化的一元化,而是要通过一定的方式促使城市乡村两个空间的文化共同发展、共同繁荣,从而形成协同效应,以实现整体文化的大发展大繁荣;同样,包容性价值所要包容的也不仅是要让所有的公民平等地得到他想要获取的公共文化服务,还应该是对不同种类的文化进行包容,尤其是那些容易被外界贴上"野蛮""庸俗""封建"等标签但却属于某个地域某个民族所特有的特殊文化。因此,从宏观层面上建立健全我国的文化管理体制,是推进城乡文化一体化发展的前提和基础。

文化管理体制是指国家管理文化事业的行政管理组织体系及其运行机制的总和,主要包括政府管理文化事业的职能和组织体系、政府管理文化事业的方式、政府与文化事业单位之间的关系,合理规范文化事业单位之间及与社会其他经济组织、团体之间关系所确定的制度、准则和机制等等。文化管理体制规定着文化产品生产、管理、传播等实践活动的特点,体现着文化产业主体从事实践活动的方式,制约着文化产品的生产效率、文化创造的状况和文化产品的价值取向。不同的文化产业管理体制代表着不同的社会文化价值,文化产业管理体制的改变意味着社会文化价值的改变。① 所以,文化管理体制规定着整个文化的运行方式,影响着文化的管理效益,决定着文化的发展水平。②

新中国成立后,在借鉴苏联模式和总结延安时期文化管理经验的基础上,我国逐步形成了高度集中统一的国家文化管理体制。这一时期我国文化管理体制的主要特点是:在组织体制上,各级文化部门属于党的宣传部门,作为党的喉舌和阵地,主要执行宣传党的方针政策的任务;在行政体制上,文化作为党和人民的事

---

① 孙飞:《天津市文化产业管理体制问题研究》,天津师范大学政府行政管理专业硕士学位论文,2014年,第17页。
② 庞仁芝、周东宪:《深化文化体制改革开放的行动纲领》,《中国井冈山干部学院学报》2011年第6期,第13—20页。

业,受到党政双重管理。从中央到地方都建立了文化行政管理机构,政府对各级文化部门和单位实行全面掌控,进行直接领导和微观管理。①

改革开放以后,随着我国经济体制逐步走向市场化,经济体制、政治体制等都相继进行了改革,文化管理体制也随之进入了改革阶段。党的十一届三中全会以后,文化管理体制面临的主要问题是改变传统计划经济体制下高度集中的文化管理体制,探索适应文化生产力发展的新机制。文化管理体制改革从调整艺术部门和艺术团体布局、在文化单位实行承包经营责任制,到逐步建立文化市场管理体系。随着国家文化体制改革力度的逐步加大,国家对文化单位统包统管的模式逐步被打破,直接管理转换为间接管理,开始确立分类管理、分级指导的模式,政府转变职能,提高了管理效率。目前,我国已基本形成了一套较为完善的文化管理体制。

毫无疑问,新中国成立以来,我国的文化管理体制建设取得了不可磨灭的成就,不仅建立了一整套较为完善的文化管理体系,还建成了与文化管理体制相适应的文化法律法规以及政策支持体系。但同样不可否认的是,也正是在这一整套文化管理体制之下,城乡之间的文化建设成效呈现出明显的两极分化现象,即出现诸如文化职能不清、手段单一、管理不善等问题,严重制约了文化产业的科学发展与城乡文化的协调发展,一定程度上出现了如王列生等学者所提出的"文化体制空转"现象。②总之,这在一定程度上属于一种内耗型或者说内卷化的体制,从运行绩效看,就它对生活于该种制度环境下的广大人民群众的文化生活和文化生存取向的影响而

---

① 俞晓敏:《中国文化管理体制改革与创新研究》,吉林大学制度经济学专业博士学位论文,2008年,第53页。

② 所谓"体制空转",是指现行文化体制在其实际运行过程中,较大程度上存在着以"运行效率低"和"运行利益自满足"为特征的体制耗损结构,其结构形态既带有韦伯命题方式的体制自稳痕迹,亦带有奥斯特罗姆负面清单所编序的诸如运行效率非社会绩效测值等体制自闭顽症。参见王列生:《警惕文化体制空转与工具去功能化》,《探索与争鸣》2014年第5期,第15—18页。

言，它根本难以实现以"保障、激活、助推和引领"为社会价值取向的预期文化目标，而且尤其没有满足"大繁荣大发展"文化发展战略背景下匹配性体制运行效果的国家意志诉求与社会意愿期待，更与新时代背景下要求实现城乡文化一体化发展的新时代社会理想诉求相背离。

由于"体制空转"问题涉及国家根本政治制度，这就决定了在既有的制度框架下，完善文化管理体制的努力应该着力于现实具体的、可操作的问题。事实上，中共十七届六中全会审议通过的《中共中央关于深化文化体制改革 推动社会主义文化大发展大繁荣若干重大问题的决定》，一定程度上已经为深化文化管理体制改革提出了总体思路：加快政府职能转变，强化政策调节、市场监管、社会管理、公共服务职能，推动政企分开、政事分开，理顺政府和文化企事业单位关系。

长期以来，我国的文化管理体制是基于计划经济体制而构建的。在这种体制下，文化管理与文化建设几乎都由国家和政府包办。这种管办不分、政事不分、政艺不分的局面，使文化事业单位成为政府文化主管部门的附属，这既抑制了文化单位建设的生机与活力，也限制了政府的宏观调控职能。自然，在城乡二元分割的大背景下，这种不受约束与控制的文化管理体制必然引导着一些地方政府将绝大多数人力、物力和财力投入到城市区域以及城市区域中能够展现出政绩的"文化工程"，从而忽略对于农村社会文化工作的管理和投入。

在新时代语境下，文化管理体制改革的方向应该是，以贯彻政企分开、政资分开、政事分开、政府与市场中介组织分开的原则，积极推进管办分离。也就是说，政府应从对基层文化单位的人事、财务、业务等具体管理运作中解脱出来，运用政策、财政、法规等对文化事业进行调控，从管直属单位转变为管全社会，从微观管理转变为宏观管理，从直接管理转变为间接管理。在经营性文化事业方面，政府的职能不是直接办企业，而是为文化产业提供良好的政策环境，搞好市场监管，做好政策引导。在公益性文化事业方面，政府的职能是确保投入、重视建设、强化服务、狠抓落实。另外，围绕着文化管理体制改革，政府还需积极改进对文化产业与文化事业的投资结构与扶持方式，建立多元化的融资渠道，探索新型国有文化资产经营管理模式，研究制定国有资产出资人制度，完善文化企事业单位法人治理结构，确保国有资产保值增值。同时，理顺政府与文化企事业单位的关系。要推动政企分开、政艺分开、管办分离，为文化企业单位成为自主经营、自负盈亏、自我发展和自我决策的生产者与管理者创造条件，为文化事业单位实行企业化管理创造条件。

### （三）健全管理主体，理顺文化管理主体间的权责关系

从现行文化管理体制看，文化系统的行政管理权分散在文化部门、新闻出版部门、广电部门、信息产业部门、旅游管理部门等多个行政职能部门，管理过程中存在着多头管理和交叉管理的弊端，为此，必须健全管理主体。首先，逐步统一文化管理部门，破除现行的条块分割、部门利益的藩篱，整合归并同质化行业管理部门。其次，整合文化建设相关的行政执法力量，将相关执法职能纳入新的文化市场综合执法机构，在政府其他职能部门的配合下联合执法。最后，坚持主管主办制度和属地管理原则。在监管层面，严格审核主管主办单位的资质，探索建立主管主办单位与出资人管理体制有机衔接的工作机制。

城乡文化一体化发展目标的实现，有三个必不可少的基本条件：首先是充分发挥政府的作用，其次是有效借助市场机制的力量，最后是大力培育社会公众的主体意识。城乡文化一体化进程虽然有一个自然的发育过程，但一定环境下的文化制度和政府行为选择，具有主导性作用，在很大程度上影响这一进程。在城乡文化关系的演进过程中，政府往往是推进城乡文化一体化的主要责任主体，这就要求政府通过建立领导机制、体制创新等方式来有效地整

合资源、制定规划、组织实施,并充分尊重市场规律,重视社会力量,尊重农民的主体地位、首创精神,积极推进政府、市场、社会三者的合作与互补,形成政府主导下多元主体共同参与的良性互动格局。

从实践看,多元互动格局的形成需要政府改进文化建设的管理方式,即:政府既要遵循市场规律,又要遵循文化规律;既要监管文化内容,又要监管文化市场。换句话说,文化管理方式要实现以行政手段管理向综合运用法律、经济、行政、技术等手段管理的转变。从法律角度看,要完善公共文化服务保障、文化产业振兴、文化市场管理等方面的法律法规,打好文化建设法制化的基础。要进一步整顿规范文化市场秩序,理顺文化市场管理体制,统一文化市场管理规则,实行统一的综合行政执法。[1] 要建立依法经营、违法必究、公平交易、诚实守信的市场秩序,创造公开、公平、公正的市场竞争环境。要建立市场准入和退出机制,严格执行文化资本、文化企业、文化产品准入和退出政策。要构建文化市场管理信息网络,建立文化企业信用档案和文化市场信用制度。要加强知识产权保护,严厉打击盗版、侵权行为。要深入开展"扫黄打非",完善文化市场管理,坚决扫除毒害人们心灵的腐朽文化垃圾,切实营造确保国家文化安全的市场秩序。当前,基于互联网的虚拟文化市场,为人们的文化消费提供了全新的文化产品及文化服务,但也滋生了许多社会问题。对于虚拟文化市场,必须借助技术手段加强治理。

在推进城乡文化一体化发展的过程中,政府必然要发挥重要作用,但是这种作用的体现并不在于政府直接投资和投入,而是要发挥积极引导作用,培育大量具有创新精神和竞争力的市场主体。由于市场在配置资源中具有无可比拟的优势和效率,在构建城乡文化

---

[1] 庞仁芝、周东宪:《深化文化体制改革开放的行动纲领》,《中国井冈山干部学院学报》2011年第6期,第13—20页。

一体化发展的过程中，必须继续坚持市场在配置资源上的决定性作用。但也要认识到当前我国的文化市场发育程度仍然有待完善，在城市和乡村之间仍然存在着巨大的差距和鸿沟，必须通过不断培育和完善市场机制，加快市场化进程，推动文化产业发展以及文化一体化的建设步伐。从市场角度看，成熟完善的市场包括两大主要构件：其一，有规定市场运行的基本规则，包括政府颁布的各种法律法规；其二，有众多的市场主体。归根结底，无论是市场环境的改善还是市场主体的发育，都离不开政府主导作用的发挥。

当然，强调政府在推进城乡文化一体化建设中的责任，并不意味着仅仅由政府一家来承担这一责任。一方面，必须考虑到政府在配置资源的过程中是有成本的，特别是在一些本不适合政府配置资源的领域，让市场配置资源，质量和效率会更高。另一方面，政府的能力亦是有限的，城乡一体化文化建设大格局的建构需要企业、公民和社会组织等主体的共同参与。

总之，民众自发与政府自觉而成的"一体两翼、合力推进"格局，其目的在于充分发挥社会的最大潜力和政府的调控力量，形成多元共治的网络化治理格局，应该成为推动城乡文化一体化新格局建设的必要选择。民众力量和政府有为这两方面中任何一方的缺失，都将造成单翼状态，不管是政府还是民众，无论哪一方独自承担经济社会建设的重任，都会造成或者因垄断而缺乏活力，或者因市场无序竞争而浪费社会资源，难以达到公平与效率的最佳统一。

### （四）开放制度空间，引入多元主体共同参与

从理论上说，政府并不天然是公共产品与公共服务的唯一提供者，"没有任何逻辑理由证明公共服务必须由政府官僚机构来提供"。[①] 在财政投入总量的条件约束下，政府为全体社会公民所提供

---

① ［美］E. S. 萨瓦斯：《民营化与公私部门的伙伴关系》，周志忍等译，中国人民大学出版社 2001 年版，第 298 页。

的公共文化服务难以实现帕累托最优。在公共文化服务非均等化的现实格局下，要实现公共文化服务的帕累托最优，还必须借助政府以外的各种社会力量，通过多元化的服务主体来进行公共文化服务的帕累托改进。因此，实现公共文化服务均等化，必须先打破过去政府的"大包大揽"模式，在增加公共财政投入、鼓励社会参与的同时，按照市场取向改革和政府职能转变的要求，以全新的理念和方式构建公共文化服务体系，保障人民群众的基本文化权益。

具体而言，一方面，进一步完善支持公共文化服务的生产供给相关经济政策和引导机制，对社会力量举办的公益文化项目在融资、用地、税费等方面给予优惠。同时，放宽、降低公益性文化事业的准入门槛，鼓励和支持民间资本进入公益性文化领域，拓宽支持公益性文化事业建设的途径，努力形成资金来源多渠道、投资方式多元化的新格局，逐步形成以政府投入为主、社会力量积极参与的公共文化服务投入保障机制。另一方面，培育包括社会团体、行业组织、社会中介组织、志愿团体等在内的各类社会组织，发挥它们在基本公共文化服务需求表达、基本公共文化服务提供方面的作用。

## （五）改革财税制度，构建财政与税收支撑体系，促使地方财权与事权相匹配

财政、税收是国家调控经济的重要杠杆，体现中央与地方，国家与集体、个人的利益关系。我国城乡二元结构的形成，从制度层面分析原因，与国家集权型财税体制密切相关。由于在税收和政策支持方面，对农业、农村和农民相对缺少保护与支持，使其难以与城市工业及其他产业协调发展。加之城乡统筹发展是项长期、系统的工程，需要大量资金源源不断地投向农村，仅靠农村内部的积累是远远不够的，且资金不足又是城乡统筹发展的主要障碍。为此，推进城乡文化一体化发展的实现，改革和完善相应的财税体制是不容轻视的制度再选择过程。

事实上，要真正发挥县域社会在促进城乡文化一体化发展中的

中枢作用，首先就需要全面理顺中央与地方的事权关系，明确中央和地方各自的职责范围，建立符合这种事权划分的财税体制。

另外，由于财政是政府财力分配的总枢纽，财政政策在城乡经济社会统筹发展中肩负着重要使命，并具有关键性的作用。要实现城乡经济社会协调发展，必须围绕基本公共文化服务均等化这一核心主题，在城乡之间，尤其在直接承担着提供公共文化服务的各级政府之间建立一个财权与事权相匹配的财税体制。

进一步研究发现，财政投入结构对城乡公共文化服务均等化具有明确的导向性作用。推进城乡文化一体化发展，首先，要在清晰界定各级政府职能边界的前提下，明确分配各级政府的公共文化服务财政投入责任。具体地讲，在处理中央与地方财政关系上，一方面要遵循财权与事权相符原则，让直接面向社会公众、承担主要服务责任的基层政府具有与事权相符的财政能力；另一方面，建立规范的转移支付制度，使财政资金在城乡和地区之间进行合理的分配，强化欠发达地区政府开展公共服务的财力，使中央及各级财政投入向经济欠发达地区和边远山区倾斜，逐步缩小地区之间公共文化服务的差距。其次，加大财政资金投入力度，实现各级政府的财政支出从以促进经济增长为核心转向以提高社会公共服务水平为重点，坚持把社会效益放在首位，坚持社会效益和经济效益有机统一。同时，坚持以服务民生为投入导向，把公共财政资金更多投入到公共服务领域，为民生创造公平、公正的发展条件，体现文化发展为了人民、文化发展依靠人民、文化发展成果由人民共享。最后，合理确定不同种类公共文化服务之间的财政投入结构，加强公共文化服务中"软"的方面投入，充实公共文化服务内容。总体来说，就是建立"城乡和地区均衡、经济发展和社会公共服务均衡、不同种类社会性文化服务均衡"三个层次的公共财政投入结构，为公共文化服务均等化建立稳固的财政基础。

此外，在建立健全财税制度过程中，针对当前城乡文化发展的现状，另一个重要方面是要加大财政转移支付力度，把建设城乡统筹发展中农村社会公共文化产品的投入从主要由农民负担转变为由公共财政承担,特别是加大对农村义务教育、广播电视文化等公共事业的投入。同时,要不断加大对农村金融机构的改革力度,为农村文化发展提供资金支持。要制定和落实促进农村文化经济发展的优惠政策,鼓励社会力量与时俱进地兴办各种文化公益事业,加快农村文化产业的开发,促进文化与生产力的统一发展。

### (六)建构公共文化服务绩效评估体制

责任的落实需要以经济投入作为财力保障,但责任的落实程度以及实施效果则依赖于一套完整的绩效评估体制。由于公共文化服务的提供在一些地方政府的政策议题中没有受到应有的重视,且经济发展程度存在差异,公共文化服务在各地表现出良莠不齐的非均等化状态。同时,受政府传统的行政逻辑影响,对公共文化服务仍重"投入"轻"产出",以"管理逻辑"替代"治理逻辑",以"行政逻辑"替代"服务逻辑"。换言之,各地政府对公共文化服务既缺乏经济投入的动力,也缺乏责任考核的压力。为此,构建完整的公共文化服务绩效评估机制,把公共文化服务作为各级政府的考核项目,以公共文化服务水平作为评价各级政府工作绩效的重要指标,需要打破长期以来一切向经济GDP看齐、以经济GDP作为唯一考核指标的格局,通过文化GDP的考量来提高各地政府的文化服务动力。具体运作机制就是,通过建构公共文化服务绩效评估体制与评估指标体系,及时追踪公共文化服务的供给状态,有针对性地对公共文化服务的发展问题予以解决,并对公共文化服务的责任进行细化,进一步优化公共文化服务资源配置,提高公共文化服务供给能力和服务质量。

### 三、微观层面上的机制创新

首先,以社区公共参与为价值统领,以城市社区、农村社区为载体，建构公共文化服务发展的微观机制。

社区作为社会的缩影、最基层的社会细胞，是在我国由传统社会向现代社会转型过程中，在以社区体制取代单位体制的演变过程中逐步形成的。社区的存在使社会民众实现"单位人"向"社区人"的转变，相应地，众多的社会管理职能也回归到社区组织。因此，作为聚集在一定地域范围内的人们所组成的社会生活共同体，社区不仅是社情民意、社会基层各种矛盾和问题反映比较集中的地方，而且也为市场经济发展所形成的"原子化"的公民提供了一个可以重新融入社会、参与公共生活、构建公共领域的精神家园，因此，社区是公民哺育和营造文明、和谐的人际关系，激励奋发向上和安居乐业的摇篮。这样，在每一个个体都具有一定情感归宿的基础上，根据公共文化服务的公共性和地域性特征，可以以公民所居住的农村社区或城市社区为载体，以社区为服务链接点，为公民提供可触及、易获取、可享用的公共文化服务。需要明确的是，社区作为一个区别于"单位"的新型公民公共生活空间，是公民重新融入社会的重要实践领域，社区生活应该由社区居民共同创造，社区公共文化服务的供给也应该以公民的广泛自主参与为价值引领，积极为公民营造一个开放、和谐的公共文化生活参与环境。

在加速推进城市化的今天，农村社区与城市社区开始变得界限模糊，尤其是随着进城务工人员的不断增多，"新市民"群体的不断壮大，在解决阶层间公共文化服务"序差结构"之非均等化问题方面，城市社区应发挥关键作用。城市社区要有针对性地举办各种文化活动，激发农民工的兴趣和参与热情，改变农民工文化交往的封闭性，促进农民工逐步融入城市社区生活。

其次，以信息技术发展为契机，以新媒体崛起为中介，创造城乡公共文化服务的新型联络与消费渠道。

公共文化服务是保障公民基本文化权益的重要途径之一，依托网络信息技术创新公共文化服务模式是时代发展的必然趋势。在知识经济时代，针对社会公众多元化需求和个性化发展，被动服务和

## 第八章 推进城乡文化一体化发展的制度设计

封闭式服务方式已远远不能满足公众的多元需求。因此，必须依托网络信息技术在服务理念、服务内容、服务范围、服务方式和手段等方面进行全面的改进和创新。

中国互联网络信息中心（CNNIC）2018年8月发布的《中国互联网络发展状况统计报告》显示，截至2018年6月底，中国网民规模达到8.02亿，较2017年底增长3.8%，手机网民规模达7.88亿，网民通过手机接入互联网的比例高达98.3%。同时，在线政务服务用户规模达到4.70亿，占总体网民的58.6%，有42.1%的网民通过支付宝或微信城市服务平台获得政务服务。[1] 新时代背景下，政府应以敏锐的眼光洞察这一庞大的网民群体在公共文化服务提供中的作用，应以新兴网络信息技术为契机，以各种新媒体为中介，把遍及全社会每一个角落的电子信息设备作为提供公共文化服务的"微链接点"或"微接收端"，提供大众化、易于传播的公共文化信息服务，弥补因空间距离或时间距离而造成的公共文化服务非均等化之不足。通过网络信息技术将各种文化信息资源电子化，并对不同区域内的公共文化资源进行整合，政府可以借此消弭文化资源之间的地域鸿沟，这样不仅便于公民异地获取相关资源及实现资源的实时、准确流通和传递，还可以实现不同区域、不同领域的文化资源共享，从而增加文化资源的总量，更增加多元化文化资源的使用率。此外，政府还应积极采用各种现代科学技术，降低公民获取公共文化资源的成本、提高公共文化服务的效率。这方面广东省一直走在全国前列，早在2011年深圳市就推出"自助图书馆"服务，这是一个集办证、借书、预借、还书、查询等多功能为一体的"城市街区24小时自助图书馆系统"，极大地方便了市民的图书文化阅读，被社会誉为"永不关闭的图书馆"。

---

[1] 《中国互联网络发展状况统计报告》（2018年8月20日），中国互联网络信息中心网站，http://www.cnnic.net.cn/gywm/xwzx/rdxw/20172017_7047/201808/t20180820_70486.htm，最后浏览日期：2020年6月14日。

最后，以城乡公共文化服务重心下移、财力上移为突破口，提升城乡公共文化服务资源的配置层级，着力推进不同层级公共文化服务的均等化进程。

前面已提及，我国地方各级政府财权与事权存在着严重脱节的事实，不仅造成地方在公共文化服务提供过程中的财力尴尬局面，挫伤公共文化服务供给的积极性，同时也进一步加剧因地方经济实力差异而形成的巨大公共文化服务"地域鸿沟"等各种非均等化现象。就整体而言，公共文化服务呈现出阶层间巨大的"序差结构"之非均等化现实，尤其是部分基层人民群众所享受的公共文化服务状态不能令人满意。因此，重建公共文化服务均等化体系的着力点，一个在资金的配置上，另一个在资金的投向上。

就资金配置而言，采取重走老路，猛然回到"分税制"改革前的中央地方财政"弱干强枝"状态已不现实，相反，尊重现有的财税体制结构，走相反的道路或许能够峰回路转，即进一步把文化财政资金上移，提升公共文化服务的配置层级，保证文化资金的有效、公平分配。这样，在财力上移的情况下，资金运作采取服务购买的方式实现公共文化服务供给，即中央政府或省级政府作为服务购买方，向包括地方政府尤其是基层政府在内的多元文化服务生产主体进行服务采购，从而在不削弱地方政府公共文化服务责任的前提下，保证地方政府必须以高质量、高水平、包容性强的公共文化服务来获得资金支持，同时也因为社会力量的参与而能提供多元化、个性化的公共文化服务。

在资金投向方面，针对目前公共文化服务"倒金字塔"（底层弱，上层强）的非均等化现实，要把资金重点投向基层社会，从而推进不同层级公共文化服务的均等化。从长远看，基层社会构成我国社会的发展基础，但一直以来，从某种程度上说，我国也存在着一定的"阶层固化"现象，在一些地方，占人口绝大多数的社会底层由于缺乏公平的发展机会和经济基础，难以向上层社会顺畅地流动，近年来出现的"农民工二代""贫二代""富二代""官二代"

"垄二代"（全家几代人都在国有垄断企业）的名词和现象，便是这些阶层固化现象的真实写照。因此，要破解这方面的社会难题，首先必须从起点处做文章。在公共文化服务领域，资金对基层社会的重点投入，不仅是为弥补历史所欠下的"文化账"，同时也是为底层的发展提供均等化的文化资源和发展机会，为底层向上流动创造基本的物质文化条件，为社会实现包容性发展创造可持续性的社会基础。

# 第九章

# 推进城乡文化一体化发展的政策创新

## 一、政策创新的基本原则

公共文化服务的发展受现实各种客观条件限制，但仍需以这些客观现实条件为依托，借助原有的体制条件"存量"不断争取新元素、新力量、新愿望的"增量"，以求对公共文化服务体系进行重构，实现建构真正的包容性公共文化服务的目标。针对当前我国公共文化服务均等化存在的诸多问题，在对现实进行深刻分析，进一步厘清制约公共文化服务非均等化的现实桎梏情况下，要尊重中国国情，以实现包容性公共文化服务为价值引导，采取相应措施，统筹规划，合理布局，重构公共文化服务均等化体系的发展之道。为了逐步建立"结构合理、发展平衡、网络健全、产品丰富、运营高效、服务优质、覆盖全社会"的公共文化服务体系，以下一些原则必须得到遵循。

### （一）普惠型以及与国力发展相适应原则

公民文化权利的内涵在于每个公民在获取公共文化资源、享受文化服务时，享有获得服务机会的公平，服务内容、质量和服务过程的公平。作为实践公民文化权利的公共文化服务供给就必然要遵循普惠型的发展原则，且必须成为提供公共文化服务的首要原则，即不仅要无差别地向社会成员普遍提供公共文化产品和服务，同时，服务的对象必然是全体社会成员，或者说服务必须惠及全民，既要包括城市、中心发达地区的居民，也要包括农村、边远落后地区的居民，不分地域、性别、年龄、身份，都可以无差别地享有所有的公共文化服务。但是，应该明确的是，普惠型的公共文化服务并非整体划一、绝对均等，而是在尊重公民文化选择、地区文化传统的基础上，向全体社会公民提供没有偏见、没有歧视的均等化的服务。另外，普惠型的公共文化服务应该以实际国情、国力为根基，与国民经济发展水平相适应。滞后于经济发展阶段的公共文化服务建设折射了一些地方政府的短视，事实上也是对公民基本文化权利的漠视与侵犯；而超越经济发展阶段的公共文化服务建设则是一种超越公民实际需求的浪费，势必对经济的持续良性发展形成障碍和影响，同时也反映出政府的理念偏差和行为失误。

### (二) 需求导向原则

构建包容性的城乡公共文化服务体系，必须以广大人民群众的需要为"第一信号"，使文化活动形式与群众的生产和生活相适应，与群众的接受能力相适应。把思想道德教育、普及科技文化知识等有机地融入各种文化活动中，以丰富的内涵、健康的格调开展群众性的思想道德建设，促进群众文化素质的提高。人民群众是公共文化服务的需求主体，同时也是公共文化服务存在和发展的基础和动力。公共文化服务供给必须以人为本、贴近实际、贴近生活、贴近群众，切实把保障和维护公民的文化权利、满足人民精神文化需求作为公共文化服务的出发点和落脚点，时时关注民生、反映民意，提供多样化的、丰富多彩的文化产品和服务。

### (三) 公共参与原则

参与公共事务是现代民主政治制度下公民的基本权利。公民对文化事务的广泛积极参与，既是现代民主精神的体现，更是公民文化权利的重要表现。因此，开展公共文化服务还应遵循公共参与的原则，即在公共文化服务体系的建构中，政府有责任保障公民能够充分地参与公共文化产品生产、服务提供的各个环节。2005年《国家"十一五"时期文化发展规划纲要》就曾明确提出公共文化服务"政府主办、社会参与、功能互补、运转协调"的基本原则，主张公民要积极参与文化发展事务。中共十七届六中全会通过的《中共中央关于深化文化体制改革推动社会主义文化大发展大繁荣若干重大问题的决定》也开宗明义指出，"人民是推动社会主义文化大发展大繁荣最深厚的力量源泉"。2017年印发实施的《国家"十三五"时期文化发展改革规划纲要》进一步明确指出，要"创新公共文化服务运行机制。鼓励社会组织和企业参与公共文化设施运营和产品服务供给"。这些都深刻阐释了人民大众在文化建设中的重要地位和作用，科学揭示了人民是发展先进文化的根本依靠力量，唯有把人民的积极性调动起来，让他们真正参与到文化建设的具体实践中，文化事业才能有根基、有活力。

坚持公共参与原则，不仅可以弥补政府在公共文化服务过程中的一些不足，真正做到公共文化服务以公民的文化服务需求为导向，避免公共文化服务因政府的"一厢情愿"造成供需结构的失衡，引起政府服务供给与公民的实际需求南辕北辙。从社会融合角度看，公民的积极参与还可以增强其归属感和责任感，培养公民的现代公民意识，树立文化权利主人翁意识，形成文化认同感和凝聚力，从而更有效地调动公民参与公共生活的积极性，进一步激发其无限的文化创造力，为文化的可持续发展做出贡献。

### （四）公私合作生产原则

公共文化服务发展是所有国民的事业，在公共财政对公共文化服务供给责无旁贷但总体财力有限的情况下，引入除政府以外的服务生产与供给主体是明智之举。况且，"当市场经济已经成为一种基本的经济制度时，不仅文化产业必须围绕市场的优势和缺陷发挥自身的功能，而且具有公益性质的公共文化事业也要围绕市场的优势和缺陷发挥自身的功能"。①"一个适应现代市场经济发展要求的公共文化服务体系的核心精神应该是，政府退出公共文化产品'垄断性的生产和提供者'的地位，创造各种体制条件、政策条件、社会条件，保证文化产品和服务能够有效提供。"② 事实上由于部分公共文化产品或服务生产和供应的"可分割性"，政府在承担公共文化服务的责任时，并非必然意味着政府对公共文化产品和服务进行直接生产。对于这部分公共文化服务的供给，政府可以与私人部门合作，或者政府作为服务"购买者"以及"安排者"角色采取服务合同、联合服务协定、政府间服务转移等形式，以及合同承包、特许经营、委托、补助、出售、放松规制等方式，加快公共文化服务市场化与社会化改革进程，由市场对公共文化服务进行生产和供应，激发社会在提供公共文化服务发展方面的力量，这样可以发挥市场的资源配置效率，降低政府的服务成本。

## 二、政策创新的基本经验

### （一）城乡文化一体化发展的前提在于对城乡文化资源的有效整合

资源分割始终是阻碍城乡之间公共文化服务有效供给的关键因素，甚至可以说，建设城乡公共文化服务体系的实质就是文化资源的重新优化配置、合理流动和充分利用，实现构架科学、运行良好、保障有力、供给丰富、服务完善的综合目标，以满足群众日益增长的文化需求。2012年7月，我们对正在申请创建国家级公共文化服务示范区（项目）的多个单位进行实地调研时，大部分文化工作者都反映：不仅不同文化资源在同一区域内得不到有效整合（主

---

① 陈立旭：《以全新理念建设公共文化服务体系：基于浙江实践经验的研究》，《浙江社会科学》2008年第9期，第2—9页。
② 李景源、陈威等主编：《中国公共文化服务发展报告（2009）》，社会科学文献出版社2009年版，第39页。

要由政府职能界限所致，各文化事业单位各自为政），甚至同类文化资源在同一区域内也难以被有效整合，更不用说不同区域之间同类文化资源或者不同种类文化资源的整合问题。例如，在衡阳市博物馆举行的一次座谈会上，时任衡阳市博物馆馆长蒋星星就举例说：同是属于国家的文化资源，为了满足人民群众了解恐龙知识的需求，为什么我们馆从云南自贡引进恐龙举办恐龙展览时，还需要向自贡博物馆支付高额的"借展费"？他还进一步补充道："我们都是国家的博物馆，都是国家的资源，同是为了公共利益，为什么还要像市场一样进行交易？……我们希望改变馆与馆的关系，将这种经济行为变为文化行为，希望资源能够共享互换。我们思考能不能形成博物馆大联盟，达到一定的标准，就不谈经济谈互换，互换产品，只收运费和保管费，这样我们才能给老百姓提供更多更精彩的文化产品。"①

总结上海市过去和现在的情况以及我们在其他地方调研所获得的认识，基本可以作出这样一个判断，目前城乡之间的各类公共文化服务供给数量并不是不够多，而是难以将它们有效整合，甚至出现资源配置的内卷化、内循环等问题。在新时代背景下，要实现城乡文化一体化发展，要在传统城乡文化发展体制机制上创新，就必然要对既有文化资源进行整合。

从上海市公共文化服务模式创新实践看，其创新主要表现在载体创新和机制创新两个方面，而两个方面的创新都与资源整合密切相关。其中，载体创新就是指上海市借助市民文化节这一全市性的文化项目，把整个上海市各区域、各层次的文化资源整合起来，并在全市进行统一规划、统一调度、统一推进，形成一个面向全体市民的开放性、生活化的文化实践平台，从而有效激发上海市民的文化参与积极性；机制创新主要是指上海市利用市民文化节这一项目平台，通过嵌入机制（文化项目嵌入科层体系、政府嵌入社会）、动员机制（科层动员、社会动员）以及整合抱团机制（体制内资源

---

① 调研人员2012年7月16日在湖南衡阳市博物馆对蒋星星的访谈记录。

整合、行动者抱团,体制外资源整合、行动者抱团),全面动员多元主体参与,发挥各自优势,实现多元化、个性化公共文化服务的生产和供给,从而不仅保障生活于大都市的广大市民能够享受高质量的公共文化服务,也让生活于乡村社会的农民能够享受到与城里人同等的优质公共文化服务。总结经验,我们认为,新时代背景下,要建成城乡文化一体化发展的新格局,对城乡之间文化资源的有效整合是第一位的。

**1. 深度挖掘、系统梳理是激活既有文化资源存量的基础**

无论是在城乡之间进行公共文化服务供给,还是发展文化产业,其实质就是通过激活文化资源所内蕴的"文化基因"以服务社会大众的过程。任何一个区域的文化资源都是在长期的历史发展过程中积淀下来的,由于"文化"本身的内容丰富性和范围广阔性,以"文化"为内核所体现出来的文化资源也是形形色色、千变万化的。既然以既定形式存在的文化资源是公共文化服务得以顺利进行的重要保障,要激活既有的文化资源存量,深度挖掘、系统梳理便是必不可少的重要步骤和方式方法。同样,包容性增长的一个重要前提是资源的充足性,要做到基本公共文化服务的均等化发展,一个重要的工作就是对文化资源的充分挖掘和保护、开发利用,在这个过程中也要做到对文化多样性的尊重。

**2. 加强多元力量互动是扩大文化资源存量的重要手段**

上海交通大学文化产业学专家胡惠林教授认为,所有文化产品(服务)都具有公共性,不管它是由市场所生产还是由政府所生产。[①] 这就决定了在满足公众的公共文化服务需求方面,无论是由政府所占有的文化资源还是由市场商业组织所占有的文化资源,它们都能有效发挥作用。从另外一个角度看,公共文化服务的有效生产和供给依赖于体制内外力量的互动合作,这主要是由政府本身能力的有限性

---

① 胡惠林:《国家文化治理:发展文化产业的新维度》,《学术月刊》2012年第5期,第28—32页。

所决定的,其所能占有和支配的文化资源有限,政府的失灵只能依赖体制外力量来弥补,比如通过购买市场或者社会的资源来补足政府失灵所造成的空缺。我们知道,购买服务是20世纪70年代以来西方国家行政体制改革的主要推动力之一,是新公共管理运动和美国政府再造运动的主要内容。二战以后的实践证明,奉行价值中立、垄断执行体系和自上而下驱动的科层制越来越无法适应社会的发展,因而,奥斯本和盖布勒等学者就一直强调,购买服务必将成为改造官僚制的关键工具。①

要进行体制内外力量互动合作的再一个重要原因在于,与政府单一化、同质化的公共文化服务供给相对应,伴随社会多元化发展而来的是公民日益多元化、个性化的公共文化服务需求。很显然,在这种不对称的供需困境下,体制内力量只能选择与体制外力量的合作与互动,借助多元化的体制外力量来满足公众多元化、个性化的服务需求。现实中,大量承接政府公共服务的(商业或者公益)组织,实际上形成了政府的"影子",它们会根据自身资源优势,在追求其组织目标的同时也服务于多元化的公共利益。这也就印证了王列生教授的观点:现代公共文化服务体系建设命题是现实倒逼力量反向驱动的积极社会后果。②

3. 让文化资源在社会各层面流动起来是整合文化资源的有效形式

"让文化流动起来"是由以王京生为代表的深圳学派最新提出来的观点,其本意在于强调"文化只有在不断的创新、交流中才会有更大的发展"。③ 在本书中,我们认为这里的"创新"和"交流"

---

① [英]戴维·奥斯本、特德·盖布勒:《改革政府:企业家精神如何改革着公共部门》,周敦仁等译,上海译文出版社2006年版。
② 王列生:《论"功能配置"与"公众期待"的对位效应及其满足条件——基于现代公共文化服务体系建设中工具激活的向度》,《江汉学术》2014年第3期,第32—41页。
③ 王京生:《文化是流动的》(2014年8月13日),中国文明网,http://www.wenming.cn/wmzh_pd/sy/201408/t20140813_2116128.shtml,最后浏览日期:2018年7月10日。

主要是指文化要在城乡地理空间上进行"流动",在载体形式上进行"创新",即不同文化资源要在不同地理空间中进行交流和交换,以便让更多、更广的人群都能够接触到、感受到、体验到,同时也要对文化的载体形式进行创新升级,把静态的文化资源转化为动态的文化资源,把"历史"的文化资源变成"当下"的文化资源。从上海市、湖南省等地的公共文化服务模式创新探索实践可以看出,它们之所以在推动城乡文化一体化新格局建设中取得各自的显著成效,除了在最开始时就有效整合各类文化资源,另一个关键因素就在于让这些被整合起来的文化资源在基层"流动"起来了。反过来,也只有让这些文化资源流动起来,才能真正有效实现文化资源的动态整合。

### (二) 城乡文化一体化发展需要依赖多元社会主体的共同参与

"一千个读者就有一千个哈姆雷特。"作为推进城乡文化一体化新格局进程的主导者,各区域地方政府往往会根据自身所面临的客观情况进行模式探索,或是进行小修小补,或是重起炉灶,但无论如何,有关文化建设的主体、文化建设的内容以及生产供给公共文化服务的运作机制,始终是其工作的重要方面。只有紧紧围绕这条主线,才能有效推进城乡文化一体化发展目标的实现。

1. 开放政府文化空间,推动多元社会主体共同参与

在治理全面登场的时代背景下,无论选择什么样的城乡文化发展模式,进行什么样的城乡文化发展模式探索,在具体的路径选择方面,政府要积极开放文化空间,提高自身的可合作性、可参与性,推动多元社会主体共同参与,形成一个合作互动的行动格局,这已经成为一种大趋势。"公共文化治理有效运行的一个关键是多中心文化治理格局的形成,这直接关系到我国公共文化建设的正常开展。"[①] "共

---

① 李少惠:《转型期中国政府公共文化治理研究》,《学术论坛》2013年第1期,第34—38页。

同体的创造总是一个探索的过程,因为意识不可能先于创造,对于未知的体验没有公式可循。因此,一个好的共同体,一个鲜活的文化不仅会营造空间,而且也会积极鼓励所有人乃至所有个体,去协助推进公众所普遍需要的意识的发展。"① 而且,"(只有)企业、社会机构、民间组织、媒体、公民、网民在与政府的良性互动中,(才能)积累起对公共文化生活和公民文化权利的共同认同"。②

2. 建成多元化、个性化的公共文化服务内容体系

随着社会日益走向多元化,以及人们的权利意识的不断觉醒,无论是生活在城市的市民群众还是生活于乡间的农民群体,都对由政府或者社会所提供的公共文化服务提出了越来越高的要求,不仅要求满足自身多元化的需求,更要求满足自身个性化的文化需求。这就决定了无论是以什么样的方式推动公共文化服务模式变迁,变政府的"有选择"为公民的"有选择",为公民提供多元化、个性化的公共文化服务需求始终是不应忽视的根本初衷。

另外,当下中国社会,民间不缺乏文艺人才,缺乏的是可以让老百姓充分展示自我的舞台和平台。公共文化服务的本质或许就在于为老百姓提供一个开放、没有等级之分、没有高下之别的创作、展示与参与平台。又或者说,城乡文化建设的本质就在于,通过提供一系列开放、免费的平台、公共空间(舞台),用正确的方式进行"引导",以此来有效激发老百姓无穷的智慧,激活老百姓展示自我、服务自我、教育自我的激情。

3. 建成权力共享、合作互动的网络化运作机制,让公民对文化"有参与"

哈佛大学的约翰·D.多纳休(John D. Donahue)和理查德·J.泽克豪泽(Richard J. Zeckhauser)的研究表明,多主体共同治理

---

① [英]雷蒙·威廉斯:《文化与社会:1780—1950》,高晓玲译,吉林出版集团有限责任公司2011年版,第337页。
② 孙浩:《农村公共文化服务有效供给研究》,中国社会科学出版社2012年版,第110页。

的关键是政府与其他主体之间对资源、信息、生产力等的分享，并形成双方的自由裁量权的分享。① 唐纳德·凯特尔（Donald F. Kettl）也发现在联邦政府购买服务过程中，权力分享是合作的重要基础。② 这就说明，在构建公共文化服务的网络化运作机制方面，政府对于公共服务权力进行分享是必不可少的。本书中，我们通过介绍上海市举办首届市民文化节期间的一系列运作机制，可以发现如此大规模的文化项目能够顺利运行，并取得客观实效，与整个活动对"治理"的价值运用和技术运用有关。比如，通过"举手办节"与"牵手办节"的权力共享机制，吸引社会力量广泛参与。另一个更有说服力的证据是：上海在成功举办了两届市民文化节之后，对2015年市民文化节的运作主体作了重大改变，即由原来的以"各文化单位"为主变为"市民文化协会"为主，并强调要"通过购买服务，着力发挥上海市民文化协会运作市民文化节、服务社会主体的核心作用"，③ 形成一种多元共治的文化治理格局。

我们早在2012年深入江西、湖南等地调研时就发现，工作在一线的文化工作者都有深刻体会："文化繁荣的根本动力来自广泛的文化参与，来自广大人民群众积极参与到文化事业的发展中来，在于各种社会主体对自身特色文化的继承、发扬，达到各美其美、各尽其能、各得其所的境地。"④

事实上，在城乡文化建设领域，通过推动多元社会力量参与文

---

① Donahue, John D., and Richard J. Zeckhauser. *Collaborative Governance: Private Roles for Public Goals in Turbulent Times*. Princeton University Press. 2011.

② Kettl, D. *Sharing Power: Public Governance and Private Markets*. The Brookings Institution Press. 1993.

③ 上海市文化广播影视管理局：《2015年上海市民文化节实施方案》。事实上，2014年7月我们对负责市民文化节总体协调统筹工作的相关负责人进行访谈时，一位领导就已经提到，市里相关部门准备在原市民文化节指导委员会这一组织架构基础上成立"市民文化协会"，实行会员制管理，原来指导委员会的成员（主要是政府内部各职能部门）不变，同时广泛吸纳社会上各企事业团体加入，致力于推动上海市文化事业的全面发展。这一想法虽然不新鲜（在国外早有各种"文化发展基金"），但在中国这样的作为可以算是中国文化体制改革的一个大事件，更是文化体制改革的一个大跨步！

④ 摘自2012年7月12日在赣州市文化局对基层工作者的访谈记录。

化建设是新时代不可回避甚至是唯一明智的选择。毫无疑问，2015年5月，由国务院转发文化部等部门制定的《关于做好政府向社会力量购买公共文化服务工作意见》，就是政府对这一时代发展趋势所做出的创新选择。该意见明确："到2020年，在全国基本建立比较完善的政府向社会力量购买公共文化服务体系，形成与经济社会发展水平相适应、与人民群众精神文化和体育健身需求相符合的公共文化资源配置机制和供给机制，社会力量参与和提供公共文化服务的氛围更加浓厚，公共文化服务内容日益丰富，公共文化服务质量和效率显著提高。"①

**（三）城乡文化一体化建设应以保障公民文化权利为根本价值导向**

自2011年中共中央提出推动文化大繁荣大发展的文化强国战略以来，全国各地都在大张旗鼓地开展文化建设。但是，在不能真正深刻认识文化发展本身的深层价值的情况下，一些地方政府或者相关文化官员为了在这场"新文化运动"中不落后于其他地区，更是为了"对上负责"，既不顾自身实际，又不顾文化本身的发展规律，不问"青红皂白"地"大干""特干"，造成忽视本地居民（市民）的真实文化需求，忽略他们对公共文化服务的选择权、参与权和创造权的情况，结果便是千篇一律的文化政绩工程拔地而起，与公共文化服务的初衷背道而驰。同样，由于对公共文化服务体系认识的偏差，更容易使人简单地把公共文化服务"模式化""绩效化"为给市民、农民工等演出几场戏，放几场电影，建几个文化馆（站、活动中心）等形式主义"工程"。

在1966年通过的《经济、社会与文化权利国际公约》中，公民文化权利的主要内容包含三个方面：享受文化成果、参与文化生

---

① 国务院办公厅《关于做好政府向社会力量购买公共文化服务工作意见》，国办发〔2015〕37号。

活、参与文化创造。这是所有公民对于权利的共同期许,而且整体而言,这三个方面的权利内容是依次递进的。只是这三个方面的权利是否在不同空间范围内都能同等地实现,或者说如何让具有千差万别的个体在同一时空背景下获得个性化的权利满足?这值得进一步探究。

在理论研究过程中,我们曾经在法国学者亨利·勒菲弗的《空间与政治》一书中关于"权利(进入都市的权利、差异的权利)"①的相关观点基础上,结合中国实际作了进一步阐述,认为当下中国的权利不在于观念而在于实践,在城市文化领域,这种"实践"展现为三个发展阶段:首先是进入的权利,其次是平等的权利,最后是差异(多样化)的权利,其过程表现在流动性和再生产性。因此,围绕公民的这些权利内容体系,我们认为,无论是构建现代公共文化服务体系,还是推进城乡文化一体化发展,其根本的价值取向就在于如何有效保障公民的这些具有层次性递进式权利内容的逐步实现。

1. 推进城乡文化一体化,保障公民"进入的权利"

"进入都市的权利,意味着建立或者重建一种时间和空间的统一性、一种取代了分割的联合体。"② 城乡文化一体化就是指在一个行政区域内,城乡文化事业统筹规划、协调发展、资源共享、共同繁荣,不论城市居民还是农村居民,基本享有同样的文化权益,从而在时间和空间上形成一个"联合体"。"城乡文化一体化"建设是贯彻落实新发展理念、统筹城乡发展的重要举措,是我国城市化进程中打破城乡文化二元结构,逐步弥合城乡文化发展鸿沟,实现城乡文化共建共享和一体化发展的重要途径。因此,新型城镇化发展战略背景下,通过推动城乡文化一体化,加快文化资源流动,增加农村文化服务总量供给,缩小城乡文化发展差距,让生活在农村地

---

① [法]亨利·勒菲弗:《空间与政治》,李春译,上海人民出版社2008年版,第1页。
② 同上书,第17页。

区的广大农民能够便捷地进入城市生活体系，融入城市文化生活、人文环境，从而降低外来人口融入城市的各种成本，这无疑是公共文化服务模式创新最根本的目的所在，也是进行公共文化服务模式创新的重要一步。

2. 推进基本公共文化服务均等化，保障公民"平等的权利"

所谓基本公共文化服务均等化，是指"在公平原则和社会文化平均水平的前提下，在尊重文化自由选择权的基础上，对所有公民的文化需求提供均等的产品与服务"。① 基本公共文化服务均等化内涵一般包括两个方面：一方面，均等化不是指绝对的平均主义和单纯的等额分配，而是在强调城乡、区域、居民之间对公共文化产品具有均等的享有机会的前提下，通过有效的制度安排，实现各地人民享有公共文化的基本权利和公共文化服务的帕累托改进。另一方面，均等化并不是抹杀人们的需求偏好，强制性地让人们接受等样等量的公共文化产品，而是在尊重人们自由选择权和需求差异的基础上，满足人们的多种文化需求。由此可以看出，在创新公共文化服务模式过程中，通过推动基本公共文化服务的均等化，无疑能有效保障公民在"进入的权利"得到有效保障之后，其受到平等对待的权利也能得到关注。

3. 推进城乡文化多元化发展，保障公民"差异化的权利"

学者伊冯·唐德斯在其《文化多样性和人权能够相匹配吗?》一书中指出，在人权框架下，文化权利对于促进和保存文化的多样性具有十分重要的作用，而文化多样性的存在则是保障不同人群自身权利的重要基础。② 我们认为，在认同普遍的"平等的权利"基础上（这是一个必不可少的前提）意识到公民文化权利的差异性，

---

① 边继云：《河北省城乡公共文化均等化存在问题及产生原因》，《河北科技师范学院学报》（社会科学版）2009年第4期，第58—61页。

② Yvonne Donders, *Do cultural diversity and human rights make a good match? Cultural diversity and human rights*. Published by Blackwell Publishing Ltd., 2010, pp.15-35.

并对这种差异性有一定的认同,就不会影响对普遍的"平等的权利"的认同,因为"差异的权利"作为普遍的"公民权利"的存在,可以把各种不同个性、不同特征、不同阶层、不同文化背景的公民整合进相应的群体和社会行动中,从而能够更好地争取"差异身份"的"差异权利",这样反而更能保障多元文化权利的实现。这种"差异权利"不是制造一种新的社会不公,而是对原先就已经存在的社会不公的一种"矫正"。

随着全球化的发展和社会产品及财富的不断积累,人们的需求也在从最低级的生理需求到最高级的自我实现需求间不断升级,个性化、差异化的权利需求也就成了人们需求升级过程中的一种必然的需求模式。围绕公共文化服务,伴随人民权利意识的普遍觉醒,以及生活水平的提高,多元化、个性化的公共文化服务需求自然也被提上日程,保证自身差异的权利需求得到满足也就具有现实合理性。因而,在进行公共文化服务模式创新时,政府不仅应该承担主要责任,还应同时发挥其他主体的作用,充分利用和调动市场和社会文化资源,形成理性竞争、多元互补的公共文化服务供给体系,实现公共文化服务多元化、社会化,保证公民差异化的公共文化权利。

## 三、政策创新的路径选择

城乡文化一体化建设,就是指在一个特定的行政区域内,把城乡文化发展作为一个整体统筹规划,促进城乡文化资源和文化生产要素自由流动,相互协作,共同发展,共同繁荣,让城市居民和乡村百姓共享人类文明发展成果,平等实现公民基本文化权益的过程。为了引领并顺应统筹城乡发展趋势,继党的十七届五中全会提出"实现城乡基本公共文化服务均等化"的命题和任务后,党的十七届六中全会深刻阐述了加快城乡文化一体化发展的重要性,并强调指出:"增加农村文化服务总量,缩小城乡文化发展差距,对推进社会主义新农村建设、形成城乡经济社会发展一体化新格局具有重大意义。"其后,文化与政治、经济、社会和生态一起,在党的十八大和十八届三中全会上,被以一个整体的形式加以强调。党的十八大报告作出部署,要求加快完善城乡发展一体化体制机制,着力在城乡规划、基础设施、公共服务等方面推进一体化,促进城乡要素平等交换和公共资源均衡配置。十八届三中全会进一步阐明了城乡二元结构是制约城乡发展一体化的主要障碍,必须健全体制机制,并强调要在城乡之间"形成以工促农、以城带乡、工农互惠、城乡一体的新型工农城乡关系,让广大农民平等参与现代化进程,共同分享现代化成果"。在中共十九大报告中,习近平指出,要"推动文化事业和文化产业发展。满足人民过上美好生活的新期待,必须提供丰富的精神食粮。要深化文化体制改革,完善文化管理体制,加快构建把社会效益放在首位、社会效益和经济效益相统一的体制机制"。

诚然,近几年,各级政府不断增加了对农村文化建设的投入,并制定出台了一系列政策措施,同时在推进城乡文化一体化进程方面进行了各种努力和尝试,在体制机制上进行了不同程度的改革和创新,使得农村的文化建设有了较大的发展,但城乡文化发展差距大的问题并未得到真正改善,城乡文化一体化建设仍面临着一系列问题:重城市文化建设、轻农村文化建设的总体趋势依然没有多大改变;绝大多数财政资源被"截留"在城市文化建设中,而"滴漏"到基层乡村文化建设的资金只占少数的总体格局没有得到及时调整;用代表着工业文明和现代文明的城市文化去"抢占"那些"残留"着落后文化或传统迷信文化现象的农村文化阵地,依然是当前推进城乡文化一体化进程的惯性思维;受陈旧的文化管理体制机制影响,行政逻辑主导下通过各种科层体系"送"下乡的文化供给,依然存在与老百姓真实文化需求相脱节的尴尬。此外,寄托着社会各方情感关怀的爱心文化建设资源,却因得不到有效整合而各自为政,导致杯水车薪,终究难解文化贫困之渴。

## 第九章　推进城乡文化一体化发展的政策创新

结合当前我国推进城乡文化一体化发展所面临的各种难题和障碍，在新型城镇化发展战略的要求下，有效推进城乡文化一体化发展进程，需要我们做好以下五个方面的工作。

第一，调整当前以中心城市为核心的财政资源配置格局，把重心转移到县域社会，并让县级城市的文化阵地成为推动城乡文化一体化发展的主战场。

一方面，在推动城乡文化一体化发展的链条上，连接着中心城市和广大乡村地区的是一个个县城，它既是中心城市现代文化流入广大乡村地区的"前哨"，也是乡土文化走向城市的"传送带"。正如前文所述，作为基层政府，尤其相对于乡一级政府而言，县级政府不仅具有相对完整的财税权，更有相对自主的财政支配权。因此，作为一个县域社会的政治、经济和文化中心，在经济发展水平有限的条件下，县城所在地作为中心城镇，在推进城乡文化一体化发展过程中具有得天独厚的"服务距离"优势。另一方面，相关统计数据显示，我国2017年的城镇化率为58.52%，① 这意味着目前我国仍然有相当多的人口生活在县域社会这一区域。在有巨大历史欠账的情况下，应该根据分步骤、按阶段推进的发展原则，根据县城中心城镇在城乡文化一体化发展中的地缘优势，通过调整当前以中心城市为核心的财政配置格局，把更多的文化建设资金投向县域社会，尤其重点投入到县城一级，让县城文化阵地成为当前推动城乡文化一体化发展的主战场。同时，以县城中心城镇的文化建设为杠杆，充分发挥县城中心城镇作为文化阵地的辐射作用和示范作用，撬动广大农村社会的文化建设工作，这不仅具有可能性，而且具有必要性。

第二，加大对乡村社会各类文化资源的普查、登记、整理、开发力度，发掘乡村社会文化大发展、大繁荣的内在资本，增强乡村

---

① 《中国统计年鉴2018》，表2-1"人口数及构成"，国家统计局网站，http://www.stats.gov.cn/tjsj/ndsj/2018/indexch.htm，最后浏览日期：2020年6月14日。

社会的文化吸引力和文化创造力。

城乡文化一体化的本质涵义包含着这样一层意思,即城乡文化一体化的进程是双向的,是城市文化与乡土文化之间的相互融合、相互吸引、相互促进。然而,在当前推进的城乡文化一体化发展实践中,尤其在推进城乡公共文化服务一体化实践时,由于受既有文化管理体制的影响和束缚,在科层制的官僚结构中,政策的执行往往是"自上而下"地运行。处于权力结构最底端的乡村社会,其文化工作者在执行公共文化服务政策和推进城乡文化一体化发展战略时,自然表现出一种"等、靠、要"的思维惯性,秉承只有来自上级政府所"配送"的文化资源到达基层政府,他们才能"下厨做饭"的行为逻辑。这种单向度的文化资源流动自然凸显出乡村社会文化资源的贫乏和文化建设工作的落后,进而言之,那些没有得到配送或者配送很少的乡村地区就被各种"知情者"与"不知情者"推论为"文化贫瘠区""文化荒漠区",而"种文化""送文化"的行政逻辑就会越演越烈,其行为也越演越逼真。殊不知,中国几千年的传统文化根基,正是发源于乡土社会,几千年的文化沉淀也正是沉淀在乡间这块土地上。

总而言之,当前的乡村社会并不缺少文化,并不是真正的文化沙漠,相反,中国乡村社会才是实现文化大发展、大繁荣的大后方,是蕴藏多样态文化的大容器。因此,必须对包括各种民间艺人、物质与非物质文化形态(遗产)、静态与动态的文化形式等在内的本土性文化资源进行全面普查、登记,并进行有针对性、有创新性的整合和开发,让各类优秀的民间文化资源和文化形式得以传承和发扬,使其真正成为发展与繁荣农村文化的内在资本,成为活在老百姓心目中,接地气且老百姓喜闻乐见的文化资源。唯有如此,才能真正让"逝去的农村"成为留在农村或者"逃离"农村的人们的情感归宿和"乡愁"指向,才能真正增强乡村社会的文化吸引力和文化创造力。

第三,全面整合"条""块"上的各种项目资源,打造农村文

## 第九章 推进城乡文化一体化发展的政策创新

化建设示范点，发挥典型示范作用，形成由点及面、由面连片效应，逐步提升农村社会文化建设整体水平。

在调研中我们发现，不同地区不同层次的文化工作者都普遍提到一个问题，就是关于资源整合的问题。从调研结果看，可以作这样一个判断，目前的公共文化服务供给并不是不够多，而是做不到有效整合，甚至出现资源的内卷化、内循环等问题。对此问题，前面已有相关论述，在此不再赘述。总而言之，探索文化资源之间的有效整合，实现文化服务部门之间文化资源的互通有无，必将成为未来公共文化服务要面临的一个重要课题。有学者通过研究得出结论，认为项目制已然成为"一种能够将国家从中央到地方的各层级关系以及社会各领域统合起来的治理模式。项目制不仅是一种体制，也是一种能够使体制积极运转起来的机制"。① 暂且不论这种概括是否科学准确，但不可否认的事实是，如今，各种"项目"正每时每刻影响着我们每一个人，更不用说肩负公共服务职能的各级政府部门。就城乡发展而言，曾有学者做过调研指出，当前"与'社会主义新农村建设'有关的项目就多达 94 项，涉及农村经济、社会和文化等方面，关系到中央部一级工作部门共 28 个单位"。② 事实上，在"项目满天飞"的情况下，也存在这样一个问题，即各项目有共同的目标指向，但却大多各自为政，致使由于资源得不到有效整合而达不到规模效应，从而引起效率损失。

在现有的财政供需结构约束条件下，可以通过全面整合来自各"条""块"的资源投入，打包与农村文化建设相关的"项目"资源，发挥规模效应，重点打造一批具有典型意义的农村文化建设示范村（类似于以改善农村贫困地区基础设施状况的"整村推进"项目计划），并通过示范村的典型示范作用，进一步整合社会各方资

---

① 渠敬东：《项目制：一种新的国家治理体制》，《中国社会科学》2012 年第 5 期，第 113—130+207 页。
② 折晓叶、陈婴婴：《项目制的分级运作机制和治理逻辑：对"项目进村"案例的社会学分析》，《中国社会科学》2011 年第 4 期，第 126—148 页。

源，推动更多示范项目的建设和发展，最终形成由点及面、由面连片的联动效应，从而在长时段的建设中整体提升乡村社会文化建设水平。

第四，增加对农村地区流动性文化资源的投入，以时间换取空间，总体上促进城乡文化存量资源的平衡。

文化资源在流动中价值得以体现，也在流动中实现了自身价值的再生产、再创造。城市地区大规模的文化建设起步早、投入多，因而在存量方面相较于农村地区更丰裕，且由于城市的商业运作体系以及快速的市场流动性作用，使得城市地区的文化资源能够在快速流动中实现价值再生产和再创造。然而，农村地区的大规模文化建设由于起步晚、资源投入有限，且长期走在"弯路"上（本土文化资源得不到及时普查、登记、整理和开发），加之农村相对缓慢的信息传播与生产流通体系，使得农村的"流入性"文化存量有限，能够流出的本土文化存量也有限。自然，农村地区的文化资源的价值再生产与再创造也就难以实现。

推动城乡文化一体化发展进程，不仅仅是把大量的资金投入到那些不能有效流动、静态的文化基础设施网络上，还需要增加流动性文化资源的投入和建设，并利用日益成熟、日新月异的各种信息通信技术来装备文化资源和文化服务平台，让文化搭上科技的"翅膀"，飞到偏远农村地区。

简言之，在增加被称为"流动文化站"的文化车投入时，也应该在文化车所送达和传递的文化内容和形式上下足功夫；在增加"流动图书车"投入的同时，也应该为流动图书车多准备一些能够吸引老百姓、贴近老百姓生活实际的图书文化资源；在不断向农村"倾销"文化商品的同时，也应该把城市生活中健康、积极、文明的生活方式传递给乡土社会。另一方面，也应该把经过发掘、整理，带有浓郁乡土气息的那些优秀民间文化资源，利用现代信息技术进行提升和包装，以特定的方式传递给生活在钢筋水泥包裹下的城市居民，让更多的城市人在了解乡土文化的同时，开始理解、接纳并欣赏乡土文化。如此一来，在适应经济社会发展水平的同时，按照循序渐进的原则，通过以时间换取空间的方式，我们可以推进城乡社区文化资源的双向流动，实现文化资源的价值再生产和再创造，逐步促进城乡文化资源的增量与动态平衡。

第五，激活乡土文化资源，弘扬民俗文化特色，加强城乡群众文化的对接，不断增强群众文化的吸引力和感召力，推动城乡公共文化服务多元化。

文化建设不是随大流，文化是把能够体现自身特性、彰显自己个性的东西表达出来，实现"各美其美、美美与共"。① 它不需要达到整齐划一，不需要形式上的一体化，而是强调城市与乡村文化之间的协调发展，是各地根据自身的历史文化传统，通过一定的方式，让各种文化各尽其力、各展其彩、各放其光，最终达到各美其美、美美与共的和谐境地。由于我国地域辽阔，各地在政治、经济、社会、文化等方面千差万别，不可能存在一种"万能"的城乡文化统筹发展模式，更不能做到千篇一律（这本身也有违文化多元性的根本特征）。

作为一种全国皆知，由成都市居民千百年来不断发展、不断完善，代表着成都市民生活方式的"麻将文化"，如果被贴上一个"赌博"标签的"帽子"而简单"遗之草野"的话，那么，也许对成都的地方文化发展来说，就已经失去了一块"瑰宝"，一张真正能体现成都市民风貌、彰显成都特色的"名片"。在成都举行的一个座谈会上，市文化馆负责人坦言："成都人为什么活得很悠闲、轻松？（因为）我们不追求奢侈、豪华、高档，就追求打点小麻将，吃点麻辣烫，这是我们的社会语言，只要这样就感觉到社会很和谐、生活很满足了。……我们不妨从另一个层面去思考这个问题。日常生活是通过一定的仪式表现出来的，打麻将就是这样一个仪

---

① 费孝通：《"美美与共"和人类文明》，《名人传记》（上半月）2009年第8期，第58—65页。

式，这是有利于人与人之间的沟通、认同与理解的。"

在统筹城乡文化建设中，需要各地根据自身实际，因地制宜，充分挖掘本区域所具有的文化资源，借用本区域的文化资源优势来构建本区域的文化发展战略。在城乡文化一体化发展进程中，结合城乡文化发展不平衡、城乡公共文化服务供给"不接地气"的特征与现状，通过激活乡土社会的文化资源、有效传承和弘扬各地方民俗特色文化，同时加强城乡群众文化的对接，让各种群众文化"从群众中来、到群众中去"，进而增强群众文化的吸引力和感召力，最终推动城乡公共文化服务多元化发展，为推进城乡文化一体化发展在塑造一致性的文化认同方面创造条件和奠定基础。

能够理解的是，由于多种因素的共同影响，全国各地方的乡土社会文化资源以及孕育于其中的民俗文化各有特色，充分体现地域性和传承性这两个重要特征。这就是说，生活于一定地域范围内的人们，往往会因为共同的语言、生产生活方式、心理特质而形成一套为大家所共享，且有别于其他地方的文化体系。所谓的"十里不同风、百里不同俗"，或者"百里而异习、千里而殊俗"就是这一特征的真实写照。同时，民俗文化不是一时偶然出现，而是在人们长期的生产生活实践中总结并传承下来，为大家所共同遵守并自觉维护和延续的文化体系。

正是因为民俗文化的这种地域性和传承性特征，一方面，它成为展现地域文化特色的重要载体，充分反映了一定地域范围内政治、经济、社会、文化、生态的客观属性，成为人们认识、解读、分析这个区域的重要途径。另一方面，它还是传承地方社会记忆的核心载体，是人们解读特定地域文化的重要切入口和文化符码。人们可以通过接触、观看、体验这种文化体系，进而建构起对其历史发展的社会记忆。可以说，保护民俗文化，就相当于保护我们的民族之源。弘扬民俗文化特色，就相当于不断刻写、操练、[1] 形塑，

---

[1] 该词引自周海燕：《记忆的政治》，中国发展出版社，2013年版，第17页。

以及固化我们对民族精神与民族智慧的社会记忆。

若把乡村社会与城市社会看成是由具有不同文化资源和文化特色的社区构成,那么,推进城乡文化一体化发展,就是推动社区基于自身文化资源发展出各具特色的文化风格、文化习俗、文化形态,让各个社区在发扬自身文化传统的基础上保持平衡与协调。事实上,有学者指出,真正的社区建设绝不会超出传统的秘诀,它只是简单地回归了人类的社会本性,从"看不见人"的社区走向"看得见人"的社区。① 一定程度而言,这里所说的传统的秘诀,无外乎我们所说的乡土文化秉性、民俗文化特色。同样,有学者也指出,城乡文化一体化发展不是一个空泛的概念,它必然体现在城乡社区文化的建设之中。换言之,"城乡文化一体化发展的实践平台是城乡社区文化建设"。② 于是,社区建设的意义,就在于通过对体现社区特色的民俗文化进行系统的调查、收集、整理、描述、分类引导和推广宣传,对社区居民的态度、认知、价值、意识等方面进行塑造,增强社区居民的文化自信,提升其对社区的认同度,让生活于其间的广大居民在这种身份认同中理解"我们"与"他们"的文化意义,实现对自我的文化公民身份建构,并最终推动社区从传统的功能型社区走向价值型社区。

事实上,党的十八届三中全会提出要构建现代公共文化服务体系,提升公共文化服务能力。在国家大力提倡弘扬优秀传统文化背景下,现代公共文化服务体系的构建,内容方面应与传统文化有机结合,推动社区公共文化服务走向多元化发展。毫无疑问,不人为割裂城乡地域,把城市社会与乡村社会看成是由无数个各具特色又平等共存的社区构成的统一整体,在推进城乡文化建设时,以社区为单位,结合社区文化特色,根据社区文化资源禀赋,推动各个社区公共文化服务的多元化发展,不仅是丰富各社区公共文化服务内

---

① 丁元竹:《滕尼斯的梦想与现实》,《读书》2013 年第 2 期,第 45—54 页。
② 闫平:《城乡文化一体化发展的内涵、重点及对策》,《山东社会科学》2014 年第 11 期,第 141—146 页。

容的重要举措,也是提升公共文化服务能力的重要方面,更是逐步缩小城乡文化差距、推进城乡文化一体化发展的题中之义。

英国学者尼克·史蒂文森指出,公共空间的获取对于自我的发展、社会运动的形成和培养等是至关重要的,因为在这些空间里,现代社会公众的思想、视角和情感可以共享。[①] 在文化领域,公共文化空间不能单纯被理解为公共图书馆、博物馆、群艺馆等公共文化服务馆舍,一座充满历史底蕴并开放的城市亦是公共文化空间。习近平 2014 年 2 月在北京考察时指出,历史文化是城市的灵魂,[②] 要像爱惜自己的生命一样保护好城市历史文化遗产;传承历史文脉,要处理好城市改造开发和历史文化遗产保护利用的关系,切实做到在保护中发展、在发展中保护。因此,我们认为,民俗文化特色作为一种特殊的历史文化遗产,在建设现代化大都市时,不能将其作为历史垃圾随意抛弃,相反,应该将这些蕴含着丰富历史文化底蕴的文化遗存转化为公共文化资源,使之成为联系广大城市居民的一个重要精神纽带,成为大家休闲、娱乐、旅游的公共文化新空间。

---

① [英]尼克·斯蒂文森:《文化与公民身份》,陈志杰译,吉林出版集团有限责任公司 2007 年版,第 7 页。
② 《习近平论中国传统文化:十八大以来重要论述选编》(2014 年 3 月 3 日),人民网,http://theory.people.com.cn/n/2014/0303/c40531-24507951.html,最后浏览日期:2018 年 12 月 20 日。

## 简短的结语

文化的重要性不言而喻。一个社会的文明程度，标志着其生产力发展水平的高低程度，标志着其科学技术的先进程度，更标志着其社会发展的进步程度。对于国家来说，"一个国家能否繁荣，文化是一个重大的决定因素"；① 对于社会来说，它是社会秩序得以维持的心理基础；对于公民个体而言，文化则是一个人的精神食粮，能在精神上锻造人的品格，成就一个公民的基本内核。进入 21 世纪以来，文化的重要性更加凸显，直接标志着我们走入了一个以文化为核心竞争力的新时代。

城乡二元经济结构的形成，是长期实行"一国两策、城乡分治"的体制和政策造成的，要改变城乡二元经济社会格局，应进行一场深刻的体制变革和制度创新。统筹城乡一体化发展，推进城乡文化一体化发展的实现，是新时代中国处理城乡关系的战略决策和重大创新，是 21 世纪国家应对各方面挑战的文化应对。研究城乡文化一体化发展，尤其从推进城乡文化一体化发展战略、制度变革与政策创新层面来研究分析，无疑具有重大的理论价值与现实意义。本书正是以城乡文化关系为研究主题，着力探讨推进城乡文化一体化发展在中国被提出的时代背景、建设现状、理论内涵以及未来发展战略。

---

① ［美］斯特斯·林赛：《文化，心理模式和国家繁荣》，载塞缪尔·亨廷顿、劳伦斯·哈里森编著：《文化的重要作用：价值观如何影响人类进步》，程克雄译，新华出版社 2010 年版，第 343—355 页。

毫无疑问，得益于改革开放四十多年中国经济的高速发展，文化建设有了坚实的物质基础保障，并取得了巨大成就。但不可否认的是，长期以来，由于种种原因，文化建设始终得不到应有的重视，文化投入长期处于低水平徘徊，文化人才队伍良莠不齐。在城乡分治的大背景下，相对于具有富足资源的城市地区，广大农村地区却由于各种客观因素的阻碍和文化资源的欠缺，其文化建设更显得捉襟见肘，对此，国内甚至有不少学者用"文化荒漠"来形容农村地区文化建设落后的现状。新时代背景下，如何有效推动城乡社会共享经济发展成果，共享人类文明成果，尤其让生活于广大农村地区的人民共享经济社会发展的各种成果，便成为国家与社会应共同关注且要致力改善的重大发展问题。

事实上，文化建设，尤其是城乡基本公共文化服务的生产和供给，站在现代民主政治建设的角度看，是为了实现公民的基本文化权利，既让公民能够有效地、公平地、自由地享受（观看、聆听、感受）现代人类社会所创造出来的各种文明成果，同时，也能自由地根据这些由政府所提供的保障性的文化产品和服务，结合自身的兴趣、能力、创造性、创造激情，进行更多文化产品和更多文化服务的再创造和再生产。而从国家建设的角度说，文化建设（具体是指基本公共文化服务）是为了通过利用公共财政来给所有老百姓提供基本公共文化服务，从而让老百姓在接受（观赏、聆听、感受）这些文化服务或文化产品所内蕴的正向的人生观、世界观、价值观后，以此来陶冶、洗礼、反省自己，进而提升自己，从而在内心形成一种与周围世界相呼应、相协调的人生品格与精神境界，并保持一种积极、乐观、和谐、平和的心态。由此可见，无论何时，无论什么样的社会制度体系下，再怎么强调文化建设的意义都不会显得过分。

所幸的是，近年来各级党组织和政府的文化自觉意识日益增强，文化被视为推动社会发展的重要手段和衡量社会文明进步的重要标志，更被视为保障经济社会转型的重要动力。而在统筹城乡发展、推进城乡经济社会一体化发展战略下,文化也逐步被纳入这一整体战略之中,使之与政治、经济、社会、生态一起构成一个完整发展体系。本书正是在这样的认识基础上开展研究的。

最后还需说明的是,推进城乡文化一体化发展进程,不单涉及文化体制领域,还与现有的财政分权体制、城乡二元的发展体制、地方政府绩效及官员政绩考核体制改革密切相关。换言之,统筹城乡文化发展、推进城乡文化一体化建设不再是一个单独的系统,其改革必须与经济、政治和社会体制的改革协同起来,需要有一个包括整体目标和先后顺序的顶层设计。因而,从民本和民权(包容性公民文化权利)发展的视角出发,正发生在城乡之间的这场关乎文化的深层次体制变革与制度创新进程确实是值得期待的,更值得我们每一个生活在其中的人倾情参与和竭力奉献。

# 附 录

# 2012 年课题组暑期五省市调研报告

## 一、引言

为获得对当前我国城乡文化一体化发展现状的经验认识，以及获取进一步深入研究的实证数据，2012 年 7 月，包括课题组首席专家、复旦大学唐亚林教授，子课题负责人复旦大学李春成教授、李瑞昌教授，华东理工大学何雪松教授，课题组核心成员上海大学董国礼教授、复旦大学陈水生副教授、华东理工大学张俊平老师以及复旦大学博士研究生朱春、硕士研究生王帅、本科生曹舒怡等在内的 12 人，对江西、湖南、贵州、重庆、四川 5 省市的相关公共文化服务示范区（示范项目）开展了为期 18 天的调研。

本次调研选取的 8 个调研点均为 2011 年 3 月以来创建的国家公共文化服务示范区（项目），其中示范区为江西赣州市、湖南长沙市、贵州遵义市、重庆渝中区、四川成都市，示范项目为江西南昌市的"社区文化在线"、湖南衡阳市的"公共文化服务进社区活动"、重庆大渡口区的"文化馆和图书馆总分馆制"等项目。本次调研以集中调研（调研人员全体参与每一场调研活动）为主，分散调研为辅，采取实地考察、个案访谈与座谈会以及问卷调研三种方式进行，并围绕以下五个方面具体展开：（1）各地推进城乡文化一体化发展的政策、制度、体制与机制创新举措；（2）各地创建国家公共文化服务体系示范区（项目）的经验与模式；（3）各地推进城市文化发展、乡村文化发展、特色文化发展、文化资源整合与共享以及促进民众交往、打造公共交往空间等方面的经验与做法；(4) 各地推进城乡文化均等化发展、满足外来务工人员文化需求等方面的经验与模式；(5) 各地推进公共文化服务建设工程（惠民工程）的评估经验。

## 二、调研概况

此次调研于 2012 年 7 月 11 日启动，7 月 28 日结束。其间我们共考察了 5 省市 8 个调研点的 28 个文化活动场所及项目，召开了 8 场座谈会，共邀请政府相关部门工作人员及基层文化战线工作人员 60 余人参与座谈。另外，课题组正式组织了 2 次内部成果交流会。课题组具体的调研进程如下。

7 月 12 日上午到达江西省赣州市，在相关部门安排下，上午考察了赣州市群众艺术馆以及赣州市博物馆，下午考察了赣州市特色文化服务建设社区——滨江社区，并与工作人员进行座谈交流。

7 月 13 日下午到达江西省南昌市，与南昌市西湖区文化部门工作人员就相关问题举行座谈，并于座谈结束之后，前往象山社区考察。

7 月 14 日上午，在文化部门工作人员的陪同下，课题组考察了南昌市南昌县塔城乡综合文化站、塔城乡北洲村"文化大院"、村"文化活动室"，并于塔城乡综合文化站与基层工作人员进行座谈交流。同时，课题组还在村"文化大院""文化活动室"对相关群众进行访谈。

7 月 15 日到达湖南省衡阳市，课题组进行休整后于 7 月 16 日对相关问题开展调研。当日上午，在衡阳市文化工作人员的带领下，课题组先后考察了衡阳市"湘水民族文化长廊"、中国四大著名书院之一的"石鼓书院"以及衡阳市博物馆。下午，课题组围绕调研主题，在衡阳市群艺馆与来自衡阳市不同文化服务工作系统的

10名工作人员进行了座谈，就个别问题与与会人员进行了深入访谈，同时还向与会人员发放了问卷。

7月17日，课题组到达长沙，上午在入住地开展第一次内部交流会，就几天来各自的调研心得及相关疑惑进行交流与讨论，并提出下一步调研计划和调研安排。下午，课题组实地参观了另一个列入中国四大著名书院的"岳麓书院"。7月18日上午，经湖南省委宣传部相关工作人员协调，课题组与省委宣传部的3位领导同志进行了深入访谈。

7月19日，课题组抵达湘西土家族苗族自治州，进行调研和中期休整。

7月21日晚，课题组一行到达贵州省遵义市。

7月22日上午，课题组在遵义市文广新局活动广场与市民进行访谈，结束后在文广新局与来自不同文化服务工作战线上的近10名工作人员进行座谈。会后，课题组还考察了遵义红花岗区社区。下午，在相关部门工作人员的引领下，课题组参观了遵义会议会址，以及遵义市图书馆、博物馆。

7月23日，课题组到达重庆市。结合重庆市既有公共文化服务示范区又有文化示范项目的情况，课题组兵分两路，由李春成教授带队的课题组成员考察了重庆市渝中区的公共文化服务示范区创建基地——文图大厦，并与文图大厦的相关工作人员进行深入座谈。另一路由唐亚林教授带队，考察了重庆市大渡口区的"文化馆和图书馆总分馆制"示范项目，也与其基地相关工作人员进行了访谈。

7月24日下午，课题组抵达成都，并于当天下午在住所召开第二次课题组成员交流会，各自就本次调研进行初步总结。

7月25日上午，在成都市相关部门工作人员的带领下，课题组考察了成都市图书馆、成都市高新区芳草街道综合文化活动中心、青羊区同德社区综合文化活动室。下午，课题组首先考察了成都市文化馆，并在其会议室举行了有以上各调研点的基层工作人员参与的座谈会。

7月26日，课题组抵达四川省阿坝羌族藏族自治州黄龙县，进行休整后，与当地居民进行正式与非正式的访谈。

7月28日，课题组暑期调研结束。

## 三、调研结果分析

### （一）公共文化服务建设现状

1. 公共文化服务的基础设施建设

本次调研途经的所有地区，都在紧锣密鼓地进行着"三馆一站一室"（三馆：图书馆、文化馆、群艺馆；一站：乡镇综合文化站；一室：农村文化活动室）的建设。建设途径包括：（1）改建，即在原有基础设施基础上，通过功能转化、结构重组，使原本不是用于公共文化服务的基础设施适宜于提供公共文化服务，如重庆市渝中区文图大厦的改建工程。（2）扩建，即在原有文化基础设施基础上，根据国家的相关建设标准，以及结合本地区的实际人口结构分布，调整或扩大基础设施建筑面积，增设文化服务设施。这是目前大多数地区采用的方法。（3）新建，即按照国家的统一部署，在还没有建立相关文化基础设施的地区，按照一定标准新建一部分文化基础设施。

2. 公共文化服务的组织建设

为便于全面领导公共文化服务工作的有序推进，各省市、各地区都相应成立了专门的领导小组以及办公室。比如作为公共文化服务示范区的遵义市，成立了以市政府主要负责同志为组长，市委、市政府分管领导为副组长，市直有关部门和各县（市、区）政府主要领导为成员的创建领导小组，该领导小组办公室设在市文体局，下设宣传工作组、基础设施组、后勤保障组，并抽调8名人员专职办公。同时，遵义市下辖的15个县（市、区）也建立了相应的组织领导机构和工作机构。

另外，在管理机制上，这些领导小组以横向领导与纵向领导相结合的方式开展工作。

3. 公共文化服务发展的制度建设

各地在推进公共文化服务发展时，都毫无例外地把制度建设作为一项重要的准备工作，相继出台了一系列规划、办法、方案、条例、措施等。比如，遵义市在创建公共文化服务示范区过程中，先后出台了《遵义市创建国家公共文化服务示范区规划》《遵义市创建公共文化服务示范区宣传工作方案》《遵义市创建公共文化服务示范区制度设计研究方案》等文件。长沙市在创建公共文化服务示范区过程中，也相继出台了《公共文化事业单位考核条例》《公共文化考核体系》等文件。

4. 城乡文化一体化发展的人才建设

开展公共文化服务、推进城乡文化一体化发展，其中一项具有根本性意义的任务是人才队伍的建设。调研中我们了解到，目前全国各地开展公共文化服务，主要通过以下三种途径进行人才队伍的建设。第一，对现有的文化部门工作人员进行业务培训。衡阳市蒸湘区大栗新村社区的李书记在访谈中表示："对于基层来说，我们还是渴望经费的投入。另外，（由于）我们也不是专业人员，希望组织对我们进行培训。"① 实际操作中，遵义市采取举办培训班、组织参观考察、委托院校培训、选拔挂职锻炼等多种形式来增强文化工作者的业务能力和专业技能。第二，通过以奖代补的方式资助各种民间文化艺术团队发展，以此壮大文化服务的人才队伍。据南昌市相关领导介绍，截至2012年7月，南昌市内共有200多家登记在册的民间艺术团队，而其中的18家已经被市政府列入政府公共文化服务的采购单位名单，下一步也将会有更多的艺术团队进入政府的采购名单中。以奖代补的方式是指，这18家单位每演出一场后，都可以凭借相关演出证明到市财政局领取2 000元的奖励。第

---

① 调研人员2012年7月16日在衡阳市蒸湘区大栗新村社区对李穗萍的访谈记录。

三，招募文化服务志愿者，积极吸纳社会力量参与到公共文化的服务过程中。

(二) 对问题的重新认识

1. 对"文化服务""文化权利""文化建设"概念的重新认识

调研过程中，唐亚林教授多次指出，我们应该"跳出文化谈文化、跳出文化发展文化、跳出文化建设文化"。文化服务究竟是什么？通过调研，我们至少获得这样几种认识。

第一，公共文化服务中的"文化服务"，不是简单的文化基础设施建设，不是建几个图书馆并配备一些图书，不是建几个群艺馆展览几幅名家名作，也不是简单的几台戏、几部电影、几个文化艺术展览。在遵义市的座谈会上，红花岗区宣传部吴副部长在谈到当前各地推进城乡文化一体化发展实践中存在的几个误区时，认为首要的误区就是对"文化"概念理解本身的偏狭。他指出："很多人认为农村公共文化服务就是建设施，设施越多越好。实际上不是这样的，设施是次要的。一些地方的文化设施是我们的五分之一，但是文化产值是我们的五百倍以上。"① 毋宁说，简单的文化基础设施建设或者文化产品（服务）供给只是最一般、低阶、基础性的公共文化服务，而更高阶、更深刻的文化服务则是帮助或者与人民群众共同塑造一种和谐、良善、稳健的社会"气质"，抑或称之为"公民文化"。也就是说，公共文化服务的根本目的，是最终能创造出这样一个舞台，在这个舞台上，社会上所有的公民能够平等、自由、相互信任地相处以及获得自身的发展。

第二，人的文化权利具有多层次性，文化基础设施及其所承载的文化资源或文化产品所能满足的，只是公民部分或者较低层级的文化权利需求，而参与文化创作及享受文化创作所带来的物质利益和精神满足，是简单的文化基础设施所不能实现的，它往往需要在

---

① 调研人员 2012 年 7 月 22 日在遵义市文广新局对吴德强的访谈记录。

民主、开放、自由、平等、个人权利得到有效保证的社会环境中才能有效实现。创造这种包含民主、开放、自由、平等、包容、有序等社会文化价值在内的文化服务，并能充满自信地向社会所有公民展示国家有能力保证这些社会文化价值的持续性和稳定性，应该是政府提供的公共文化的重要方面。

第三，文化建设不是随大流，文化是把能够体现自身特性、彰显自己个性的东西表达出来，实现各美其美、美美与共。它不需要整齐划一，不需要形式上的一体化，而是强调城市与乡村文化之间的协调发展，是各地根据自身的历史文化传统，通过一定的方式，让各种文化各尽其力、各展其彩、各放其光，最终达到各美其美、美美与共的和谐境地。作为一种全国皆知，由成都市人民千百年来不断发展、完善，代表着成都市民生活方式的"麻将文化"，如果被贴上一个"赌博"标签的"帽子"而简单"遗之草野"的话，那么，也许对成都的地方文化发展来说，就已经失去了一块"瑰宝"，失去一张真正能代表成都市民风貌、彰显成都特色的"名片"。在成都的座谈会上，市文化馆王书记坦言："成都人为什么活得很悠闲、轻松？（因为）我们不追求奢侈、豪华、高档，就追求打点小麻将，吃点麻辣烫，这是我们的社会语言，只要这样就感觉到社会很和谐、生活很满足了。"① 我们不妨从另一个层面来思考这个问题。日常生活是通过一定的仪式表现出来的，打麻将就是这样一个仪式，这有利于人与人之间的沟通、认同与理解。

第四，文化建设以及文化繁荣的根本动力来自广大人民群众的积极参与，在于各种文明群体对自身特色文化的积极认同，并在认同的基础上对自身特色文化的继承和发扬。

2. 对城乡之间文化关系的重新认识

城市-乡村，既是一种地域概念、经济概念，又是一种文化概念。城市更多展现的是一种工业文明，而农村更多包含的是一种传

---

① 调研人员2012年7月25日在成都市文化馆对王明杰的访谈记录。

统文明（文化）。一定程度上可以说，城市是"外生性"文明的集散地，而乡村则是一个"内生性"文明的发源地。二者之间虽然有此界分，但对于其本身来说，需要相互取长补短、融合发展。推进城乡文化一体化发展，一方面，并不是因为乡村没有文化，因此要由国家通过一系列的服务安排来给农村"种""输入""植入"文化；另一方面，一体化发展也不是用城市文化取代乡村文化。相反，相对于被"过度消费"的城市文化而言，由于外生性文化的强势作用使乡村自身的内生性文化被"过度漠视"，甚至被遗弃，从而导致文化在城乡之间发展的严重不对称现实。城乡文化一体化发展的推进，要在继续发展城市文化的同时，加大对农村文化的发掘、整理、继承、宣传和发扬，以使城乡之间文化本身的发展保持一种平衡和协调。

就以上谈到的城乡之间的文化关系，此次调研所涉及的部分地区的乡村文化的发掘、宣传、发扬，给文化发展带来了巨大效应，其中赣州市群艺馆通过发掘、整理、包装等多种形式，使起源于民间乡土的"采茶戏"成为一个赣州市妇孺皆知、闻名国内的民间艺术项目，就是一个典型例子。其不仅在市内每年有上百场演出，甚至已经走出赣州市，走向全国，受邀到全国超过 20 个省市进行演出，从而让不同地域、不同文化背景的人民群众感受了蕴含特色文化的传统文化精品。

3. 对城乡文化一体化中的一体化的重新认识

鉴于城乡之间文化的相互支撑关系以及文化本身的多元内涵，城乡文化一体化中的"一体化"至少包括：（1）单一城区内"市—区—社区—街道"的，a.文化基础设施覆盖均匀化，b.文化基础设施建设使用的无缝隙化，c.文化基础设施使用的平等化，d.文化基础设施内的资源配置与当地实际需求状况相匹配，e.文化资源在同一城市之间的优化组合并能顺畅流通，便于实现资源的有效整合；（2）某一行政辖区内的"市—县—乡/镇—村"的，a.文化基础设施覆盖均匀化，b.文化基础设施建设配套化完整化，c.文化基础设施使用无障碍化，d.文化基础设施使用平等化，e.文化资源配置与当地实际文化需求状况相匹配，f.文化资源在同一辖区内能得到有效互换和顺利流通；（3）全国范围内的，a.文化基础设施建设覆盖均匀化，b.文化基础设施使用平等化，c.文化的无等级化。

另外一个问题是，就我们调查所涉及的区域，相关人士都反映国家投入的资金（专项资金、来自上级拨付的资金、本级政府预算投入的资金）严重不足，但又有一个与之相关的悖论现实，就是各级政府投入各个层级的资金绝大部分都被相关部门投到各种文化基础设施的建设之中。这里就产生一个疑问，在推进城乡文化一体化发展的实际过程中，对文化基础设施的大力投入是否是实现城乡文化一体化发展新格局所必然要走的第一阶段？还是这个过程本身就被曲解了，从而使对文化服务发展所投入的资金最终被变异地投向了文化基础设施建设？这样的结果就是，城乡文化一体化徒有其表（高度同质化的城乡之间的公共文化基础设施）而无其实（城乡居民在文化上、心理上的高度自觉、自信）。

4. 民众真正需要的公共文化服务是什么？

事实上，在调研前，课题组通过相关资料的收集、整理就已经发现了这样一个问题，即目前的公共文化服务发展中，一方面存在服务供给的不足，另一方面，也存在着供给与需求之间的脱节问题，即政府所提供的公共文化服务并不是公民所需要的服务。此次调研证实了这种判断。当然，认识到这个问题的并非只有作为旁观者的我们（虽然我们每个人都属于公共文化服务的对象，但在此为便于研究与表述的方便，暂且把我们独立出来作为一个旁观者来看待），就是政府内部的文化部门工作人员也有此困惑。在成都的座谈会上，一位文化部门工作人员就指出："我们在基层与老百姓打交道，感到最困惑的，就是有时候政府提供的不是老百姓需要的。"另外，我们考察过的各类文化基础设施的使用率以及设备层次，也支持这样的判断。我们考察过的图书馆、群艺馆、博物馆等文化阵地，绝大部分相对于其可容纳的人流量来说，都显得有些"门前冷落车马稀"。课题组在重庆市某区文化馆与图书馆（文化馆和图书馆共同租借一幢大楼）调研时也发现，其内部的各类文化基础设施大部分远离群众日常生活，不仅配备有耗资几十万的专业录音设备，还配备了备有多架专业钢琴的钢琴房以及专业性的芭蕾舞培训教室。试想，对于绝大多数普通老百姓来说，这些"阳春白雪"式的设备是为了满足他们的公共文化服务需求吗？

城市如此，乡村文化服务状况又如何呢？课题组在进入南昌市南昌县某乡的一个农家大院进行调研时，尽管其有很多值得称道的地方，但其图书室里存在的问题也一定程度上暴露出目前服务供给与需求之间的矛盾。我们走进该文化大院图书室时，不仅发现里面绝大多数图书因为长年未被翻阅而积满尘埃，更重要的是其中的大多数图书都是远离乡民生活实际的大型政治、经济、科技类图书，而非反映地方风土人情、逸闻趣事的"乡土"通俗读物（换言之，应改变以往农家书屋的书目由相关政府部门指定的现状，给予地方或者农家书屋的管理者以选择权）。

针对此问题，课题组在与文化部门工作人员座谈时，他们也指出了产生此种问题的部分原因。成都的座谈会上，一位文化官员认为："由于老百姓不需要，我们做起来也很别扭。很多政策是自上而下的，包括评价一个城市的文明指数测评体系，以及公共文化服务体系，有很多指标，（其实，相对于各地的实际情况，这些指标）与老百姓的现实需求、社会文化发展水平都有些脱钩。"① 当然，造成这种困境的原因，除了以上这一点，应该还有很多，需要我们去进一步探索。

针对政府应该以什么形式的文化产品来满足城乡人民的文化需要？衡阳市南华大学文学院罗玉成教授给出了部分答案，即"除了有机制、有经费、有人员之外，提供有创新、有意义、高质量的、有特色的、契合城乡人民审美趣味的文化产品，更是城乡文化一体

---

① 调研人员2012年7月25日在成都市文化馆对王明杰的访谈记录。

化建设的关键"。①

5. 政府在城乡文化建设中的真正作用是什么？

毫无疑问，政府在当前的城乡文化建设中起着主导作用，但是，政府并不应该成为这个领域的唯一力量，也不应该用国家办文化的行政逻辑代替需要全民参与文化建设的本质逻辑。事实上，社会多元力量的积极参与并发挥实质性作用，才是城乡文化建设的持久驱动力。在成都的座谈会上，一位文化部门工作人员指出："我们文化部门的职能，一是引领，二是服务，从引领这方面讲是提供先进文化，从服务这方面讲就是提供公共服务。"② 进而言之，首先，政府的作用应当限定在服务的提供上，包括直接服务（直接在"一线"为公民提供文化产品或文化服务）和间接服务（在"后台"为文化产业的繁荣发展营造良好的环境）。其次，政府的作用还要体现在意识形态产出方面（先进文化代表），即通过营造各种公共交往空间、创造各种公共活动，以期让公民从私人生活中走出来积极参与公共生活，从而培养公民的公共精神和良善的公民文化。

然而，在政府履行文化服务职能过程中，政府也应该明确界定政府与市场的边界、政府与社会组织的边界，毕竟政府提供的公共文化产品或服务并不一定必须完全由政府生产。相反，绝大部分文化产品是由文化产业链上的营利性组织、非营利性组织或者个人提供的。一方面，为保证政府在提供公共文化服务时有丰富的、多样的文化产品（资源）可选择，政府就应该致力于为文化产业的繁荣发展提供一切可能的条件；另一方面，政府应该放弃大包大揽的传统做法，为社会组织的成长预留充足的发展空间，让其在公共文化服务领域发挥一定的作用。

6. 几个"脱节"

虽然在调研之前，通过资料收集及整理，课题组也曾提出过目

---

① 调研人员 2012 年 7 月 16 日在衡阳市群艺馆对罗玉成的访谈记录。
② 调研人员 2012 年 7 月 25 日在成都市文化馆对王明杰的访谈记录。

前公共文化服务体系中存在的几个关于"脱节"的问题，但毕竟纸上得来终觉浅，很多判断需要实践来检验。通过调研，课题组成员陈水生副教授把目前城乡文化一体化建设过程中存在的"脱节"问题作了以下总结：

（1）文化建设和社会、经济建设脱节。

（2）城市和乡村脱节。

（3）设施和体制脱节。我们看到财政投入很多，建设非常完美，但是运营当中人员配备存在问题。

（4）中央政府决策和地方政府调适、创新脱节。比如农家书屋的图书采购，又比如文化信息资源共享，那么多电脑放在那里因闲置而浪费。上级按照统一的标准配备，而下级地方政府无权自主采购，地方政府文化馆、图书馆没有相应的选择权、配备权。

（5）需求和供给脱节。有些地方政府提供的文化设施、产品，看上去很美，但当地民众实际并不需要。

（6）资源的投入和资源的利用脱节。投入了那么多钱，民众实际得到的却很少。

（三）几点发现

1. "文化阵地"建设

在我们此次调研过的几乎所有地方，文化工作人员或文化官员，无论是理论上（意识上）还是在实际工作中，都在使用"文化阵地"这一新概念。理论上（意识上），他们把"文化阵地"作为话语表述的中心，实践中更是把"文化阵地"建设作为工作的核心抓手。在"文化基础设施建设在基层还肩负着文化阵地建设的使命"的发展逻辑下，一些地方大兴土木地进行文化站、文化活动室、农家书屋的建设就不足为奇了。就其意义而言，从积极方面看，这种实践的高度概念化，能在政府这一服务供给主体内部形成一个统一的话语体系，从而有利于政策的贯彻执行。从消极方面看，这种简单的概念化，容易使文化服务概念被扭曲，即被简单化地理解为主要是进行各种文化基础设施的建设,是以"大跃进"的方式,按照国家标准,或是新建,或是改建,或是扩建各种类型的文化基础设施,从而迅速抢占各地区的"山头",并迅速插上文化的"红旗",从而以点代面地以为已经占领整块文化阵地。同时,这样也容易使原本就不尽合理的公共文化服务、城乡文化发展模式进一步"板结化",使得投入到文化建设领域的财政资金,越来越表现为只是为了养活这些机构、这些阵地本身。

2. 非物质文化遗产保护"五部曲"与公民文化权利实现"五部曲"

经过与衡阳市博物馆馆长深入交流后,课题组成员李瑞昌教授提出了未来中国非物质文化遗产发展的"五部曲":第一,积极开展对非遗的"发掘";第二,对已被发掘出的非遗进行"整理"(根据其历史赋予其相应的文化意义);第三,在这个基础上把整理出来的"非遗"向社会大众进行展示;第四,以此使社会大众普遍知晓这一"非遗"的价值和意义;第五,使社会大众对其获得较深了解后开始"消费"它,即自觉地把它变为自己民族自信的一部分文化基因,从而逐渐形成一种对于本民族的文化自信心乃至民族自信心。

循此逻辑,我们通过公共文化服务的发展来实现公民文化权利,似乎也可以按照一定的步骤进行,暂且将其称为公民文化权利实现的"五部曲":第一,积极探寻公共文化服务可能涉及的相关"阵地",即明确界定公共文化服务中"文化"所包含的内容及领域(文化内容包括文化"硬件"方面的文化基础设施等,以及文化"软件"方面的公共交流空间,如民主、开放、自由、包容等社会文化价值观;文化领域包括城市-农村、学校-军营-企业-社区、市民-农民工-农民等)。第二,在此基础上根据文化阵地的特征(区域面积、区域社会经济发展状况、人口结构、人口数量等),在文化阵地上建立"据点",即通过大量的财政投入建设相对数量的文化基础设施或者文化活动空间。第三,根据服务对象的真实需求,在"据点"里布设相应的产品或服务(很多时候,"据点"本身就是一项文化服务设施或产品，比如文化体育设施，或者文化基础设施所提供的公共空间），这些产品或服务应该是人类活动的文化成果。第四，通过一定的方式（坐等服务-上门服务、本位服务-延伸服务、科技力量、电子化、数字化、虚拟化、资源整合、合作）让公民平等、无缝隙、便捷、低成本地获取、享受、消费这些文化成果。第五，在此基础上，借助这些"据点"，在某一文化阵地上，积极吸纳并鼓励公民直接参与到各种文化活动中来，并提供让其创作的开放舞台（舞台有明确的规则约束，比如产权界定）。

3."规定动作" vs."自选动作"，"规定模式" vs."自选模式"

调研之前，课题组有一个预设性的判断，即全国各地在推进文化建设时，出现高度同质化、模式化的整体特征。通过调研，应该说一定程度上证实了这种判断，但同时也颠覆了这一判断。在调研过程中的多次座谈会上，不同层级的文化官员或文化工作者都在重复使用两个相对的词——"规定动作"与"自选动作"。什么是"规定动作"？即全国各地各级政府必须按照国家的相关规定或标准，进行服务的生产或提供，比如一个县级图书馆的建筑标准、一个乡镇综合文化站的占地面积、一个农村文化活动室的活动场地面积都有相应的国家标准。在公共文化服务领域，从2002年起，陆续在全国开展"五大惠民工程"建设，即文化信息资源共享工程、广播电视村村通工程和户户通工程、乡镇综合文化站建设、农村数字化电影放映工程、农家书屋工程，从而在全国上下基本建立起了一个"横向到边、纵向到底"的模式化文化服务网络。什么是"自选动作"呢？即各地区各部门根据自身发展现状，结合本地文化特色，在一定程度上遵从当地群众文化需求的基础上，实施的一种体现地域特征、突显地域特色的自创性的文化服务供给模式或者建设模式，从而在全国"五大惠民工程"所构建的网络格局中开出了五颜六色、千差万别的文化服务之花，具体就表现为各地各具特色的文化服务创新项目和创新实践。

从实践中我们可以发现，只有这两种"动作"或者"模式"的有机结合，才能保证公共文化服务发展的均等化发展，才会使城乡文化走向一体化成为可能。单方面强调整齐划一的"规定动作"，或者不顾实际地照搬"规定模式"，虽然在形式上保证了公共文化服务在全国上下的均等化，但在实质上却导致了各地的非均等化。同样，单方面强调各自为政的"自选动作"（"自选模式"），虽然容易发挥地方积极性，但也容易造成地方的"画地为牢"，强化区域之间的文化界限，达不到共享文化成果的目的。因此，在"规定动作"与"自选动作"之间取得平衡，对于实现城乡文化一体化发展具有重要意义。

4．"需要的人进不来，不需要的人出不去"

人才队伍建设一直是公共文化服务体系建设的重要一环，新的发展语境下（强调"参与""包容""开放""合作"），人才队伍建设，既应该包括作为主导性力量的政府及相关文化事业单位的人才队伍建设，也应该包括社会性的各种人才队伍建设（文化志愿者队伍建设、民间文化艺术团队培养建设、民间文化骨干艺人培养成长等）。然而，此次调研过程中，我们发现存在以下问题。

文化事业单位人员短缺以及编制不足。到衡阳调研时，当被问到目前博物馆运作面临哪些困难时，市博物馆蒋馆长抱怨说："还有一个就是人才的问题。我们现在的藏品带出去是很难的，包括在馆里展出都是很难的，因为要考虑到藏品的安全问题。现在全国各地的做法是建网上博物馆，但是对于网站的建设我们缺乏人才。其实，不仅是这类人才短缺，包括我们本专业的人才都是很难进的。编制（少）待遇（差）是问题（的根源），另外，渠道也是个大问题。比如，我们有一个固定任务就是安置市里的退伍兵和军队转业人员。如此，我们需要的人进不来，不需要的人出不去！"① 另外，就渠道而言，多地的文化部门负责人还指出，关系户也占用了相当一部分编制，从而整体上削弱了人才队伍的专业性。但是，当问及

---

① 调研人员 2012 年 7 月 16 日在衡阳市博物馆对蒋星星的访谈记录。

通过增加编制是否能解决这个问题时，成都市群艺馆金馆长又表示了另一种无奈："说到（增加）编制问题，其实我们也不喜欢，更多的编制说明有更多的关系户进来，有更多的不做工作的人，分享有限的财政。"

如何解决文化事业单位的人员短缺问题，我们认为应分两个层面理解。在调研中我们发现，首先，这种短缺是一种编制上的短缺，尤其是中共十七届六中全会以后，与文化相关的各部门逐渐"从一个基本没有地位的部门开始变得有地位，从一个弱势部门开始成为具有强势潜力的部门"，其职能要求被加强、服务要求被延伸。因此，新形势下，原先基本满足"没有地位""弱势"状况下的原有人员配置明显不够，出现人员事实上的短缺。其次，这是一种结构上的短缺，或者说能力上的短缺，即由于大量"关系户"、非专业人士的"占位"，使得在固定编制下，那些真正具有专业知识背景、专业技能和"被需要"的人才进不来，或者只有少数的人才能进来，从而"拉低"了整个人才队伍的整体能力。

此外，解决人员短缺问题还需要从多渠道入手。在衡阳市调研时，衡阳市群艺馆李馆长认为："文化馆、群艺馆这些公共文化机构招聘人员应该设立一个基本的统一门槛，防止托关系进入……"换言之，需要通过制度设计，确保"需要的人能进来、不需要的人进不来"。[①] 另外，成都市文化馆万馆长也指出："（图书馆）最大的困惑是馆员的问题。现在很多馆不缺钱了，国家也投入了，持续发展的（关键）就是馆员的问题：一个是专业技能差，一个是人员流动性大。这其实反映了馆员的待遇差问题……"[②] 因此，针对因为馆员待遇差、人员流动性大、留不住人才而造成的人员短缺问题，一种有效的方式是适当提高馆员待遇，从物质上刺激有能力、有技术的人愿意进入并能留下来。

---

① 调研人员 2012 年 7 月 16 日在衡阳市群艺馆对李飞宙的访谈记录。
② 调研人员 2012 年 7 月 25 日在成都市文化馆对万莉莉的访谈记录。

### 5. 免费开放单纯靠财政保障的可持续性问题

对于具有公益性的公共文化服务，应当向所有公众免费开放，这是毋庸置疑的"共识"。但是，这种免费开放所引起的成本负担应完全由政府财政来买单，却是一个值得讨论的问题。虽然这个问题的提出者——重庆市某区文图大厦的相关工作人员，以试探性的口吻，带有一点为自己辩护的意味提出该问题（由于文图大厦中配置的文化服务基础设施都属高端消费品，相比较而言，其维护成本比较高昂，他们于是采取了一些商业化、市场化的操作方法，比如出租部分工作室、设备等，以此获得部分额外收入来补贴高昂的运营和维护成本。因此，他们需要提出这样的问题来为他们有悖"共识"的行为寻找可能的支持，或者寻找正当的理由）。但是，这个问题的提出却应该引起一定的反思，尤其在当下政府被指其运作效率不如私营企业的国际语境背景下，是否还有更好的方式存在？而这种更好的方式既能有效降低政府的财政负担，又能有效地满足公益性公共文化服务向所有公众免费开放的需求。

### 6. 文化需求与文化供给的与时俱进问题

在调研过程中，课题组成员在走进各地不同层级的文化信息资源共享工程时，发现普遍存在这样的现象：（1）前来上网的人数相对于其可容纳量来说偏少；（2）来的人群以少年儿童为主；（3）这些青少年利用电脑主要是玩游戏或者聊天；（4）电脑里不仅内容有限，而且陈旧。针对以上问题，我们问及信息共享工程的实际作用时，成都市文化馆万馆长坦言说："通过调研我们感觉，在城区使用率是非常低的，很多地方根本不用，检查的时候就把机器拿出来。里面的内容也比较陈旧，特别是电影，都是我小时候看的电影。像城区也要求有一个播放器根本没有必要，配置这种必须提供的资源都是浪费，在网上完全就可以看到。"[①] 同样的问题也存在于数字化电影工程、农家书屋等其他文化惠民工程之中。数字化电影

---

① 调研人员 2012 年 7 月 25 日在成都市文化馆对万莉莉的访谈记录。

工程里的送电影下乡已经越来越失去吸引力，农家书屋的作用也受到越来越多的质疑。究其原因，或许很重要的就是，现有的各种文化惠民工程以及文化活动，已经不具有时代意义了，已经不能满足紧跟时代潮流而变化的文化需求了。或者说，落后于时代的文化供给必然不能适应和满足与时俱进的文化需求。当然，这也是文化供给与文化需求不对称的一种重要表现。因此，赋予文化供给新的时代意义，才能使其不被冷落，不会在社会大众面前"碰壁"。同样，赋予文化供给新的时代意义，或许更能得到社会民众的理解和支持，从而为文化的大繁荣大发展提供根本性的力量支持。

### (四) 几点反思

1. 公共文化服务出现模式化、娱乐化、绩效化倾向

在文化大繁荣大发展的文化强国战略推动下，各级地方政府或者相关文化官员，如果不能真正深刻认识文化发展本身的深层价值，履职尽责不是为了真正落实发展人民群众的公共文化权利和满足公民文化服务需求，不是为了"向下负责"，而是为了在这场"新文化运动"中不落后于其他地区、其他省市，为了"向上负责"，从而既不顾实际，又不顾文化本身的发展规律，不问"青红皂白"地"大干""特干"，最后的结果可能就是出现千篇一律的状况，简单地把公共文化服务"娱乐化""政绩化"，演变为只是为市民、居民、农民工、公民演出几场戏、放几场电影、建几个文化馆（站、活动中心）等等。

2. "谁人家乡不沦陷"？

全国上下大张旗鼓进行文化建设时，大量的财政资金投入到农村文化市场，大批的文化项目工程投放到农村。然而，由于一些地方对于文化本身的简单化、模式化理解，具有千差万别的农村是否将会被高度同质化？是否会演变成对农村的"整风"？就目前我们所看到的情况，一方面，虽然"传统村落中蕴藏着丰富的历史信息和文化景观，是中国农耕文明留下的最大遗产。……（村庄的消失

则意味着）村落的原始性，以及吸附其上的文化性正在迅速瓦解"。① 但是，随着现代化力量或者狭隘地说是现代文明的冲击，大量的农村已经不复存在。国家统计数据显示，过去十年，我国大约消失了 90 万个自然村，平均来算，每天大约消失 80 至 100 个村落。更遗憾的是，这些消失的村落中有不少是具有文化保护价值的传统村落，但无人知晓。另一方面，传统村落，原本是一个充满着人情味，村民相亲相爱、友爱互助、朴素、纯洁的社会，但随着大量所谓"现代文明""城市文明"的"侵袭"，很多农村已经不再是一块"净土"，也变得越来越商业味十足、经济利益气息浓重。无怪乎有学者无可奈何地感慨道："谁人家乡不沦陷！"

3. 各种文化项目各自为政，形成"九龙治水"的困局

根据对调研前收集到的资料的整理以及在调研过程中的思考，可以发现目前全国各地文化建设项目或者活动都在遍地开花，但是这些项目往往都是各自为政，而唯一可以把它们联系起来的纽带就是都打着"文化服务"这个招牌。事实上，各种文化资源无法进行有效整合的一个重要原因，就在于生产或提供文化资源的各个部门或者文化服务项目都在单打独斗。

作为"规定动作"存在的五项"文化惠民工程"也是"各为其主"：文化信息资源共享工程由文化部、财政部共管，农家书屋工程由当时的国家新闻出版总署主管，乡镇综合文化站工程、农村数字化电影放映工程由文化部主管，农村广播电视村村通户户通工程由当时的国家广电总局主管。对此问题，可以理解的是，出于专业化履行职能的需要，不同项目由不同部门主管。但同样不可否认的是，这种"各为其主"并"各行其是"的管理逻辑，又造成了项目间协调的困难，增加了资源整合的成本。这是就国家层面而言的。作为地方层面的公共文化服务运行机制，同样也是"各安其道"

---

① 参见《冯骥才：中国每天消失近百个村落 速度令人咋舌》（2012 年 10 月 21 日），中国网，http://www.china.com.cn/news/env/2012-10/21/content_26857780.htm，最后浏览日期：2020 年 9 月 25 日。

"各司其职",文化部门、教育部门甚至民政部门（文化艺术团队的登记管理）都在以各自的方式效力于城乡文化一体化发展，从形式上看可谓"百花齐放"，但却也存在着重复建设、相互矛盾、相互推诿的严重问题，形成"九龙治水"的发展困局。因此，推动实现城乡文化一体化发展，改善目前"九龙治水"的治理结构，是否更符合"一体化"概念本身所对应的形式要求？

4. 所谓的"全民覆盖"是否有点贪大求全？

在重庆市某区文图大厦的座谈会上，该区图书馆馆长谈到，"我们的图书馆，群众有需求就会来看。它的群体是相对固定的，如果我们贪大求全，把群体全部包含进来，可能有点对象不太明确"。① 事实上，正如这位馆长所言，虽然我们要求在提供公共文化服务时，要做到把所有的公民包容进来，但是，这或许只是一种主观愿望。而且，受到"包容性"这个"紧箍咒"的限制或者束缚，或许最后的结果还会适得其反。因此，把包容性理解为让所有人都能获得他所想要的文化服务而不是让每一种服务都能让所有人得到，似乎更具有现实性和可能性。一个具有"专门"功能的文化部门或者文化组织，首先应该在明确其所服务的最直接对象的基础上，为这类群体提供专业化的服务，而不是大而求其全地要求全面覆盖。如此，每一个部门或组织，若都能有效地发挥其最具专业性的功能，让每一位想要获得服务的人都能得到最专业的服务，那么，通过"文化"这一纽带，把所有的部门或组织以及其所服务的人群连接起来，所形成的不就正是一张全面覆盖的服务网络吗？

5. 公益性文化服务基础设施是否会被异化为牟利工具？

耗费国家巨大财政资金的文化服务设施会不会成为相关部门（工作人员）的牟利手段？尤其那些远离普通民众生活的文化服务设施因为"曲高和寡"而不能被普通市民使用时，是否更容易

---

① 调研人员2012年7月23日在重庆市渝中区图书馆对梁斌的访谈记录。

走向被用来牟取私利的境地？针对此问题，我们在调研过程中没有得到相关人士正面的回答和确认，但从重庆市某区文图大厦内的文化设施被用于商业目的，以及其他地方隐约出现在各种群艺馆或文化馆内的收费培训班来看，这个问题是需要被进一步讨论的。

6. 城乡文化一体化的根本性决定因素是城乡社会经济发展的协调和平衡

在湖南衡阳的座谈会上，当地文化学者提出一种观点：在当前农村空心化的状态下，推进城乡文化一体化的前提是城乡经济社会发展的协调与平衡，做不到这一点，所谓的城乡文化一体化只是一种空想。应该说，此言一针见血，推动城乡文化一体化的实现，如果只是单纯地想通过建几个图书馆、文化站、农村文化活动室，给相应机构配备一些文化服务设备，配备几本书，就达到推动城乡之间文化一体化的话，无疑有点痴人说梦。因为，城乡差距更具有根本性的决定因素还在于经济，即城乡之间的经济鸿沟。换言之，经济基础决定上层建筑。这也正是唐亚林教授所说的"跳出文化谈文化、跳出文化发展文化、跳出文化建设文化"的另一层意涵。试想，如果中国所有乡村经济发展水平都已达到或者接近城市水平，城市对于乡村来说不再具有足够的经济吸引力，不再具有社会向心力时，城乡之间的文化差距还是问题吗？同样，如果中国所有乡村的各种基础设施都趋于完善的水平，有健全的医疗、教育、卫生等其他公共服务体系时，农民工还有必要抛家弃子地往城市里挤吗？

7. "有为才有位"的官场生态中，文化建设将走向何方？

当前中国公共事务的发展逻辑中，政府仍将发挥着主导性甚至决定性的作用，而被提上政策议程的公共事务，是否能获得实质性发展，又将决定于相关领导人的决心和相关工作人员的执行力。因此，在以经济为中心，以经济发展指数为标准来衡量官员能力，"有为才有位"的官场生态中，在弱势的文化部门以及难以立竿见影获得显现政绩的文化建设领域，如何激发起文化部门官员为文化事业的发展殚精竭虑的决心？同样，相对于那些既没有过多繁重工作任务，又可以轻松获得晋升机会的其他政府部门工作人员，那些处在一线工作岗位，既要承受大量繁重工作任务又难以获得提拔的文化宣传工作人员、文化部门工作人员，如何使他们真正把实现公民基本文化权益、促进城乡文化大发展大繁荣作为其义不容辞的责任担当？进而言之，在一些地方，由注意力被转移、没有发展决心的领导所领导，由没有内在动机推动的文化工作人员所具体实施的文化建设将走向何方？其方向会是一体化吗？

### （五）两点共识

1.县城社会将作为未来城乡文化一体化发展战略的"主战场"

调研中发现，目前全国各地所进行的城乡文化一体化发展政策规划或政策落实，都在一定程度上自觉不自觉地把重心移向县城。换言之，正在进行或者今后将要进行的城乡发展，县城社会将会作为一个"主战场"。

一方面，在我国现有的社会发展条件下，以非农产业为支撑的市级城市，不仅有相对完善的公共服务基础设施网络，而且还因为"近水楼台先得月"而具有国家相关民生政策的优先启动优势，从而无论在经济建设还是在社会建设方面，它们都领先于以农业发展为主的县城。相反，以农业为发展支柱的县城及其所统辖的乡镇和村庄则并没有那么多先天的发展优势。正因为如此，遵循由点及面、全面铺开的原则，未来在弥合城乡文化发展鸿沟、推进城乡文化一体化发展实践方面，无论软件投入（政策、制度、人才投入等）还是硬件投入（各类文化基础设施），都应该把重点下移到县城。

另一方面，虽然目前从数字上看，我国城镇人口已经超过农村人口，但实际上仍有超过一半的人口生活在农村，而且目前统计数字中生活在城市的很大一部分人口，可能会随着经济发展形势遭遇困境而回到农村，因此，这一部分人的公共文化需求得不到满足，那么所谓的城乡文化一体化终将是虚有其表。

再者，由于生活在农村的绝大多数人口，从市场距离来说，离他们最近的所谓的"现代文明"代表就是县城，而县城又与大城市紧密联系。因此，能够以最低经济成本切身体验"现代文明"生活方式，以最低摩擦成本接受"现代文明"并融入其中的界域就是县城。这就启示我们，在现实国情下，城乡文化一体化发展新格局的到来，必将倚重县城，让其在这个过程中发挥领头羊的作用。

2. 一体化不是一元化，文化应该多元化发展

通过调研过程中与多位文化部门相关工作人员的交流，我们认为，所谓的城乡文化一体化，并不是要最终达到文化的一元化，而是要通过一定的方式促使城市乡村两大主体的文化共同发展、共同繁荣，从而形成协同效应，以实现整体文化的大发展大繁荣。同样，包容性价值所要包容的也不仅是要让所有的公民平等地得到他想要获取的公共文化服务，还应该是对不同种类的文化进行包容，尤其是那些容易被外界贴上"野蛮""庸俗""封建"等标签，但却属于某个地域某个民族所特有的特色文化。

### （六）有待探索与实践的几个问题

1. 如何实现不同地域、不同类别之间文化资源的有效整合

在我们调研的地区，不同地区不同层次的文化工作者都提到一个问题，就是资源整合。就调研结果看，可以作这样一个判断，目前的公共文化服务供给并不是不够多，而是得不到有效整合，甚至出现资源的内卷化、内循环等问题。一方面，不同文化资源在同一区域内得不到有效整合（主要由职能界限所引起，各文化事业单位各自为政），甚至出现同类文化资源在同一区域内都无法得到有效整合，更不用说不同区域同类文化资源或者不同种类文化资源的有效整合。在衡阳市的座谈会上，衡阳市博物馆蒋馆长就提到了这方面的问题，该馆副馆长则抱怨说开展区域间文化资源互通互借时存在极大问题，馆长在访谈中透露"中国丝绸博物馆的馆长来换（明代丝质品），我都不换"。

另一方面，目前也存在一些文化资源不能得到有效开发的情况，尤其是那些体现地方特色的独特文化（包括文化遗产）。而且，即使被开发或者创造出公共文化服务项目，往往也由于各种原因（宣传手段单一、服务方式单一、官僚气息浓重而使市民望而却步等）而不能高效地被"消费"、被"享用"、被"接受"，因此出现各种文化基础设施使用率低、博物馆参观率严重不足、图书馆借阅率低下等各种看似矛盾的问题。同样，资源闲置既造成严重的浪费，又造成维护成本投入的相对偏高，最主要的还是造成人民群众真正的文化需求得不到有效满足。

有鉴于此，探索文化资源间的有效整合，实现文化服务部门之间文化资源的互通有无，必将是未来公共文化服务要面临的一个重要课题。

2. 如何实现公共文化服务的数字化与生活化

信息技术的日新月异，为原本受技术限制的各种公共事务重获新生创造了各种可能性。因此，创新性地利用信息通信技术提供服务，必将是未来公共文化服务走向新阶段的重要途径。通过对南昌市西湖区公共文化示范项目——"文化在线工程"的调研，以及对比在其他地区调研的实际感受，唐亚林教授总结："融广播电视、图书阅览、文化鉴赏、群体活动于一体的科技文化互动的新发展趋势，目前为止还做得远远不够，只是画了个图饼。因此，未来公共文化服务的一个重要发展方向就是要把文化背后的科技力量加进来，通过科技把广播电视、图书阅览、文化鉴赏、群体活动融合在一起，实现公共文化服务的数字化和便民化，充分体现公共文化服务发展的与时俱进。"

另外，在实现公共文化服务生活化方面，唐亚林教授在南昌调研结束之后指出，根据南昌市西湖区的经验，在未来的公共文化服务中，政府应该考虑把文化服务（让公民认识我们的文化资源、分享我们的文化发展成果），尤其是具有本土特色的文化资源整合进国家教育中，比如给予地方教育部门充分的灵活性，让其把本地的文化历史资源编撰进适合本地民居的"乡土教材"中，使本地居民通过对本地历史文化资源的了解，培养起对本地的真正热爱和责任感。或许，如此实践的更深层意义在于，通过培养对本地区的文化认同，更能激发民众在政治、经济、文化事务方面的发自内心的参与热情，因为他们对这片生于斯长于斯的土地具有与生俱来的熟悉感和热爱。另外，通过对本地乡土民情、历史文化资源的认识，也比较容易培养起一个公民对于自己民族的文化自觉与自信，而由此延伸的爱国心也才会具有深厚的根基。

3. 文化需求与文化供给的衔接问题

文化需求与文化供给之间的不对称，除了表现为内容上文化供给不能与时俱进赶上文化需求，结构上文化供给的"政府偏好逻辑"代替"民众偏好逻辑"，还表现为时间上的供给和需求之间的不衔接问题。针对社区公共文化服务供给与需求在时间上不衔接的问题，李春成教授提出，这个可能需要进一步发挥社会自治组织的作用，就像社区管理方面目前正在尝试的做法一样，让社会组织参与社区建设。同样，衡阳市文广新局李局长也总结道："推动文化大发展大繁荣，实现城乡文化一体化，一方面需要政府支持，另一方面也离不开充分发挥社会的力量。近几年衡阳在这方面积累了一些经验，第一个是发挥社会力量作用，第二个是社会传承，我们有自发组织的176个团体。政府如何发挥社会力量的作用？首先，政府团结社会力量办文化，坚持支持和领导。其次要坚持规范和管理。"①

---

① 调研人员2012年7月16日在衡阳市文广新局对李安元的访谈记录。

# 参考文献

## 一、经典文献

1. 《马克思恩格斯选集》（第一卷），人民出版社 1995 年版
2. 《斯大林选集》（下），人民出版社 1979 年版
3. 《列宁全集》（第 23 卷），人民出版社 2017 年版
4. 《毛泽东选集》（第二卷），人民出版社 1966 年版
5. 薄一波：《若干重大决策与事件的回顾》（下），中共党史出版社 2008 年版
6. 《邓小平文选》（第二、三卷），人民出版社 1994 年版
7. 《十七大以来重要文献选编》（上），中央文献出版社 2009 年版
8. 《中共中央关于深化文化体制改革　推动社会主义文化大发展大繁荣若干重大问题的决定》，人民出版社 2011 年版

## 二、中文著作及译著

1. 中共中央宣传部、中共中央文献研究室：《论文化建设——重要论述摘编》，学习出版社、中央文献出版社 2012 年版
2. 《十八大报告辅导读本》，人民出版社 2012 年版
3. 《党的十九大报告辅导读本》，人民出版社 2017 年版
4. 《国际城市发展报告 2012》，社会科学文献出版社 2013 年版
5. 江波：《文化支持：农民工子女融入城市文化的研究》，苏州大学出版社 2012 年版
6. 陆自荣：《文化整合与社区和谐：兼析王阳明南赣社区治理及意义》，中国社会科学出版社 2012 年版
7. 王志弘：《文化治理与空间政治》，群学出版有限公司 2012 年版

8. 风笑天：《社会学研究方法》（第三版），中国人民大学出版社 2009 年版
9. 童长江：《城乡经济协调发展评价及模式选择》，科学出版社 2013 年版
10. 薛凤旋：《中国城市及其文明的演变》，世界图书出版公司北京公司 2015 年版
11. 曹爱军：《公共文化服务的理论与实践》，科学出版社 2011 年版
12. 欧阳日辉：《以更大的政治勇气和智慧深化改革》，国家行政学院出版社 2013 年版
13. 张红宇等编著：《中国农村土地制度建设》，人民出版社 1995 年版
14. 林万龙：《中国农村社区公共产品供给制度变迁研究》，中国财政经济出版社 2003 年版
15. 张新华：《新中国探索"三农"问题的历史经验》，中共党史出版社 2007 年版
16. 张鼎如：《城乡和谐论》，经济日报出版社 2007 年版
17. 陆学艺、王春光、张其仔：《中国农村现代化道路研究》，广西人民出版社 1998 年版
18. 陈立：《中国国家战略问题报告》，中国社会科学出版社 2002 年版
19. 张晓明、胡惠林、章建刚：《2007 年中国文化产业发展报告》，社会科学文献出版社 2007 年版
20. 范中汇：《英国文化》，文化艺术出版社 2003 年版
21. 李国庆：《日本农村的社会变迁：富士见町调查》，中国社会科学出版社 1999 年版
22. 王列生、郭全中、肖庆：《国家公共文化服务体系论》，文化艺术出版社 2009 年版
23. 张树义：《变革与重构——改革背景下的中国行政法理念》，中国政法大学出版社 2002 年版
24. 王进、林波：《权利的缺陷》，经济日报出版社 2001 年版
25. 范周：《新型城镇化与文化发展研究报告》，光明日报出版社 2014 年版
26. 花建：《文化软实力：全球化背景下的强国之道》，上海人民出版社 2013 年版
27. 费孝通：《中国文化的重建》，华东师范大学出版社 2014 年版
28. 郭湛：《主体性哲学：人的存在及其意义》（修订版），中国人民大学出版社

2011年版

29. 周海燕：《记忆的政治》，中国发展出版社2013年版

30. 李景源、陈威等主编：《中国公共文化服务发展报告（2009）》，社会科学文献出版社2009年版

31. 朱天飚：《比较政治经济学》，北京大学出版社2006年版

32. 孙浩：《农村公共文化服务有效供给研究》，中国社会科学出版社2012年版

33. 胡小武：《城市社会学的想象力》，东南大学出版社2012年版

34. 叶辛、蒯大申等主编：《2006—2007上海文化发展报告》，社会科学文献出版社2007年版

35. 艺衡、任珺、杨立青等：《文化权利：回溯与解读》，社会科学文献出版社2004年版

36. 孙加秀：《统筹城乡经济社会一体化发展研究》，电子科技大学出版社2008年版

37. ［新加坡］阿努拉·古纳锡克拉等：《全球化背景下的文化权利》，张毓强译，中国传媒大学出版社2006年版

38. ［日］岸根卓郎：《迈向21世纪的国土规划：城乡融合系统设计》，高文琛译，科学出版社1990年版

39. ［英］埃比尼泽·霍华德：《明日的田园城市》，金经元译，商务印书馆2011年版

40. ［美］弗兰克·道宾：《新经济社会学读本》，左晗等译，上海人民出版社2013年版

41. ［美］费景汉·拉尼斯：《劳动剩余经济的发展：理论与政策》，王璐等译，经济科学出版社1992年版

42. ［美］讷克斯：《不发达国家的资本形成问题》，谨斋译，商务印书馆1966年版

43. ［美］吉利斯：《发展经济学》（第四版），黄卫平等译，中国人民大学出版社2003年版

44. ［美］佩特曼：《参与和民主理论》，陈尧译，上海人民出版社2012年版

45. ［英］罗德里克·麦克法夸尔、［美］费正清：《剑桥中华人民共和国史（1949—1965）》，谢亮生、杨品泉译，上海人民出版社1990年版

46. ［美］西蒙·库兹涅茨：《各国的经济增长》，常勋等译，商务印书馆

1985年版

47.［美］费雷德里克·马特尔：《论美国的文化：在本土与全球之间双向运行的文化体制》，周莽译，商务印书馆2013年版

48.［日］富永健一：《社会结构与社会变迁——现代化理论》，董兴华译，云南人民出版社1988年版

49.［法］亨利·勒菲弗：《空间与政治》，李春译，上海人民出版社2008年版

50.［英］布莱恩·特纳：《公民身份与社会理论》，郭忠华译，吉林出版集团有限责任公司2007年版

51.［美］费里德曼：《自由选择：关于个人主义的声明》，胡骑等译，商务印书馆1982年版

52.［美］斯蒂芬·戈德史密斯、威廉·D.埃格斯：《网络化治理：公共部门的新形态》，孙迎春译，北京大学出版社2008年版

53.［美］加布里埃尔·A.阿尔蒙德、小G.宾厄姆·鲍威尔：《比较政治学：体系、过程和政策》，曹沛霖等译，东方出版社2007年版

54.［日］田原史起：《日本视野中的中国农村精英：关系、团结、三农政治》，王佩莉译，山东人民出版社2012年版

55.［美］E. S. 萨瓦斯：《民营化与公私部门的伙伴关系》，周志忍等译，中国人民大学出版社2001年版

56.［英］巴特·范·斯廷博根：《公民身份的条件》，郭台辉译，吉林出版集团有限责任公司2007年版

57.［英］戴维·奥斯本、特德·盖布勒：《改革政府：企业家精神如何改革着公共部门》，周郭仁等译，上海译文出版社2006年版

58.［英］雷蒙·威廉斯：《文化与社会：1780—1950》，高晓玲译，吉林出版集团有限责任公司2011年版

59.尼克·斯蒂文森：《文化与公民身份》，陈志杰译，吉林出版集团有限责任公司2007年版

60.［美］塞缪尔·亨廷顿、劳伦斯·哈里森编：《文化的重要作用：价值观如何影响人类进步》，程克雄译，新华出版社2010年版

61.［美］斯塔夫里阿诺斯（L. S. Stavrianos）：《全球通史——从史前史到21世纪》，吴象婴等译，北京大学出版社2006年版

62.［美］诺贝特·埃利亚斯：《文明的进程：文明的社会发生和心理发生的研

究》，王佩莉等译，上海译文出版社 2013 年版
63. ［美］西里尔·E. 布莱克：《比较现代化》，杨豫译，上海译文出版社 1996 年版
64. 曹爱军、杨平：《公共文化服务的理论与实践》，科学出版社 2011 年版

## 三、中文论文

1. 刘苏荣：《我国社会主要矛盾发生转化背景下构建城乡一体化社会救助体系的基本策略》，《学术探索》2018 年第 8 期
2. 滕翠华、许可：《供给侧改革视域下城乡文化一体化发展问题研究》，《天津行政学院学报》2016 年第 6 期
3. 廖青虎、孙钰：《国外公共文化服务保障的立法经验与启示》，《经济社会体制比较》2017 年第 4 期
4. 奚建武、唐亚林：《复合型二元结构：考察城乡关系的新视角》，《社会主义研究》2008 年第 5 期
5. 屈群苹：《何以解滕尼斯之忧：村改居社区治理转型中的"城乡一体化"》，《浙江学刊》2018 年第 4 期
6. 张幼文：《包容性发展：世界共享繁荣之道》，《上海国资》2011 年第 6 期
7. 黄祖辉：《包容性发展与中国转型》，《人民论坛》2011 年第 12 期
8. 胡惠林：《国家文化治理：发展文化产业的新维度》，《学术月刊》2012 年第 5 期
9. 王晓冬、索志林：《农村人力资源开发与社会主义新农村经济建设》，《商业研究》2007 年第 1 期
10. 李军鹏：《论中国政府公共服务职能》，《国家行政学院学报》2003 年第 4 期
11. 吴正国：《城乡基本公共文化服务均等化研究》，《群文天地》2011 年第 22 期
12. 徐觉哉：《欧洲空想社会主义的"和谐社会"观》，《毛泽东邓小平理论研究》2005 年第 8 期
13. 罗吉、王代敬：《关于城乡联系理论的综述与启示》，《开发研究》2005 年第 1 期
14. 刘晨光、李二玲、覃成林：《中国城乡协调发展空间格局与演化研究》，《人文地理》2012 年第 2 期

15. 吴冠岑、刘友兆、马贤磊：《我国城乡制度变革的制度变迁理论解析》，《农业经济》2007 年第 5 期

16. 张学英：《城市化呼唤农村社会保障制度》，《城乡建设》2003 年第 9 期

17. 林德荣：《从"二元经济论"看"新秩序"时期的印尼经济》，《厦门大学学报》（哲学社会科学版）2002 年第 6 期

18. 张建华：《对二元经济理论及其实质的再认识》，《华中理工大学学报》（社会科学版）1994 年第 3 期

19. 李广舜：《国内外城乡经济协调发展研究成果综述》，《地方财政研究》2006 年第 2 期

20. 袁政：《中国城乡一体化评析及公共政策探讨》，《经济地理》2004 年第 3 期

21. 余茂辉：《国外城乡一体化理论研究进展述评》，《华夏地理》2015 年第 3 期

22. 柳士化：《几代党的领导人城乡一体化思想探究》，《湖北经济学院学报》（人文社会科学版）2009 年第 2 期

23. 蔡云辉：《城乡关系与近代中国的城市化问题》，《西南大学学报》（社会科学版）2003 年第 5 期

24. 林风：《断裂：中国社会的新变化——访清华大学社会学系孙立平教授》，《中国改革》2002 年第 4 期

25. 孙立平：《"新二元结构"正在出现》，《经济研究资料》2002 年第 7 期

26. 陈吉元、胡必亮：《中国的三元经济结构与农业剩余劳动力转移》，《经济研究》1994 年第 4 期

27. 唐亚林：《推进长三角公共服务均等化的理论思考》，《学术界》2008 年第 1 期

28. 景普秋、张复明：《城乡一体化研究的进展与动态》，《城市规划》2003 年第 6 期

29. 徐莉：《城乡一体化中农民文化权益保障问题探析》，《农村研究》2011 年第 6 期

30. 吴晓林：《城乡一体化建设的两个误区及其政策建议》，《调研世界》2009 年第 9 期

31. 赵群毅：《城乡关系的战略转型与新时期城乡一体化规划探讨》，《城市规划学刊》2009 年第 6 期

32. 孟昭东、马丽卿：《我国城乡一体化现状及对策分析》，《安徽农业科学》

2015 年第 3 期

33. 康永超：《城乡融合视野下的城乡一体化》，《理论探索》2012 年第 1 期

34. 付恒：《城乡一体化中的农民政治权益界说》，《成都理工大学学报》（社会科学版）2012 年第 1 期

35. 张庭伟：《对城市化发展动力的探讨》，《城市规划》1983 年第 5 期

36. 崔功豪、马润潮：《中国自下而上城市化的发展及其机制》，《地理学报》1999 年第 2 期

37. 宁越敏：《新城市化进程——90 年代中国城市化动力机制和特点探讨》，《地理学报》1998 年第 5 期

38. 孙自铎：《试析我国现阶段城市化与工业化的关系》，《经济学家》2004 年第 5 期

39. 高善春：《城乡文化一体化建设的制约因素及应对策略》，《河北理工大学学报》（社会科学版）2011 年第 3 期

40. 完世伟：《当代中国城乡关系的历史考察及思考》，《贵州师范大学学报》（社会科学版）2008 年第 4 期

41. 屈群苹、孙旭友：《"非城非乡"："村改居"社区治理问题的演进逻辑——基于浙江省 H 市宋村的考察》，《东南大学学报》（哲学社会科学版）2018 年第 5 期

42. 吴理财：《公共文化服务的运作逻辑及后果》，《江淮论坛》2011 年第 4 期

43. 高福安、刘亮：《基于高新信息传播技术的数字化公共文化服务体系建设研究》，《管理世界》2012 年第 8 期

44. 顾金喜、宋先龙、于萍：《基本公共文化服务均等化问题研究——以区域间对比为视角》，《中共杭州市委党校学报》2010 年第 5 期

45. 胡税根、李倩：《我国公共文化服务政策发展研究》，《华中师范大学学报》（人文社会科学版）2015 年第 2 期

46. 周长城、张含雪、李俊峰：《文化强国的构建重心：公共文化服务体系现状、研究及其启示》，《黑龙江社会科学》2016 年第 5 期

47. 周晓丽、毛寿龙：《论我国公共文化服务及其模式选择》，《江苏社会科学》2008 年第 1 期

48. 顾金孚：《农村公共文化服务市场化的途径与模式研究》，《学术论坛》2009 年第 5 期

49. 刘辉：《理解公共文化服务：资金、人才与市场化道路的分歧》，《江西师范大学学报》（哲学社会科学版）2011年第2期

50. 张启春、李淑芳：《公共文化服务的财政保障：范围、标准和方式》，《江汉论坛》2014年第4期

51. 赵路：《构建公共文化服务财政保障机制满足人民群众基本文化需求》，《中国财政》2008年第21期

52. 夏国锋、吴理财：《公共文化服务体系建设的发展历程、基本逻辑与经验启示：深圳样本的表达》，《理论与改革》2012年第3期

53. 马雪松、杨楠：《我国农村基本公共文化服务供求失衡问题研究》，《中共福建省委党校学报》2016年第10期

54. 张启春、李淑芳：《公共文化服务的财政保障：范围、标准和方式》，《江汉论坛》2014年第4期

55. 全国农村文化联合调研课题组：《中国农村文化建设的现状分析与战略思考》，《华中师范大学学报》（人文社会科学版）2007年第4期

56. 陈育钦：《新农村文化建设的现状分析与对策建议》，《昆明理工大学学报》（社会科学版）2008年第8期

57. 朱云、包哲石：《我国公共文化服务市场化视阈下的政府规制研究》，《世界经济与政治论坛》2013年第3期

58. 李少惠、王苗：《农村公共文化服务供给社会化的模式构建》，《国家行政学院学报》2010年第2期

59. 吴淼：《论农村文化建设的模式选择》，《华中科技大学学报》（社会科学版）2007年第6期

60. 左艳荣：《公共文化服务亟须推进社会化》，《学习月刊》2015年第4期上半月

61. 杨立青：《论公共文化服务的社会化》，《云南社会科学》2014年第6期

62. 傅才武、陈庚：《我国文化体制改革的过程、路径与理论模型》，《江汉论坛》2009年第6期

63. 傅才武：《当代公共文化服务体系建设与传统文化事业体系的转型》，《江汉论坛》2012年第1期

64. 蒋晓丽、石磊：《公益与市场：公共文化建设的路径选择》，《广州大学学报》（社会科学版）2006年第8期

65. 陈立旭:《公共文化服务的均等化与效率》,《中共浙江省委党校学报》2015年第1期

66. 王景新:《乡村建设的历史类型、现实模式和未来发展》,《中国农村观察》2006年第3期

67. 杨永、朱春雷:《公共文化服务均等化三维视角分析》,《理论月刊》2008年第9期

68. 纪东东、文立杰:《公共文化服务供给侧结构性改革研究》,《江汉论坛》2017年第11期

69. 许昳婷、陈鸣:《建构混合型城市公共文化服务新机制》,《探索与争鸣》2017年第12期

70. 邓如辛、周宿峰:《论公民基本文化权利的内涵及保障》,《学术交流》2014年第3期

71. 魏宏:《构建社会主义公民文化权利保障体系》,《探索与争鸣》2014年第5期

72. 赵中源:《中国共产党认识和保障公民文化权利的探索与启示》,《当代世界与社会主义》2013年第1期

73. 陈宪:《文化为何能推动经济增长》,《传承》2011年第4期

74. 辛鸣:《文化体制改革中三大关系辨析》,《人民论坛》2011年第30期

75. 朱海闵:《基本公共文化服务标准化均等化研究》,《文化艺术研究》2014年第1期

76. 蔡正平、李春火:《大力促进农村与城市之间基本公共文化服务均等化》,《湖南行政学院学报》2011年第4期

77. 曹爱军:《当代中国文化发展战略的基本维度》,《中共济南市委党校学报》2013年第5期

78. 陆学艺:《中国社会阶级阶层结构变迁60年》,《中国人口·资源与环境》2010年第7期

79. 陆学艺:《走出"城乡分治、一国两策"的困境》,《读书》2000年第5期

80. 聂晓等:《建国以来我国城乡关系的历史演变与现实思考》,《农村经济与科技》2015年第12期

81. 周凯、宋兰旗:《中国城乡融合制度变迁的动力机制研究》,《当代经济研究》2014年第12期

82. 陈海秋：《建国以来农村土地制度的历史变迁》，《南都学坛》2002年第5期

83. 李成贵、赵宪军：《三农困境的主要原因在于二元结构》，《国际经济评论》2003年第7期

84. 李成贵：《历史视野下的国家与农民》，《读书》2010年第4期

85. 侯月明、王树松：《统筹城乡文化产业建设的意义研究》，《乡村科技》2017年第29期

86. 韩海浪：《农村文化产业现状与发展路径研究》，《商场现代化》2006年第31期

87. 郝风林：《发展城市文化产业的思考》，《科学社会主义》2005年第2期

88. 司芳琴：《新农村文化建设的若干思考》，《郑州大学学报》（哲学社会科学版）2007年第4期

89. 桂玉：《新农村视角下的农村文化建设问题》，《前沿》2008年第3期

90. 曹锦扬：《统筹城乡文化发展的六个关键环节》，《江海纵横》2009年第1期

91. 何跃新：《以科学发展观统筹浙江城乡文化发展》，《中共浙江省委党校学报》2005年第2期

92. 刘文俭、张传翔、刘效敬：《统筹城乡文化发展战略研究》，《国家行政学院学报》2005年第6期

93. 马永强、王正茂：《农村文化建设的内涵和视域》，《甘肃社会科学》2008年第6期

94. 冯晓阳：《农村文化的现状及发展对策——基于传统与现代、城市与农村之间》，《理论月刊》2010年第12期

95. 孙全胜：《城市化的二元结构和城乡一体化的实现路径》，《经济问题探索》2018年第4期

96. 彭耀雄：《印度图书馆事业发展》，《图书馆理论与实践》1993年第4期

97. 黄立华：《日本新农村建设及其对我国的启示》，《长春大学学报》2007年第1期

98. 付云东：《另类的科学与另类的发展——印度喀拉拉邦民众科学运动的科学观与发展观》，《科学学研究》2006年第5期

99. 王习明、彭晓伟：《缩小城乡差别的国际经验》，《国家行政学院学报》2007年第2期

100. 武锐、方媛：《从中日对比谈我国农村教育投资效率的主要问题》，《青海

社会科学》2009 年第 6 期

101. 黄立华：《韩国的新村运动及其启示：有关农村公共产品供给的成功经验》，《鲁东大学学报》（哲学社会科学版）2007 年第 6 期

102. 孙育红：《从日本、韩国有关情况看我国农业发展及社会主义新农村建设》，《现代农业》2008 年第 3 期

103. 张涛、彭尚平：《当前城乡文化一体化建设面临的问题及对策》，《中共成都市委党校学报》2012 年第 6 期

104. 胡税根、宋先龙：《我国西部地区基本公共文化服务均等化问题研究》，《天津行政学院学报》2011 年第 1 期

105. 丁元竹：《基本公共服务均等化：战略与对策》，《中共宁波市委党校学报》2008 年第 5 期

106. 高善春：《城乡文化从二元到一体：制度分析与制度创新的基本维度》，《理论探讨》2012 年第 2 期

107. 徐学庆：《城乡文化一体化发展途径探析》，《中州学刊》2013 年第 1 期

108. 何义珠、李露芳：《公民参与视角下的城乡公共文化服务均等化研究》，《图书馆杂志》2013 年第 6 期

109. 韩振乾：《韩国文化产业的发展思路：读〈韩国文化政策〉》，《中国图书评论》2006 年第 12 期

110. 郭灵凤：《欧盟文化政策与文化治理》，《欧洲研究》2007 年第 2 期

111. 张艳：《社会多元化对传统宪政模式的冲击》，《行政论坛》2004 年第 3 期

112. 陈运贵：《城乡文化一体化的内在逻辑及其发展之道》，《社科纵横》2016 年第 10 期

113. 潘乃巩：《经济、社会及文化权利国际公约》，《国际展望》1997 年第 22 期

114. 邓保国、傅晓：《农民工的法律界定》，《中国农村经济》2006 年第 3 期

115. 付磊、唐子来：《上海市外来人口社会空间结构演化的特征与趋势》，《城市规划学刊》2008 年第 1 期

116. 杜毅：《农民工就业现状与对策研究——以 2 834 名农民工为例》，《重庆三峡学院学报》2009 年第 1 期

117. 张智勇：《户籍制度：农民工就业歧视形成之根源》，《农村经济》2005 年第 4 期

118. 潘旦：《农民工子女城市融合问题研究》，《黑河学刊》2010 年第 9 期

119. 马明杰：《农民工社会保险问题研究》，《才智》2011年第28期

120. 王萍、周闻燕：《外来工人员城市归属感研究——基于宁波市的问卷调查》，《中国市场》2011年第5期

121. 李广贤：《外来务工人员对区域文化的认同问题研究——以泉州外来务工人员对闽南文化的认同为例》，《赤峰学院学报》（哲学社会科学版）2011年第4期

122. 谢艳伶：《外来务工人员信息服务需求调查与对策研究——以广州地区为例》，《图书馆学研究》2011年第12期

123. 李炎：《公共文化与文化产业互动的区隔与融合》，《学术论坛》2018年第1期

124. 张强：《中国城乡一体化发展的研究与探索》，《中国农村经济》2013年第1期

125. 凌龙华：《乡村振兴中的文化到场》，《社会关注》2018年第3期

126. 朱勤：《小议民俗旅游文化资源开发及保护》，《科技、经济、市场》2007年第8期

127. 唐茂华：《金融危机下天津滨海新区的发展态势及应对举措》，《湖北社会科学》2009年第10期

128. 吕斌、陈睿：《我国城市群空间规划方法的转变与空间管制策略》，《现代城市研究》2006年第8期

129. 胡志平：《文化强国梦、文化产业与公共服务机制及其创新》，《社会科学研究》2015年第2期

130. 彭菁、罗静、熊娟等：《国内外基本公共服务可达性研究进展》，《地域研究与开发》2012年第2期

131. 刘贤腾：《空间可达性研究综述》，《城市交通》2007年第6期

132. 张军：《创新城乡、区域统筹发展——以杭州为案例》，《中国发展》2012年第1期

133. 彭迈：《发展文化产业需要处理好的几个关系》，《河南社会科学》2009年第1期

134. 陈水生：《项目制的执行过程与运作逻辑：对文化惠民工程的政策学考察》，《公共行政评论》2014年第3期

135. 周飞舟：《分税制十年：制度及其影响》，《中国社会科学》2006年第6期

136. 陈家建：《项目制与基层政府动员：对社会管理项目化运作的社会学考察》，《中国社会科学》2013年第2期

137. 渠敬东：《项目制：一种新的国家治理体制》，《中国社会科学》2012年第5期

138. 渠敬东、周飞舟、应星：《从总体支配到技术治理：基于中国30年改革经验的社会学分析》，《中国社会科学》2009年第6期

139. 折晓叶、陈婴婴：《项目制的分级运作机制和治理逻辑：对"项目进村"案例的社会学分析》，《中国社会科学》2011年第4期

140. 唐亚林、朱春：《当代中国公共文化服务均等化的发展之道》，《学术界》2012年第5期

141. 张晓明、李河：《公共文化服务：理论和实践含义的探索》，《出版发行研究》2008年第3期

142. 张等文、陈佳：《城乡二元结构下农民的权利贫困及其救济策略》，《东北师范大学学报》（哲学社会科学版）2014年第3期

143. 曹爱军：《基层公共文化服务均等化：制度变迁与协同》，《天府新论》2009年第4期

144. 阮荣平、郑风田、刘力：《中国当前农村公共文化设施供给：问题识别及原因分析——基于河南嵩县的实证调查》，《当代经济科学》2011年第1期

145. 于平：《当前包容性增长理念中的文化建设》，《艺术百家》2012年第2期

146. 安体富：《完善公共财政制度逐步实现公共服务均等化》，《财经问题研究》2007年第7期

147. 陈楚洁、袁梦倩：《传播的断裂：压力型体制下的乡村文化建设——以江苏省J市农村为例》，《理论观察》2010年第4期

148. 郁建兴、徐越倩：《从发展型政府到公共服务型政府：以浙江省为个案》，《马克思主义与现实》2004年第5期

149. 罗来军、罗雨泽、罗涛：《中国双向城乡一体化验证性研究：基于北京市怀柔区的调查数据》，《管理世界》2014年第11期

150. 白嘉苑：《以新型城镇化推进城乡一体化建设》，《中国农村科技》2015年第2期

151. 折晓叶：《县域政府治理模式的新变化》，《中国社会科学》2014年第1期

152. 徐学庆：《推动我国城乡文化发展一体化研究》，《学习论坛》2013年第1期
153. 新疆新农村文化发展调研组：《新疆城乡一体化文化建设面临的问题与出路》，《新疆师范大学学报》（哲学社会科学版）2009年第4期
154. 张卉：《文化发展对中国经济增长影响的长期动态研究——基于1997—2012年省级面板数据》，《商业经济研究》2015年第5期
155. 庞仁芝、周东宪：《深化文化体制改革开放的行动纲领》，《中国井冈山干部学院学报》2011年第6期
156. 王列生：《警惕文化体制空转与工具去功能化》，《探索与争鸣》2014年第5期
157. 陈立旭：《以全新理念建设公共文化服务体系：基于浙江实践经验的研究》，《浙江社会科学》2008年第9期
158. 胡惠林：《国家文化治理：发展文化产业的新维度》，《学术月刊》2012年第5期
159. 李少惠：《转型期中国政府公共文化治理研究》，《学术论坛》2013年第1期
160. 费孝通：《"美美与共"和人类文明》，《名人传记》（上半月）2009年第8期
161. 丁元竹：《滕尼斯的梦想与现实》，《读书》2013年第2期
162. 闫平：《城乡文化一体化发展的内涵、重点及对策》，《山东社会科学》2014年第11期
163. 唐亚林：《国家治理在中国的登场及其方法论价值》，《复旦学报》（社会科学版）2014年第2期

## 四、相关档案与材料

1. 上海市文化事业管理处、上海文化研究中心：《2011：上海公共文化服务发展报告》，2011年12月
2. 上海市虹口区文化局：《虹口区文化创意和旅游产业发展专项资金使用管理试行办法及实施细则》，2011年10月
3. 重庆市渝中区人民政府：《"加快完善四级文化圈层，倾力打造10分钟公共文化服务圈"（渝中区创建国家公共文化服务体系示范区工作汇报）》，2012年7月

4. 中共遵义市委宣传部：《遵义市创建国家公共文化服务体系示范区工作汇报材料》，2012 年 7 月
5. 中共成都市委：《关于进一步加强基层文化建设的意见》〔成委发（2009）17 号〕，2009 年 3 月
6. 重庆市渝中区文化局：《渝中区创建国家公共文化服务体系示范区专刊》，2012 年 7 月
7. 上海市文化广播影视管理局：《首届上海市民文化节实施方案》，2013 年 3 月
8. 上海市文化广播影视管理局：《首届上海市民文化节市级赛事市民报名点设置办法》，2013 年 3 月
9. 上海市文化广播影视管理局：《首届上海市民文化节"区县周""社区日"活动组织要求》，2013 年 3 月
10. 上海市文化广播影视管理局：《首届上海市民文化节宣传工作方案》，2013 年 3 月
11. 上海市虹口区文化局：《虹口区区政府常务会议汇报材料汇编（2013 年 3 月—12 月）》，2014 年 1 月
12. 上海市虹口区文化局：《首届上海市民文化节虹口活动经费预算》，2013 年 3 月
13. 上海市虹口区文化局：《虹口区广中街道社区文化服务中心志愿者考核办法》，2012 年 1 月
14. 上海市公共文化服务工作协调小组办公室：《上海市公共文化建设工作会议交流材料》，2012 年 3 月
15. 上海市公共文化服务工作协调小组办公室：《上海市公共文化建设工作会议交流材料》，2014 年 3 月
16. 上海市虹口区文化局：《虹口区文化报》，2013 年第 1—12 期
17. 上海市文化广播影视管理局：《上海市社区文化活动中心专业化社会化管理服务标准（征求意见稿）》，2014 年 8 月
18. 上海市虹口区文化局：《虹口区文化发展纲要（2011—2015）》，2011 年 12 月

## 五、政策、法律、法规、部门规章

1. 《世界人权宣言》，1948 年

2. 《经济、社会与文化权利国际公约》,1966 年
3. 《中共中央关于制定国民经济和社会发展第十个五年计划的建议》,2000 年 10 月
4. 《中共中央关于制定国民经济和社会发展第十一个五年计划的建议》,2005 年 10 月
5. 《中共中央关于制定国民经济和社会发展第十二个五年计划的建议》,2011 年 3 月
6. 《中共中央、国务院关于深化文化体制改革的若干意见》,2006 年 2 月
7. 《中央办公厅、国务院办公厅关于进一步加强公共文化服务体系建设的若干意见》,2007 年 8 月
8. 《国家"十一五"时期文化发展规划纲要》,2006 年 9 月
9. 《国家基本公共服务体系"十二五"规划》,2012 年 7 月
10. 《"十二五"时期公共文化服务体系建设实施纲要》,2013 年 1 月
11. 《中共中央关于深化文化体制改革 推动社会主义文化大发展大繁荣若干重大问题的决定》,2011 年 11 月
12. 《中共中央关于全面深化改革若干重大问题的决定》,2013 年 11 月
13. 《中共上海市委关于当前加强社会主义精神文明建设的若干实施意见》,1991 年 12 月
14. 《上海市社区公共文化服务规定》,2012 年 11 月
15. 《上海市社区文化活动中心管理暂行办法》,2009 年 7 月
16. 《中共成都市委办关于进一步加强基层文化建设的意见》,2009 年
17. 《中共成都市委办关于深入开展国家公共文化服务体系示范区创建工作的实施意见》,2012 年
18. 《国家新型城镇化规划(2014—2020)》,2014 年
19. 《遵义市创建国家公共文化服务体系示范区工作汇报材料》,2012 年
20. 《"十二五"时期公共文化服务体系建设实施纲要》,文公共发〔2013〕3 号
21. 《关于做好政府向社会力量购买公共文化服务工作意见》,国办发〔2015〕37 号

## 六、英文著作及论文

1. John Donahue and Richard Zeckhauser, *Collaborative Governance: Private*

*Roles for Public Goals in Turbulent Times*. Princeton University Press. 2011

2. Donald Kettl, *Sharing Power: Public Governance and Private Markets*. The Brookings Institution Press. 1993

3. Yvonne Donders, *Do Cultural Diversity and Human Rights Make a Good Match? Cultural Diversity and Human Rights*. Blackwell Publishing Ltd., 2010, pp.15-35

4. Raymond Williams, *Keywords: A Vocabulary of Culture and Society*. Oxford University Press, 1985, pp.347-363

5. Charles Landry, *The Creative City: A Toolkit for Urban Innovators*. Earthscan Publications, 2002

6. Audrey Yue, "Cultural governance and creative industries in Singapore", *International Journal of Cultural Policy*, 2006, Vol. 12, p.1

7. Darrin Bayliss, "The Rise of the Creative City: Culture and Creativity in Copenhagen", *European Planning Studies*, 2012, 15 (7), pp. 889-903

8. Brendon Swedlow, "Advancing Policy Theory with Cultural Theory: An Introduction to the Special Issue", *The Policy Studies Journal*, 2014, Vol. 42, p.4

9. Brendon Swedlow, "Cultural Co-production of Four States of Knowledge", *Science, Technology and Human Values*, 2012, 37 (3), pp.151-179

10. Deborah Stevenson and David Rowe, "Convergence in British Cultural Policy: The Social, the Cultural, and the Economic", *The Journal of Arts Management, Low, and Society*, 2010, 40, pp.248-265

11. Carl Grodach, "Cultural Economy Planning in Creative Cities: Discourse and Practice", *International Journal of Urban and Regional Research*, 2013, Vol. 37, pp.47-65

12. Jessica Teets, "Let Many Civil Societies Bloom: The Rise of Consultative Authoritarianism in China", *The China Quarterly*, 2013, Vol. 213, pp.19-38

13. Xiaoguang Kang and Heng Han, "Administrative Absorption of Society: A Further Probe into State-society Relationship in Chinese Mainland", *Social Sciences in China*. Summer 2007

14. Lester Salamon, "Rethinking Public Management: Third-Party Government and the Changing Forms of Government Action", *Public Policy*, 1981, 29 (3), pp.255-275

15. Janet Newman, "Re-thinking 'the Public' in Troubled Times: Unsettling State, Nation and the Liberal Public Sphere", *Public Policy and Administration*, 2007, 22 (1) pp.27-47

16. Patricia Thornton, "The Advance of the Party: Transformation or Takeover of Urban Grassroots Society?", *The China Quarterly*, 2013, Vol. 213, pp.1-18

17. Pier Luigl Sacco and Alessandro Crociata, "A Conceptual Regulatory Framework for the Design and Evaluation of Complex, Participative Cultural Planning Strategies", *International Journal of Urban and Regional Research*. 2013, 37 (5), pp. 1688-1706

18. Keith Provan and Keni Patrick, "Modes of Network Governance: Structure, Management, and Effectiveness", *Journal of Public Administration Research and Theory*, 2008, 18 (2), pp.229-252

19. Fayth Ruffin, "Collaborative Network Management for Urban Revitalization: The Business Improvement Mode", *Public Performance and Management Review*, 2010, 33 (3), pp.459-487

20. David Rosenbloom and Ting Gong, "Coproducing 'Clean' Collaborative Governance: Examples from the United States and China", *Public Performance and Management Review*, 2013, 36 (4), pp.544-561

21. Sari Karttunen, "Cultural Policy Indicators: Reflections on the Role of Official Statisticians in the Politics of Data Collection", *Cultural Trends*, 2012, 12 (2), pp.133-147

22. Geoboo Song, Carol Silva, and Hank Jenkins-Smith, "Cultural Worldview and Preference for Childhood Vaccination Policy", *Policy Studies Journal*, 2014: 42 (4), pp.528-554

23. Emanuel Savas, "Competition and Choice in New York City Social Services", *Public Administration Review*, 2002. 62 (1), pp.82-91

24. Shui-Yan Tang and Carlos Wing-Hung Lo, "The Political Economy of Service

Organization Reform in China: An Institutional Choice Analysis", *Journal of Public Administration Research and Theory*, 2009, 19 (4), pp.731-767

25. Ellen Cromley and Gary Shannon, "Locating Ambulatory Medical Care Facilities for the Elderly", *Health Services Research*, 1986, 21 (4), pp.499-514

# 美丽的邂逅：文化研究所赋予的自觉阵地意识与沉重使命担当（代后记）

历史往往是由偶然书写的，人生又何尝不如是。

闯入公共文化服务研究，算得上一个偶然。2011年上半年，我所在的公共行政系决定集体搞一个年度系列报告——"中国政府建设与发展报告"，当时将主题定为"包容性增长与政府发展"，由系里老师分头围绕包容性发展与政府创新、城市治理、公共服务、社会管理等方面内容，各自展开研究。其中，关于公共文化服务均等化与包容性发展的研究，没有人做，主事者希望我来承担。彼时，我也没多细想，就应承下来，随即和我当时指导的在读博士生朱春一起合作开展此项研究。

谁知一做，竟发现公共文化服务研究是一个学术研究的"大富矿"。我们师生二人不仅完成了关于公共文化服务均等化问题的分报告写作，而且联合撰写的学术论文《当代中国公共文化服务均等化的发展之道》发表于《学术界》2012年第5期，该文旋即被《新华文摘》2012年第17期全文转载。这既是对我们研究成果的一大认可，也是一大鼓励。时至今日，这篇学术文章在"中国知网"上的被引量有160余次，且一直在增多。如果以关键词"公共文化服务均等化"为搜索词在网上进行搜索，此文的被引量排在"中国知网"同类文章的第一位；如果进一步以"公共文化服务"为搜索词，则该文的被引量排在"中国知网"同类文章的第五位。这从一个侧面说明了公共文化服务及其均等化研究是近十余年来学术研究

## 美丽的邂逅：文化研究所赋予的自觉阵地意识与沉重使命担当（代后记）

与政策研究的一大热点问题。

巧合的是，2011年10月中旬举行的中共十七届六中全会的主题是关于"文化大发展大繁荣"问题，全会所通过的《决定》全名为《中共中央关于深化文化体制改革 推动社会主义文化大发展大繁荣若干重大问题的决定》。这个重大决定的出台，既为我们的研究指明了研究方向和研究重点，又为我们的研究提供了新的契机和动力。

2011年11月，全国哲学社会科学规划办公室（现"全国哲学社会科学工作办公室"）发布2012年度第一批国家社会科学基金重大项目（文化类）的招标通告。其中，第23个招标选题是"统筹城乡文化一体化发展新格局研究"。鉴于我们前期的研究基础以及对此项重大课题研究的信心，我决定组成一个由青年才俊为主的研究团队并由我领衔负责申报应标。经过反复思考和系统谋划，我决定在给定的且原则上不能修改的招标课题题目之前，加一个"包容性公民文化权利视角下"的限定语，作为课题研究的新型理论分析视角，其目的在于表达我们对课题研究的理论追求与现实关怀。

我们课题组在进行课题申报书的填写时，有两大值得一说的"研究背景与研究思路"的设计考量：一是将课题研究置放在"中共中央提出'城乡一体化'与'文化强国'之大国策，发展面临工业化、城市化、城镇化、信息化、国际化与社会转型之大环境，城乡呈现复合型城乡二元结构之大格局，[①] 时代形成包容性发展的共识之大趋势的历史背景"之中；二是将"公民文化权利"与"包容性发展"二者有机结合，形成"包容性公民文化权利"这一新型理论分析视角，并按照"（物质层面）文化基础设施（有形的载体建设）—（制度层面）文化主体内容（文化政策、体制与机制）—

---

[①] 所谓"复合型城乡二元结构"，是我们课题组在之前的实地调研过程中提炼的解释性理论概念，指在旧有的"城市与农村"与"市民与农民"二元结构基础之上，又增加了"本地人与外地人（外来务工人员、农民工）"的新二元结构，即旧二元结构之上嵌套着新的二元结构，形成复合型城乡二元结构。

## 文化治理的逻辑：城乡文化一体化发展的理论与实践

（精神层面）文化发展权利（无形的权利建设，市民-农民、本地人-外来务工者、城市文化-农村文化）"三大维度，通过选取东中西部地区有代表性的地方进行实证比较研究，全面探讨城乡文化一体化发展的实践模式、基本格局、主要难点、发展战略、政策选择等重大问题。

人们常说，机会偏爱有准备的头脑。由于前期进行了一定的研究，加之对此问题有了全新的宏观思考和独特的研究设计，我们在接到通知到北京著名的京西宾馆参加课题现场答辩时，竟然能够做到信心满满、滔滔不绝地展示我们课题组的总体设计框架和具体研究思路，最终承蒙专家组（其中的专家评委，我们一个也不认识）的厚爱，让我作为首席专家与课题负责人，获得了承担此项重大研究课题的资格。这是我获得的第一个国家社会科学基金重大项目——"包容性公民文化权利视角下统筹城乡文化一体化发展新格局研究"（12&ZD021）。

在撰写此后记时，曾经的一幕又一幕的美好场景情不自禁地浮现在我眼前，这是对当初敢于申报、勇于闯入全新研究领域的大胆尝试之心的最好回报，也是我多年来挂在嘴边，经常向年轻人传授的一句人生经验"口头禅"的生动诠释——"要勇敢地尝试（Have a Try）"，如果你不试，你怎么知道你不行呢？在这个重大课题举行开题报告会时，以华东师范大学仲富兰教授为组长的专家组对整个课题研究思路给予了肯定和鼓励，并提出了一些非常有启发意义的想法和建议；子课题负责人敬乂嘉教授（复旦大学国际关系与公共事务学院）、张涛甫教授（复旦大学新闻学院）、何雪松教授（华东理工大学社会与公共管理学院）、李春成教授（复旦大学国际关系与公共事务学院）所负责的课题组，要么按照子课题的要求，尽心尽力地完成研究任务，要么与整个课题组一起参加大部队调研活动，贡献心得与智慧；最值得整个课题组追忆的，是我们一行12人由我带队，于2012年7月暑期到江西、湖南、贵州、重庆、四川5省市的相关国家公共文化服务示范区（示范项目所在

## 美丽的邂逅：文化研究所赋予的自觉阵地意识与沉重使命担当（代后记）

地），所进行的为期18天的丰富多彩且收获良多的调研活动，参与人员包括复旦大学的李春成教授、李瑞昌教授、陈水生副教授，华东理工大学的何雪松教授、张俊平讲师，上海大学的董国礼教授，复旦大学博士研究生朱春、硕士研究生王帅，复旦大学本科生曹舒怡、黄晨，安徽工业大学本科生陈喆；整个课题研究进入到中期以后，我们所撰写的多篇研究报告被中央有关部门采纳或者被中央领导人批示……

更让我感到巨大震撼，引发观念冲撞乃至重新思考整个课题研究设计出发点的，是我们事先在书斋里通过收集文献资料、分析政策文本、想象着公共文化服务的现实样态与推进方法等建构起来的对公共文化服务的强烈的"项目化运作"与"工程化思维"之"先入为主"印象，与现实生活中有着独特孕生与运作逻辑的公共文化服务实践差异巨大。恰恰这一点是书斋里的学者们缺乏了解的，更谈不上对它的所谓"同情之理解"，而这构成了他们夸夸其谈的批评资本与言说空间……

引发如此颠覆性的"毁三观"式思考的，是2012年7月暑期我带队到南方五省市的调研经历，其一下子扭转了我脑海里的长期刻板化甚至有点"妖魔化"的印象——我们所到之处，只要一接触各级各类文化机构的工作人员或文化官员，他们都会不约而同地提到"文化阵地"这个热词。所有在第一线从事文化事业及文化工作的人员，长期以来都"苦文化阵地'丧失殆尽'久矣"之弊，而"文化大发展大繁荣"的"大国策"如大旱逢甘霖，让他们重新看到了希望，甚至可以说重见了光明。

也就是说，自党和国家重视文化大发展大繁荣以来，各地不仅对公共文化基础设施建设等前所未有地重视，进行了大量的投入，很多早就萎缩甚至瘫痪的公共文化阵地又重新恢复了生机，焕发了活力，包括编制、待遇、能力、地位在内的文化队伍建设也得到了前所未有的充实和提升，重新迎来了文化大发展大繁荣的春天。换句话说，"皮之不存，毛将焉附？"连阵地和人都没有了，文化建设

### 文化治理的逻辑：城乡文化一体化发展的理论与实践

能够搞出啥名堂！可这一点却被书斋里的学者们严重地误读了，他们把一些地区确实存在的片面重视文化项目建设的情况当作了发展主流，把个别地方领导追求的"文化政绩工程"当作了文化建设的发展方向，忘记了文化大发展大繁荣既需要有文化阵地的建设，又需要有文化队伍的建设，还需要有文化精神的塑造以及人的思想道德与科学文化素质的提升，这些核心要素之间不是非此即彼、相互排斥的关系，而是相辅相成、互相促进的关系，总体上是共同构建文化发展合力的问题。

也正是这次暑期南方五省市的调研之旅，让笔者认识到我们一方面要重新认识公共文化服务的运作逻辑，重新认识推进城乡文化一体化发展研究的自觉的阵地意识，并从政府职能和政府干预方式相结合的视角，创造性地提炼出现代政府的三大运作形态，即行政服务、运作项目、管制政策[①]，从而从学理与实践两个层面为实践中各地推进的文化阵地建设彻底"正名"；另一方面我们还要学会"跳出文化来谈文化、跳出文化来发展文化、跳出文化来建设文化"，将文化大发展大繁荣置身于中国特色社会主义的伟大历史实践，置身于中国共产党带领中国人民为实现中华民族伟大复兴的中国梦这一宏伟目标而构筑的文化力、自信力、发展力的整体合力框架中，这才是我们欣逢"百年未有之大变局"的世界历史关键时刻，可以"逢山开路，遇水搭桥""奠定历史基业、创造历史伟业"的根本信心所在。

以上交代了从事此项重大课题研究的心路变化历程，从一个侧面反映了我们的关怀所在，即无意间被文化研究"撞了一下腰"，居然引发了我们对人性、人生、人口、人民和人心这"五人"的思考，以及隐藏在这"五人"之后的关于制度安排与价值关怀的研

---

① 《行政体制改革面临的问题与对策》（作者：唐亚林），原题目为《行政体制改革的新突破口：重视对运作项目与管制政策的评估与清理》，刊发于 2013 年 10 月 25 日《光明日报专报信息》（光明日报社办公室，第 032 期），曾获中央领导人批示和有关部委采用。

## 美丽的邂逅：文化研究所赋予的自觉阵地意识与沉重使命担当（代后记）

究。只是，这种意外的美丽邂逅，在人生的不同时期，又会给我们每个人带来什么？对于我们每个人的人生又意味着什么？自然，每个人的答案是不同的。唯一可以感受到的，就是我们的人生是与我们的家国使命担当和伟大的时代紧紧地联系在一起的，而这一点，鲜明地构成了我们人生代代相传、生生不息的文化基因和生命密码。

本书内容属于国家社会科学基金重大项目"包容性公民文化权利视角下统筹城乡文化一体化发展新格局研究"（12&ZD021）的一部分，由我和我指导的博士研究生朱春合作完成。[①] 朱春博士毕业后被选拔到党政部门工作。朱春是一个非常阳光、青春、热情和有强烈家国使命的青年。他在复旦大学国际关系与公共事务学院攻读硕博期间，我和我的同事以及学生们与他一起度过了一段非常美好的时光，至今仍让我们念兹在兹。祝愿他的聪明才华和无私情怀在未来的家国使命担当之中得到最大程度的发挥和释放！

**复旦大学　唐亚林**

（微信公众号：唐家弄潮儿

电子邮箱：tangyalin@fudan.edu.cn）

---

[①] 本书的主体内容成稿时间较早，故请博士研究生魏诗强对相关数据和资料进行了更新，特此鸣谢。

**图书在版编目(CIP)数据**

文化治理的逻辑:城乡文化一体化发展的理论与实践/唐亚林,朱春著. —上海:复旦大学出版社,2021.3
(中国治理的逻辑丛书)
ISBN 978-7-309-15321-7

Ⅰ.①文… Ⅱ.①唐… ②朱… Ⅲ.①文化事业-建设-城乡一体化-研究-中国 Ⅳ.①G12

中国版本图书馆 CIP 数据核字(2020)第 165715 号

文化治理的逻辑:城乡文化一体化发展的理论与实践
Wenhua Zhili de Luoji: Chengxiang Wenhua Yitihua Fazhan de Lilun Yu Shijian
唐亚林　朱　春　著
责任编辑/邬红伟

复旦大学出版社有限公司出版发行
上海市国权路 579 号　邮编:200433
网址:fupnet@fudanpress.com　http://www.fudanpress.com
门市零售:86-21-65102580　团体订购:86-21-65104505
外埠邮购:86-21-65642846　出版部电话:86-21-65642845
上海崇明裕安印刷厂

开本 787×960　1/16　印张 22.75　字数 306 千
2021 年 3 月第 1 版第 1 次印刷

ISBN 978-7-309-15321-7/G·2154
定价:69.00 元

如有印装质量问题,请向复旦大学出版社有限公司出版部调换。
版权所有　侵权必究